Beiträge zur Graphischen Datenverarbeitung

Herausgeber:
Zentrum für Graphische Datenverarbeitung e.V. Darmstadt (ZGDV)

J. L. Encarnação (Hrsg.): Aktuelle Themen der Graphischen Datenverarbeitung. IX, 361 Seiten, 84 Abbildungen, 1986

G. Mazzola, D. Krömker, G. R Hofmann: Rasterbild - Bildraster. Anwendung der Graphischen Datenverarbeitung zur geometrischen Analyse eines Meisterwerks der Renaissance: Raffaels „Schule von Athen". XV, 80 Seiten, 60 Abbildungen, 1987

W. Hübner, G. Lux-Mülders, M. Muth: THESEUS. Die Benutzungsoberfläche der UNIBASE-Softwareentwicklungsumgebung. X, 391 Seiten, 28 Abbildungen, 1987

M. H. Ungerer (Hrsg.): CAD-Schnittstellen und Datentransferformate im Elektronik-Bereich. VII, 120 Seiten, 77 Abbildungen, 1987

H. R. Weber (Hrsg.): CAD-Datenaustausch und -Datenverwaltung. Schnittstellen in Architektur, Bauwesen und Maschinenbau. VII, 232 Seiten, 112 Abbildungen, 1988

J. Encarnação, H. Kuhlmann (Hrsg.): Graphik in Industrie und Technik. XVI, 361 Seiten, 195 Abbildungen, 1989

D. Krömker, H. Steusloff, H.-P. Subel (Hrsg.): PRODIA und PRODAT. Dialog- und Datenbankschnittstellen für Systementwurfswerkzeuge. XII, 426 Seiten, 45 Abbildungen, 1989

J. L. Encarnação, P. C. Lockemann, U. Rembold (Hrsg.): AUDIUS Außendienstunterstützungssystem. Anforderungen, Konzepte und Lösungsvorschläge. XII, 440 Seiten, 165 Abbildungen, 1990

J. L. Encarnação, J. Hoschek, J. Rix (Hrsg.): Geometrische Verfahren der Graphischen Datenverarbeitung. VIII, 362 Seiten, 195 Abbildungen, 1990

W. Hübner: Entwurf Graphischer Benutzerschnittstellen. Ein objektorientiertes Interaktionsmodell zur Spezifikation graphischer Dialoge. IX, 324 Seiten, 129 Abbildungen, 1990

B. Alheit, M. Göbel, M. Mehl, R. Ziegler: CGI und CGM. Graphische Standards für die Praxis. X, 192 Seiten, 44 Abbildungen, 1991

M. Frühauf, M. Göbel (Hrsg.): Visualisierung von Volumendaten. X, 178 Seiten, 107 Abbildungen, 1991

D. Krömker: Visualisierungssysteme. X, 221 Seiten, 54 Abbildungen, 1992

G. R. Hofmann: Naturalismus in der Computergrahik. VIII, 136 Seiten, 78 Abbildungen, 1992

J. L. Encarnação, H.-O. Peitgen, G. Sakas, G. Englert (Eds.): Fractal Geometry and Computer Graphics. XI, 254 Seiten, 172 Abbildungen, 1992

Georgios Sakas

Fraktale Wolken, virtuelle Flammen

Computer-Emulation und Visualisierung turbulenter Gasbewegung

Mit 138 zum Teil farbigen Abbildungen

Springer-Verlag
Berlin Heidelberg New York
London Paris Tokyo
Hong Kong Barcelona
Budapest

Reihenherausgeber

ZGDV, Zentrum für Graphische Datenverarbeitung e. V.
Wilhelminenstraße 7, D-64283 Darmstadt

Autor

Georgios Sakas
Fraunhofer Institut für Graphische Datenverarbeitung
Wilhelminenstraße 7, D-64283 Darmstadt

Diese Ausgabe enthält die im Jahr 1992 an der Technischen Hochschule in Darmstadt, Fachbereich Informatik, unter dem Titel *Definition und Visualisierung zeitvarianter Texturen zur optischen Simulation turbulenter Gasbewegung* genehmigte Dissertation (Hochschulkennziffer D17).

ISBN-13: 978-3-540-57200-8 e-ISBN-13: 978-3-642-78494-1
DOI: 10.1007/978-3-642-78494-1

Die Deutsche Bibliothek - CIP-Einheitsaufnahme.
Sakas, Georgios: Fraktale Wolken, virtuelle Flammen: Computer-Emulation und Visualisierung turbulenter Gasbewegung / Georgios Sakas. – Berlin; Heidelberg; New York; London; Paris; Tokyo; Hong Kong; Barcelona; Budapest: Springer, 1993
(Beiträge zur graphischen Datenverarbeitung)
Zugl.: Darmstadt, Techn. Hochsch., Diss., 1992 u.d.T.: Sakas, Georgios: Definition und Visualisierung zeitvarianter Texturen zur optischen Simulation turbulenter Gasbewegung

Satz: Reproduktionsfertige Vorlage vom Autor
Umschlagmotiv: Fraktale virtuelle Flammen, vgl. S. 87 und 238
33/3140-5 4 3 2 1 0 - Printed on acid-free paper

Στους Γονεις μου

y para Angeles

Vorwort

Dieses Buch ist im Institut für Graphisch-Interaktive Systeme des Fachbereichs Informatik der Technischen Hochschule Darmstadt in der Zeit zwischen Oktober 1987 und September 1992 als meine Dissertationsarbeit entstanden. Während dieser Zeit haben viele Personen mir auf unterschiedliche Weise geholfen. Mit diesem Vorwort soll allen zutiefst gedankt werden.

Der erste Dank gilt Prof. Encarnação, der sehr früh meine Aufmerksamkeit auf die Bedeutung und die Rolle der zeitvarianten Texturen im Bereich der Graphischen Datenverarbeitung lenkte; der mich ermutigte, meine Forschungsaktivitäten auf diesen Bereich zu konzentrieren und der mir das Thema überließ, der meine Forschungsaktivitäten stets unterstützte und schließlich die aufwendige Infrastruktur zur Verfügung stellte, die diese Arbeit überhaupt ermöglicht hat.

Prof. Peitgen hat bereits 1989 während der EG-89 Konferenz meine ersten, damals noch unausgegorenen Ideen und Vorstellungen über die Wolkenmodellierung gehört und für erfolgsversprechend befunden; damals ahnte er bestimmt nicht, daß er später Koreferent dieser Arbeit werden würde. Für seine Bereitschaft Koreferent dieser Arbeit zu werden sowie für seine fachliche Hilfe möchte ich mich bei ihm bedanken.

Weiterhin gilt mein herzlicher Dank der Deutschen Forschungsgemeinschaft (DFG), welche sämtliche Forschungsaktivitäten im Rahmen des "Textur-Editor" Projektes über die Zeit von vier Jahren finanziell gefördert hat.

Den Kollegen D. Krömker, S. Haas und D. Saupe bin ich zu besonderem Dank verpflichtet. D. Krömker war mir nicht nur als Bereichsleiter und fachlicher Koordinator der Arbeiten, sondern auch durch seinen fachlichen Rat und seine kontinuierliche moralische und sachliche Unterstützung und sein Interesse stets eine große Hilfe. S. Haas hat mit mir viele Implementierungsaspekte im Bereich der Animation diskutiert und zusammen mit M. De Martino mir ihre Visualisierungssoftware DESIRe als Basis für meine Implementierungen und Erweiterungen zur Verfügung gestellt. Ohne diese beiden Kollegen wären viele der hier referierten Video-Sequenzen nicht möglich gewesen. D. Saupe von der Universität Bremen hat sehr früh sein Interesse für die von mir entwickelten Konzepte geäußert und auf die von ihm entwickelte "Rescale-and-Add" Methode hingewiesen. Ferner hat er meine hier berichteten Erweiterungsvorschläge fachlich begutachtet. Für seine spontane Hilfsbereitschaft bin ich ihm dankbar.

Die im Rahmen dieser Arbeit entwickelten Konzepte mußten implementiert und erprobt werden. Der größere Teil dieser Implementierungen wurde von Studenten durchgeführt, die im Rahmen ihrer Diplomarbeiten oder ihrer Beschäftigung als wissenschaftliche Hilfskräfte mit mir zusammengearbeitet haben. Mein besonderer Dank gilt deshalb J. Dornauf, K. Eisert, M. Gerth, J. Gosert, J. Hartig, M. Hickl, B. Kernke, J. Lemke, I. Reichert, M. Tschendel, S. Walter, K. Weber und R. Westermann dafür, daß sie meinen Enthusiasmus für die Aufgabe geteilt haben, für ihren Eifer, ihre Mitarbeit, die viele Ideen und wichtigen Details, die sie beigesteuert haben und welche die Implementierungen so effizient machen, sowie für ihre klar formulierten Ausarbeitungen. Viele Bilder und Zeichnungen dieser Arbeit sind während ihrer Studienzeit entstanden.

Angeles möchte ich ganz besonders danken für ihre Geduld, ihre Zuneigung und ihr Verständnis, das sie während der langen Arbeitstage, der oft noch längeren Nächte am Rechner und der arbeitswütigen Wochenenden der letzten Jahre gezeigt hat. Darüber hinaus und vor allem aber dafür, daß sie einfach da war und ist.

Zuletzt danke ich Ulrike Rogowski, Edna Dimitriou und Helmut Haase für die grammatikalischen Korrekturen sowie allen Kollegen im Institut für ihre kameradschaftliche Unterstützung, ihr Interesse und das förderliche Arbeitsklima während der ganzen Zeit.

Im Juni 1993

Georgios Sakas

Inhaltsverzeichnis

1. Prolog

1.1 Problemdarstellung

In den letzten Jahren gab es in der Computergaphik viele Bemühungen, den realitätsnahen Eindruck von computergenerierten Bildern zu steigern. Der Bedarf nach realitätsnaher Graphik wird durch viele Beispiele aus Bereichen des täglichen Lebens wie Kino, Fernsehen, Unterhaltungselektronik, Werbung und Präsentationsfilme, künstlerische und kreative Applikationen, wissenschaftliche Simulation und Visualisierung etc. verdeutlicht. Primär werden die o.g. Anforderungen an eine Steigerung des naturalistischen Aussehens von Anwendungen gestellt, die im Bereich der Animation und Simulation anzusiedeln sind: Im Idealfall soll dem Beobachter oder dem Benutzer des Systems der Eindruck vermittelt werden, daß das Bild, welches ihm präsentiert wird, von der reellen Welt abphotographiert wurde; anders gesagt, soll z.B. der Benutzer eines Fahrsimulators den Eindruck haben, daß er ein „echtes“ Auto durch eine „echte“ Landschaft fährt, d.h., daß er mit der „reellen“ Welt kommuniziert. Parallel zu der Realitätssteigerung sollten die zu diesem Zweck eingesetzten Algorithmen und Techniken effektiv und mit möglichst geringem Aufwand realisierbar sein, um sowohl den Umfang als auch den Preis des betreffenden Systems niedrig zu halten. Deshalb kann man in diesem Bereich der Computergraphik von zwei Tendenzen sprechen: Steigerung der Leistung bei gleichzeitiger Reduzierung des Aufwandes und des Preises.

Die Modellierung und Darstellung turbulenter zeitvarianter Phänomene und ihr Einsatz in den o.g. computergenerierten Szenen und Filmsequenzen hat sich dabei als ein schwer zu lösendes Problem erwiesen: Solche Phänomene sind allgegenwärtig in der Natur und prägen dadurch das Aussehen einer Szene, sind deshalb für die Erfüllung der steigenden Realitätsanforderungen unverzichtbar, insbesondere dort, wo Außenszenen visualisiert werden sollen. Als Beispiele solcher Phänomene können windgetriebene Wolken, Staub, aufsteigender Rauch oder Flammen angeführt werden. Zusätzlich zu ihrem recht komplizierten und oft chaotischen Aussehen ändern solche Objekte ihre Gestalt mit der Zeit permanent und in einer nur schwer zu beschreibenden Art. Alle diese Schwierigkeiten haben dazu geführt, daß die o.g. Phänomene trotz ihrer bedeutenden Rolle im Rahmen der Computergraphik bisher nur mangelhaft und eher oberflächlich behandelt wurden.

1.2 Ziele

Die entsprechenden algorithmischen Entwicklungen zur Handhabung zeitvarianter turbulenter Gasbewegung konzentrieren sich auf drei verschiedene Richtungen: ihre optische Modellierung, ihre Animation und ihre Visualisierung.

Als *optische Modellierung* verstehen wir die Erstellung eines Modells, welches das Aussehen eines solchen „gasförmigen Objektes" (z.B. einer Wolke) hat. Im Rahmen dieser Arbeit wird wenig Wert auf die Berücksichtigung von physikalischen Eigenschaften des modellierten Objektes gelegt, sondern wir konzentrieren uns nur auf deren optische Wahrnehmung, ihr Aussehen. Dabei soll beachtet werden, daß die optische Komplexität von wolkenartigen Objekten viel zu hoch ist, um explizit modelliert zu werden. Als Alternative zu der expliziten Modellierung sollen geeignete Texturen verwendet werden.

Als *Animation des Modells* verstehen wir die Definition einer Bewegung, welche dem Modell das turbulente Aussehen der in der Natur vorkommenden Phänomene verleiht. Wie bei der Modellierung wird hier ebenfalls wenig Wert auf eine physikalisch exakte Definition gelegt, sondern nur auf eine realistische optische Erscheinung. Zusätzlich zu dem realistischen Eindruck sollen die Bewegungen mit möglichst wenig Rechneraufwand realisierbar sein. Sowohl bei der Definition als auch bei der Animation des Modells soll dem Benutzer ermöglicht werden, durch die Einstellung von wenigen leicht zu verstehenden und zu bedienenden Parametern die von ihm gewünschte Form und Art der Bewegung einzustellen.

Als *Visualisierung* verstehen wir alle Verfahren, die nötig sind, um das wie oben definierte Objekt in eine Computerszene einzusetzen, zu positionieren, zu transformieren und zu einem Rasterbild zu konvertieren (rendern). Dabei soll die o.g. Komplexität von natürlich aussehenden Wolken in einem optisch möglichst attraktiven und realistisch aussehenden Bild umgesetzt werden. Trotz der Objektkomplexität soll das Bildkonvertierungsverfahren so effizient sein, daß es mit heute bestehenden „durchschnittlichen" Arbeitsstationen und existierenden Softwarepaketen und Verfahren problemlos realisierbar ist.

Zusammenfassend kann man als Ziel dieser Arbeit die Entwicklung von effizienten Algorithmen und Verfahren für die optische Simulation von „wolkenartigen" zeitvarianten turbulenten gasförmigen Objekten mit Hilfe von kleinen, aber heute existierenden modernen Arbeitsstationen angeben. Dieses umfaßt eine geeignete Modellierung des Aussehens von (statischen) wolkenartigen Objekten, die Definition einer natürlicher Turbulenz ähnelnden Bewegung sowie das Einfügen in rechnergenerierte Szenen und deren Bildkonvertierung zusammen mit allen anderen in der Szene beteiligten Objekten.

1.3 Anwendungsgebiete

Die Einsatzmöglichkeiten der Arbeit sind vorwiegend in den Gebieten der Animation, der Sichtsimulation und der Visualisierung zu finden. Insbesondere im

Bereich der Sichtsimulation gibt es vielfältige und bedeutsame Anwendungen. Simulationsgeräte finden als Flug-, Schiffs- und Fahrsimulatoren immer häufiger Verwendung. Bei allen diesen Simulatortypen befindet sich der Benutzer in einer maßgetreuen Flug-, Schiffs- oder Fahrkabine, auf deren Fenster Bilder der Umgebung projiziert werden. Um ein korrektes Trainieren solcher Personen zu ermöglichen, muß ein möglichst realitätstreues Bild der sie umgebenden Welt in Echtzeitraten (d.h. ca. 25 Bilder pro Sekunde) generiert werden. Da alle o.g. Simulationen sich im Außenbereich abspielen, werden realistische Modelle von zeitvarianten turbulenten Wolken, Dunst, Rauch und anderen ähnlichen Phänomenen benötigt. Zusätzlich zu ihrem natürlichen Aussehen müssen diese wolkenartigen Objekte in den o.g. Echtzeitraten generiert und visualisiert werden sowie auf wechselnde Bedingungen während der Simulation (z.B. Änderung der Windrichtung oder -stärke, Fahrtrichtung etc.) ohne Verzögerung reagieren. Solche Phänomene sind in den meisten heute existierenden optischen Simulatoren nur mangelhaft berücksichtigt.

Als weitere Anwendung der Simulationstechnik kann der Bereich des Sicherheitstrainings erwähnt werden. Bei den entsprechenden Simulatoren soll das Reagieren auf wechselhafte, schwierige oder selten vorkommende Situationen erlernt werden. Als Beispiel können Kraftfahrzeugfahrer u.a. das Fahren unter schlechten Sichtbedingungen (z.B. Nebel oder Dunst) trainieren. Die entsprechenden Wolken oder Nebel müssen auf Änderungen der Richtung und Geschwindigkeit des Fahrzeuges und/oder des Windes sofort und korrekt dargestellt werden. Zusätzlich zu den o.g. Anforderungen bezüglich Flexibilität, realistischen Eindruckes und Schnelligkeit dürfen die wolkenerzeugenden Algorithmen nur einen relativ kleinen Anteil der Rechenkapazität des Simulators in Anspruch nehmen. Hier wird also der Anspruch nach Recheneffektivität besonders hoch gestellt. Wie bei den optischen Simulatoren allgemein bereits erwähnt, sind solche Effekte trotz ihrer recht großen Wichtigkeit in heutigen Systemen entweder überhaupt nicht oder nur primitiv und mangelhaft berücksichtigt.

Als drittes Beispiel aus dem Simulationsbereich können viele Anwendungen der sog. virtuellen Realität erwähnt werden. Es handelt sich um ein zukunftsorientiertes Forschungsgebiet, welches die traditionelle Schnittstelle zwischen Mensch und Rechner radikal verändern soll. Dabei werden dem Benutzer seitens des Rechners optische, akustische und taktile Interaktionsmöglichkeiten angeboten und derart kombiniert, daß dem Benutzer der Eindruck einer nicht existierenden und dennoch sich real „fühlenden" Welt vorgetäuscht wird. Obwohl die Zwecke und Ziele der virtuellen Realität außerhalb der Zielsetzung dieser Arbeit liegen, sind die Anforderungen bezüglich des optischen Aussehens einer virtuellen Welt im Prinzip die gleichen wie bei der optischen Simulation: Insbesondere was Außenszenerien anbetrifft, können algorithmisch definierte zeitvariante turbulente Objekte den Realitätseindruck der Szene signifikant erhöhen.

Im Bereich der realitätsnahen rechnergenerierten Animation sollen Filme erstellt werden, die den mit konventionellen Techniken gedrehten ähneln, im Idealfall sogar von diesen nicht mehr zu unterscheiden sind. Die Möglichkeiten, die die Digitaltechnik bietet, zusammen mit der neuen Geräteentwicklung (digitale Aufzeichnungsmaschinen, HDTV, digitale Bildverarbeitung, Mixer, Filter etc.) haben die traditionelle Filmkunst an vielen Stellen revolutioniert. Insbesondere im Bereich der Unterhaltungsfilme werden gegenwärtig rechnergenerierte Animation und Film gemischt, um neuartige, durch andere Mittel schwer oder nicht zu erzielende Effekte zu realisieren. Die Anforderungen, die dabei an die Animation gestellt werden, sind dementsprechend hoch. Die Palette der anzuwendenden Effekte kann deshalb durch realistisch aussehende turbulente zeitvariante Phänomene angereichert werden. Solche Effekte, die durchaus nicht nur eine künstlerische, sondern auch eine physikalische Ursache haben können (z.B. Änderung der Visibilität bei Flammen oder Rauch), sind heutzutage entweder gar nicht oder nur mit übermäßigem Aufwand realisierbar. Als Beispiel dazu kann die Visualisierung der atmosphärischen Strömung des Planeten Jupiter dienen, welche in dem Film „Odyssee 2010" gezeigt wurde; dieses Beispiel wird im Abs. 2.2 genauer diskutiert.

Die Verfahren und Methoden, die für die Visualisierung von künstlich generierten Wolken benutzt werden, können ebenfalls im Bereich der technisch-wissenschaftlichen Visualisierung angewendet werden. In diesem Bereich sollen physikalisch-technische Vorgänge in einer Form präsentiert werden, welche das Verständnis des Benutzers für den zu erklärenden Zusammenhang fördert. Darunter sind Systeme oder Filme zu verstehen, welche einen in der Regel unsichtbaren oder sonst nur schwer erfaßbaren Zusammenhang für Ausbildungs- oder Präsentationszwecke visualisieren. In diesen Rahmen fallen sowohl die Visualisierung wissenschaftlicher Daten als auch die Visualisierung von Meß- und Simulationsergebnissen. In vielen Fällen sind solche Daten bereits „wolkenartig" oder können als solche visualisiert werden: als Beispiel seien hier Datensätze erwähnt, die die Konzentration oder Verteilung einer skalaren Variablen im dreidimensionalen Raum repräsentieren, z.B. Temperatur, Druck, Dichte, Konzentration etc. In allen hier erwähnten Fällen werden die Daten aus einer externen Quelle gewonnen, d.h. gemessen oder simuliert. Dennoch, obwohl solche Daten nicht „künstlich" generiert wurden, können die Visualisierungsalgorithmen in vielen Fällen unverändert angewendet werden.

Stellvertretend kann an dieser Stelle die Visualisierung von Umweltdaten erwähnt werden. In diesem Fall interessiert u.a. die Analyse von Schadstoffkonzentrationen in der Luft, die teilweise gemessen, teilweise mit Hilfe von geeigneten Simulationsprogrammen errechnet wurden. Das Ergebnis der Berechnung ist dabei ein dreidimensionales Feld, welches in diesem Fall die Konzentration eines Schadstoffes über dem interessierenden Gelände und in unterschiedlichen Höhen darstellt. Das Verständnis des Beobachters für die ermittelten Ergebnisse kann beträchtlich gesteigert werden, wenn die o.g. Konzentrationen als eine Wolke entsprechender Form präsentiert werden. Existierende Visualisierungsmethoden sind in der Regel recht langsam, so daß eine effizientere Methode die Leistungsfähigkeit solcher Systeme steigern würde.

Zusammenfassend kann man feststellen, daß die Modellierung & Visualisierung zeitvarianter turbulenter Phänomene vielseitige Anwendungen überall dort findet, wo realistisch wirkende Außenszenen schnell und mit möglichst geringem Rechenaufwand gefordert werden. Im Speziellen kann der Visualisierungsteil der Arbeit ebenfalls in bestimmten Bereichen der technisch-wissenschaftlichen Visualisierung Anwendung finden.

1.4 Organisation des Buches

Im *2. Kapitel* wird die verfügbare Literatur über existierende Methoden und Verfahren zur Generierung, Animation und Visualisierung zeitvarianter turbulenter gasförmiger Phänomene mit Methoden der graphischen Datenverarbeitung vorgestellt und analysiert. Dabei liegt der Schwerpunkt weniger auf der expliziten Modellierung solcher Phänomene, sondern auf ihrer Darstellung als Textur. Texturen sind ein häufig angewandtes Mittel der Computergraphik, um die optische Komplexität von eher einfachen Modellen ohne wesentliche Steigerung des Rechenaufwandes zu erhöhen. Zuerst wird der Begriff der Textur präzisiert, damit dann die wichtigsten der gängigen Verfahren vorgestellt und in ein taxonomisches Schema eingegliedert werden können. Die Generierung und die Visualisierung solcher Texturen werden dabei getrennt betrachtet. Im letzten Abschnitt des Kapitels werden die Vor- und Nachteile der vorgestellten Methoden analysiert.

Im *3. Kapitel* werden die Methoden für die Definition einer Wolkentextur als stochastisches Fraktal vorgestellt. In der Motivation wird dargelegt, warum Fraktale als Modellierungsmethode ausgewählt wurden. Anschließend werden die mathematischen Grundlagen für Fraktale kurz vorgestellt und ein Formalismus sowie Begriffsbildung vereinbart. Die verschiedenen Methoden für die Generierung stochastischer Fraktale können in Ortsbereichs- und Frequenzbereichsmethoden unterteilt werden. Als Ortsbereichsmethoden werden die zufälligen Schnitte, die Mittelpunkt-Subdivision und die Rescale-And-Add Methode genauer beschrieben. Die Spektrale Methode generiert Fraktale über die Anwendung der inversen Fourier-Transformation an einem stochastischen Spektrum. Im letzten Abschnitt dieses Kapitels werden sämtliche vorgestellten Methoden kritisch ausgewertet und ihre Vor- und Nachteile zusammengefaßt.

Nachdem im 3. Kapitel die Modellierungsmethoden vorgestellt wurden, wird im *4. Kapitel* ihre turbulente Animation diskutiert. Im Rahmen der generativen Computergraphik ist man an einem qualitativen Turbulenzmodell interessiert, d.h. an einem Modell, das die Hauptmerkmale der turbulenten Bewegung wiedergibt, ohne das Strömungsproblem physikalisch korrekt zu lösen. Zu diesem Zweck werden im ersten Abschnitt dieses Kapitels die Grundlagen der spektralen Turbulenztheorie zusammengefaßt, welche ein mathematisch fundiertes und experimentell gesichertes statistisches Modell der Turbulenz liefert. Dieses Modell wird für die Zwecke der Implementierung geeignet vereinfacht und dann auf Fraktale angewendet, die mit Hilfe der spektralen Methode generiert wurden. Im zweiten Teil des Kapitels wird dann auch die existierende Ortsbereich-Methode für die Simulation turbulenter Bewegung gemäß der Ergebnisse der Turbulenztheorie ergänzt und erweitert. Im letzten Abschnitt werden die Ergebnisse beider Methoden bezüglich Rechenzeit, Realität, Speicherbedarf etc. zusammengefaßt und miteinander verglichen.

Im *5. Kapitel* werden die Verfahren vorgestellt, die die schnelle und abtastfehlerfreie Visualisierung einer turbulenten zeitvarianten Textur ermöglichen, die mit Hilfe von auf stochastischen Fraktalen aufbauenden Methoden als zwei- oder dreidimensionales Feld generiert wurde. Der Schwerpunkt liegt dabei eindeutig auf den dreidimensionalen Texturen, die in der Computergraphik als Volumenobjekt behandelt werden. Zu diesem Zweck wird zuerst der Begriff des Volumenobjektes präzisiert. Anhand einer Taxonomie der existierenden Verfahren wird der benutzte Algorithmus vorgestellt und in das Taxonomieschema eingegliedert. Im dritten Abschnitt werden die Gleichungen, die die Licht-Materie Interaktion innerhalb von wolkenähnlichen Volumina beschreiben, aufgestellt; aus diesen Gleichungen wird durch verschiedene Vereinfachungen und Approximationen ein für die Zwecke der Computergraphik geeignetes Beleuchtungsmodell hergeleitet. Die Einbindung von Volumenobjekten in komplexen Szenen wird im vierten Abschnitt behandelt. Im letzten Teil des Kapitels werden die durch das punktweise Abtasten verursachten Bildfehler analysiert und durch neue Methoden behoben. Mit Hilfe von Bildern und kritischer Auswertung werden die Ergebnisse dieses Abschnittes zusammengefaßt.

Im *6. Kapitel* werden die im Rahmen dieser Arbeit durchgeführten Implementierungen vorgestellt. Im ersten Abschnitt werden die Aspekte der Parallelverarbeitung im allgemeinen kurz diskutiert sowie die im Institut verfügbare Hardware vorgestellt. Auf dieser Diskussion aufbauend wird im zweiten und dritten Abschnitt die Parallelisierung sowohl der spektralen als auch der funktionalen Methode diskutiert und die erreichten Ergebnisse ausgewertet. Für beide Methoden wurden echtzeitfähige Systeme für die interaktive Einstellung der Turbulenzparameter implementiert. Die nächsten zwei Abschnitte widmen sich den Anwendungen im Bereich der rechnergenerierten Animation sowie der wissenschaftlich-technischen Visualisierung. Eine Zusammenfassung der Ergebnisse und eine kritische Auswertung wird im letzten Abschnitt des Kapitels gegeben.

Im *7. Kapitel* werden alle Ergebnisse der Arbeit zusammengefaßt und zukünftige Entwicklungstendenzen und Einsatzgebiete der hier vorgestellten Methoden angegeben.

2. Stand der Technik

2.1 Zum Begriff der Textur

Der Begriff der Textur wurde in den letzten Jahren von verschiedenen Disziplinen erforscht. Im allgemeinen werden durch das Wort „Textur" alle Eigenschaften einer Oberfläche bezeichnet, die die optische Erscheinung von z.B. Stein-, Sand- und Marmor- oder Textiloberflächen charakterisieren. Im Rahmen der generativen Computergraphik wird Textur eingesetzt, um die optische Komplexität von Oberflächen zu erhöhen, ohne alle Details einzeln zu modellieren. Man kann sogar sagen, daß realitätsnahe Graphik nur mit Hilfe von Texturen möglich ist.

Aufgrund der Wichtigkeit der Textur im Rahmen der generativen Computergraphik wurden der Begriff, die Definition und der Einsatz von Texturen intensiv erforscht ([EnSa88], [EnHS88], [EnES89], [EnSa89], [Enca89a], [Enca89b], [Enca90], [Enca92]). Die vollständigen Ergebnisse dieser Forschung, zusammen mit Beiträgen zur Texturdefinition, Modellierung, formale Beschreibung etc., werden detailliert in der Dissertation von G. Englert ([Engl92]) berichtet. Im Rahmen dieser Zusammenfassung beschränken wir uns auf die Teile aus [Enca92], die den Einsatz der Textur im Rahmen der generativen Computergraphik beschreiben. Für eine tiefergehende Diskussion sei der interessierte Leser auf die Arbeit von G. Englert hingewiesen.

2.1.1 Der Texturbegriff in verschiedenen Anwendungen

Der Begriff „Textur" wurde in den letzten zwanzig Jahren hauptsächlich von drei verschiedenen Wissenschaftsdisziplinen verwendet: Psychologie und Wahrnehmungsphysiologie, Bildverarbeitung und Graphische Datenverarbeitung, dabei besonders von der generativen Graphik. Da die drei Disziplinen verschiedene Schwerpunkte setzen und unterschiedliche Ziele verfolgen, wird der Begriff Textur in jedem Fall anders verstanden.

Die Wissenschaftler der ersten Gruppe berücksichtigen nur die Texturwahrnehmung und nicht die Natur der Textur an sich, d.h. die Struktur einer Fläche ([Jule75a], [Jule81], [Korn82]). Ihr Ziel ist die Erforschung von Bedingungen und Voraussetzungen, unter denen der Mensch ein (zweidimensionales) Gebiet als „Einheit" wahrnimmt, und welche Grundeigenschaften der betrachteten Fläche für die Wahrnehmung und die Interpretation der Textur wichtig sind ([BeJu83], [Trei85], [Noth85]). Bela Julesz, einer der Pioniere auf dem Gebiet der Texturwahrnehmung, beschreibt Textur als eine Aufgabe des visuellen Systems, das reine Wahrnehmung involviert, d.h. (eine) Aufgabe, die automatisch und spontan durchgeführt wird und keine Hilfe von den kognitiven Bereichen des Gehirns benötigt, die Aufmerksamkeit erfordern (frei übersetzt aus dem Englischen: „*...tasks of the visual system ... involving pure perception, that is, tasks that can be performed spontaneously and do not require help from cognitive processing stages of the brain that involve scrutiny.*“, [Jule75a]). Dadurch wird die Textur als eine Eigenschaft des Wahrnehmungssystems definiert, mit deren Hilfe der Mensch zusammenhängende Bereiche spontan als solche erkennt und von anderen benachbarten Bereichen unterscheidet.

Aufgabe der Bildverarbeitung ist es, Informationen aus einem Bild zu gewinnen. Dazu gehört u.a. auch die Unterteilung des Bildes in zusammenhängende Regionen sowie die automatische Zuordnung der Segmente zu Gruppen gleichartigen Inhalts. Bei der Auswertung eines Bildes, z.B. einer Satellitenaufnahme, soll die Aufnahme bzw. der Bildinhalt zuerst in homogene Regionen segmentiert werden, die dann automatisch als bebaute Flächen, Vegetationszonen, Wasser etc. erkannt und klassifiziert werden. In dieser Hinsicht definiert Trier ([Trie73]) Textur als eine zweidimensionale Fläche, in der verschiedene Charakteristika, die sogenannten Textureigenschaften, konstant sind. So gesehen kann die Textur als Werkzeug sowohl für die Bildsegmentierung als auch für die Klassifikation von Bildsegmenten eingesetzt werden.

Auch in der generativen Computergraphik ist der Ausdruck „Textur“ nicht präzise definiert. Im allgemeinen wird Textur intuitiv als optische Eigenschaft einer Oberfläche verstanden. Im Gegensatz zu den oben erwähnten Anwendungen wird Textur als ein 2D oder 3D Feld aufgefaßt, das zur realistischen Darstellung einer Oberfläche und der damit verbundenen Erhöhung der visuellen Komplexität und Qualität von rechnergenerierten Bildern eingesetzt wird. So werden damit Objektdetails simuliert, deren Anzahl, Größe, Verteilung, Struktur etc. eine exakte Modellierung nicht erlauben.

2.1.2 Textureinsatz in der Computergraphik

Im vorigen Abschnitt wurde Textur als eine Gesichtsempfindung angesehen, die Objektflächenattribute und menschliche Wahrnehmung in einem Begriff integriert. Um im Rahmen der generativen Computergraphik realistisch aussehende Bilder zu erzeugen, muß das generierte Bild alle die Merkmale (Attribute) einer texturierten Fläche aufweisen, die beim Betrachter den realistischen Eindruck erwecken; mit anderen Worten: Man will diejenigen optischen Eigenschaften der Oberfläche simulieren, die zu dem Textureindruck beitragen. Beispiele solcher Eigenschaften sind Farbe, Transparenz, Rauheit, Polierung, Isotropie etc. Darüber hinaus sollen bei der Simulation die Beobachtungsbedingungen, die für die Texturwahrnehmung essentiell sind, mitberücksichtigt werden. Unter Simulation verstehen wir hier eine modellgestützte Analyse und Synthese von visuellen Vorgängen. Dazu gehört die Modellbildung der Szene und des menschlichen Sehvorgangs auf einem geeigneten Abstraktionsniveau.

Die Rechnersimulation setzt eine abstrakte (mathematische oder algorithmische) Szenenbeschreibung voraus. Objekte und ihre Attribute werden darin mit formalen Mitteln (Parametern) beschrieben. Innerhalb des Visualisierungsprozesses (Rendering) werden die o.g. Daten ausgewertet, und ein Rasterbild wird generiert. Da wir uns hier nur mit denjenigen Oberflächenattributen beschäftigen, die für den Textureindruck verantwortlich sind, interessieren wir uns nicht für die Teile des Rendering-Prozesses, die Geometrie, Visibilität bzw. Verdeckung behandeln. In diesem Sinne unterscheiden wir zwischen Objektgeometrie, welche u.a. bei der Visibilitätsrechnung berücksichtigt wird, und Objekttextur. Der Teil der o.g. Daten, der die optischen Oberflächeneigenschaften beschreibt, wird während der Visualisierung im Beleuchtungsmodell ausgewertet. Unter Beleuchtungsmodell verstehen wir denjenigen Teil des Renderers, der die Licht-Materie-Interaktion (Reflexion, Absorption, Streuung etc.), die Beleuchtungsbedingungen (Lage, Farbe, Intensität der Lichtquellen etc.) und die Beobachtereigenschaften auswertet (siehe dazu [Hall86] und [Hall88] für eine detaillierte Besprechung). Bei allen gängigen Beleuchtungsmodellen wird der Beobachter durch seine Ortslage und seine Blickrichtung angegeben. Monokulares Sehen und normalisierte Farbempfindung (z.B. CIE 1931 Normbeobachter) werden ebenfalls vorausgesetzt.

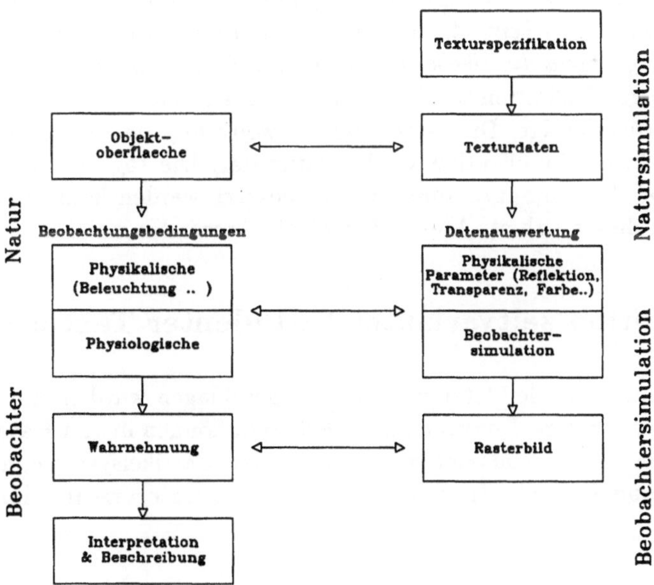

Abb. 2.1. Simulation der Texturwahrnehmung in der Computergraphik

Anhand des obigen Schemas und Abb. 2.1 kann man leicht die Parallelen zwischen natürlicher Texturwahrnehmung und Textursimulation erkennen. Die physikalischen Oberflächeneigenschaften entsprechen den aus der Szenenbeschreibung generierten Daten. Der Effekt der Licht-Materie-Interaktion wird mit Hilfe von Gleichungen simuliert. Solche Gleichungen sind, je nach Modell, heuristische oder physikalisch fundierte Approximationen von Phänomenen wie (diffuse oder spiegelnde) Reflexion, Brechung, Streuung, Transparenz etc. Die Beleuchtungsbedingungen werden z.B. durch Angabe der Lage, Intensität, Farbe, Richtung etc. von sämtlichen Lichtquellen festgelegt.

Die Berechnungen, die im Beleuchtungsmodell stattfinden, werden über Parameter gesteuert. Solche Parameter sind z.B. der Anteil der diffusen oder spiegelnden Reflexion, der Brechungsindex, der Streuungskoeffizient, der Transparenzfaktor etc. Da das Aussehen einer Oberfläche durch das Zusammenwirken von allen o.g. Phänomenen simuliert wird, ist ersichtlich, daß, um einen bestimmten Textureindruck zu generieren, die entsprechenden Parameter mit geeigneten Werten belegt werden müssen. Dadurch wird unter Texturgenerierung die Erzeugung der o.g. Werte sowie ihre Zuordnung zu den entsprechenden Beleuchtungsmodellparametern verstanden. Solche Werte werden von orts- und zeitabhängigen Funktionen geliefert.

Nach der obigen Zusammenfassung können wir folgende Definition von Textur in der Computergraphik angeben (aus [Enca92]):

In der Computer Graphik wird als Textur eine Menge von ortsabhängigen, womöglich auch zeitabhängigen Funktionen betrachtet, deren Werte den verschiedenen Parametern eines Beleuchtungsmodells zugeordnet werden. Das Beleuchtungsmodell wird benutzt, um die Licht-Materie-Interaktion, die Beleuchtungsbedingungen und die Beobachtereigenschaften zu simulieren.

In der obigen Definition werden nicht nur orts-, sondern auch zeitabhängige Texturen berücksichtigt. Dies stellt eine Erweiterung des Texturbegriffes gegenüber der bisher veröffentlichten Literatur dar. Die sog. zeitvarianten Texturen, die bei der Computeranimation eingesetzt werden können, bilden den Schwerpunkt dieser Arbeit. Abb. 2.2 zeigt die Anwendung dieser Definition.

2.2 Definition zeitvarianter turbulenter Texturen

Die Methoden, die in den letzten Jahren vorgeschlagen wurden, um turbulente zeitvariante gasförmige Texturen zu modellieren, können in vier Kategorien unterteilt werden: gemessene oder simulierte Felder, Partikelsysteme, heuristische Funktionen und Fraktale. Im folgenden wird jede Kategorie im einzelnen vorgestellt.

2.2.1 Gemessene und simulierte Felder

In diesem Ansatz werden die physikalischen Gesetze, die eine turbulente Strömung beschreiben, gemessen oder simuliert. Ziel der Verfahren dieser Kategorie

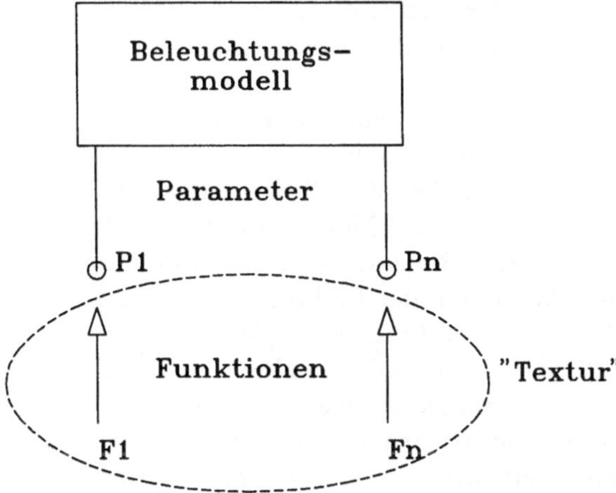

Abb. 2.2. Zur Texturdefinition im Rahmen der generativen Graphischen Datenverarbeitung

ist es, Realismus zu erreichen durch eine möglichst genaue Simulation der in der Natur vorkommenden Phänomene. Diese Modellierung basiert auf gemessenen oder simulierten Daten, manchmal wird auch ein gemischtes Modell angewendet, welches gemessene Daten durch Simulationsergebnisse ergänzt und anreichert.

Der bekannteste Vertreter dieser Kategorie wurde 1986 von Yaeger et al. vorgestellt ([YaUM86]). Es handelt sich dabei um die Kombination physikalischer und visueller Simulation, um die turbulente Bewegung der Atmosphäre des Planeten Jupiter zu generieren. Dieses 2D Verfahren wurde für die Bedürfnisse des Filmes „2010" entwickelt. Da es sich um eine aufwendige Millionenproduktion handelte, welche extreme Anforderungen bezüglich Realität und optischer Qualität stellte (Großleinwandprojektion, Mischen von Kamerabildern und vom Rechner generierter Bilder in einer Szene), waren die eingesetzten Verfahren dementsprechend aufwendig und kostspielig.

Als Basis der Simulation wurden Photographien der Atmosphäre vom Jupiter benutzt, welche von der Raumsonde Voyager aufgenommen wurden. Diese Aufnahmen wurden mit einer Auflösung von mehreren Millionen Bildpunkten digitalisiert, manuell farbkorrigiert und mit Details angereichert. Der zweite Schritt bestand in der Definition eines Strömungsfeldes, welches die Charakteristiken der auf den Aufnahmen vorliegenden Strömung besitzt. Wieder manuell wurden auf den Aufnahmen die Positionen und Ausdehnungen aller Wirbel extrahiert und in ein Simulationsprogramm eingespeist. Dieses Simulationsprogramm benutzte eine etwas vereinfachte Form der Navier-Stockes Gleichungen, welche zwar nicht 100% exakt, dafür aber rechnerisch einfacher zu lösen war und dennoch ein gutes Maß an realistischer Erscheinung vermittelte. Dieses simulierte Feld wurde im Generierungsschritt benutzt, um die turbulente Strömung der Atmosphäre nachzubilden. Mit Hilfe dieses Modells wurden auf einer CRAY ca. drei Minuten Animation erstellt, die Rechenzeit für jedes Bild betrug mehrere Minuten.

Das von Kajiya & Herzen im Jahre 1984 vorgestellte Modell kann als Beispiel einer reinen physikalischen Simulation dienen ([KaHe84]). Die Autoren benutzen ein echtes meteorologisches Modell, um eine aufsteigende Cumuluswolke zu modellieren. Als Parameter des Modells werden Größen wie Windrichtung und -stärke, Luftfeuchtigkeit, Reibung, Sonneneinstrahlung etc. verwendet. Das Modell gestattet die Simulation der Bildung und Entwicklung einer 3D Wolke mit der Zeit. Die für die Auswertung des Modells benötigten Rechenzeiten werden in der Veröffentlichung zwar nicht erwähnt, dürften aber aufgrund des eher einfachen Modells nicht besonders hoch sein. Ebenfalls wird das zeitvariante Verhalten der Wolke nicht als Sequenz demonstriert, sondern es werden nur einzelne Bilder präsentiert, die keine Beurteilung der Bewegung erlauben.

Einen ähnlichen Weg verfolgt das von Wejchert & Haumann vorgestellte Modell für die optische Simulation der Bewegung von windgetriebenen Blättern ([WeHa91]). Ziel der Autoren war, eine einfache, schnelle aber dennoch realistisch aussehende Animation der Blätterbewegung zu erzeugen. Ausgehend von den Navier-Stockes Gleichungen haben sie erst das Problem auf lineare Strömungen vereinfacht. Diese Vereinfachung ermöglicht einerseits die drastische Reduzierung der Rechenzeiten, da für diesen linearen Fall analytische Lösungen angewendet werden können, andererseits sind sie nicht in der Lage, Turbulenz zu modellieren. Ein komplexes Strömungsfeld wird durch die Überlagerung von mehreren einfachen linearen „Strömungsprimitiven", wie z.B. Wirbeln, Quellen etc., erzeugt. Nach der Definition des Strömungsfeldes werden mehrere Hunderte von Blättern durch den Wind in Bewegung gesetzt. Das Modell, das für die Blätter benutzt wurde, erlaubt Verformungen, Krümmungen etc., wodurch die Interaktionskräfte zwischen dem Strömungsfeld und dem jeweiligen Blatt sich ständig ändern und deshalb eine komplizierte Blattbewegung ermöglichen. Auch dieser Ansatz geht von physikalisch korrekten Bedingungen und Gleichungen aus, welche für die Zwecke der optischen Simulation geeignet vereinfacht werden. Dieses gilt sowohl für das Strömungsfeld als auch für das Blattmodell. Die durch dieses Modell erzielten Ergebnisse sind sehr überzeugend und wurden in einer kurzen Videosequenz demonstriert.

2.2.2 Partikelsysteme

Die Benutzung von Partikelsystemen, um natürliche Phänomene mit dem Rechner zu simulieren, wurde von B. Reeves ([Reev83]) im Jahre 1983 vorgeschlagen. Die Idee hinter den Partikelsystemen besteht darin, das dynamische Verhalten eines an sich kontinuierlichen Systems oder Phänomens durch eine ausreichend große Anzahl von diskreten, kleinen Objekten oder Elementen, die Partikel heißen, zu simulieren. Ein Partikel kann eine oder gleich mehrere gewünschte Eigenschaften des zu modellierenden Systems repräsentieren und besitzt diverse Attribute, die für diese Modellierung geeignet sind und von der jeweiligen

Applikation abhängen [GrKü91a], wie z.B. Masse, Dichte, Geschwindigkeit, Rotation, Farbe, Helligkeit etc. Ein Partikel kann ein oder auch mehrere Attribute besitzen. Desweiteren können Partikel identisch miteinander sein oder eigene, individuelle Eigenschaften besitzen, die wiederum nach einem bestimmten Muster oder durch ein Zufallsverfahren einem Partikel zugeordnet werden können. Neben den o.g. Materialeigenschaften besitzen Partikel zusätzliche Attribute, die ihr dynamisches Verhalten bestimmen, wie z.B. Elastizität, Anziehungskraft, Potential etc. Ein Partikelsystem besteht aus einer ausreichend großen Anzahl von Partikeln und einer Reihe von dazugehörenden Bewegungsregeln.

Was die dynamischen Eigenschaften eines Partikelsystems anbetrifft, kann man zwischen zwei verschiedenen Arten unterscheiden: bei der einen wechselwirken die Partikel miteinander, bei der anderen nicht. Obwohl die Wechselwirkung zwischen zwei Partikeln eher einfach sein kann, wie z.B. das Gravitationsgesetz, ist das Verhalten von Systemen der ersten Art in der Regel nicht analytisch lösbar und muß deshalb durch numerische oder iterative Verfahren bestimmt werden. Mit steigender Anzahl von Partikeln führt dies zu einem untragbaren Rechenaufwand ([BrKü89], [KüMü91]). Obwohl dieser Aufwand durch den Einsatz von hierarchischen Algorithmen ([Gree87]) reduziert werden kann, bleibt er recht hoch, weshalb Systeme dieser Art vorwiegend für Simulationszwecke ([BrKü89], [GrKü91a], [GrKü91b]) und seltener für Animation ([KüMü91]) eingesetzt werden. Die für Animationszwecke eingesetzten Systeme gehören alle zu der nicht wechselwirkenden Art: Hier können die Partikel system-globalen Regeln gehorchen, wie z.B. Wind, kraft- oder elektromagnetisches Feld, Gravitation, vordefinierte Bewegungspfade etc., oder auch auf Randbedingungen des Systems reagieren, wie z.B. Reflexion an einer starren Wand, plastischer Stoß mit Hindernissen etc. In jedem Fall bleibt diese Wechselwirkung auf das jeweilige Partikel lokalisiert, was zu einer drastischen Reduzierung des Rechenaufwandes führt.

Am Anfang der Animation wird das Partikelsystem initialisiert durch die Zuordnung von gemeinsamen und/oder individuellen Eigenschaften, wie z.B. Masse, Geschwindigkeitsvektor, Farbe, Lebenszeit etc. zu jedem Partikel. Desweiteren werden die Bewegungseigenschaften des Systems initialisiert, wie z.B. Impuls, globale Geschwindigkeit (Windrichtung) etc. Hier sei bemerkt, daß alle diese Eigenschaften homogen oder inhomogen, statisch oder auch zeitveränderlich, abhängig oder unabhängig voneinander definiert sein können. Nach dieser Initialisierung entwickelt sich das System autonom mit der Zeit.

Partikelsysteme wurden in der Vergangenheit erfolgreich eingesetzt, um unregelmäßige Systeme (*fuzzy systems*) zu simulieren. Die Anwendungsbereiche umfassen Feuer und Explosionen ([Reev83], [ReBl85]), Wasserschaum an der Spitze schäumender Wellen ([Peac86]), bewegliche Wolken oder Rauch ([BrKü89]), Wasserfälle ([Sims90]) etc. Sogar Pflanzenmodelle wurden mit Hilfe von Partikelsystemen generiert ([Reev83]), was aber außerhalb der hier behandelten Thematik liegt. Durch ihre Flexibilität bei der Definition sind Partikelsysteme ein vielseitig einsetzbares Werkzeug, welches deterministische sowie stochastische Systeme simulieren kann. In diesem Sinne können manche der im vorherigen Abschnitt behandelten gemessenen und simulierten Texturfelder als eine Form von Partikelsystemen interpretiert werden. So kann z.B. die Simulation der Jupiter-Atmosphäre durch Yaeger et al. als ein Partikelsystem angesehen werden, bei welchem die Attribute der Partikel und die Bewegunsgsgleichungen des Systems an gemessene Daten angepaßt oder physikalisch simuliert wurden. In einem erweiterten Sinne kann die Arbeit von Wejchert und Haumann ([WeHa91]) ebenfalls als Partikelsystem interpretiert werden, bei welchem die Blätter die „Partikel" bilden, die durch das externe Strömungsfeld in Bewegung gesetzt werden.

2.2.3 Heuristische Funktionen

Heuristische Funktionen für die Simulation zeitvarianter turbulenter Gase wurden das erste Mal 1985 von zwei verschiedenen Autoren vorgeschlagen. Gardner schlägt in [Gard85] eine solche Funktion für die optische Simulation von (statischen) Wolken vor, in [Gard88] erweitert er sein Verfahren auf zeitvariante Texturen. Die von Gardner benutzte Funktion besteht, nach geeigneter Skalierung, aus der Überlagerung von mehreren Perioden zweier trigonometrischer Funktionen, welche miteinander zyklisch phasengekoppelt und um einen pseudozufälligen Betrag phasenverschoben relativ zueinander sind:

$$\begin{aligned} T(x,y,z) &= k \sum_{i=1}^{n}[C_i \sin(FX_i x + PX_i) + T_0] \\ &\quad \sum_{i=1}^{n}[C_i \sin(FY_i y + PY_i) + T_0] \\ FX_{i+1} &= 2FX_i \\ FY_{i+1} &= 2FY_i \\ C_{i+1} &= 1/\sqrt{2}C_i \end{aligned} \tag{2.1}$$

Diese Funktion wird benutzt, um eine 2D Textur auf der Oberfläche eines hohlen Ellipsoides zu definieren. Das Ellipsoid gibt dabei die grobe Form einer Wolke an, wobei die 2D Textur, die als Variation des Transparenzgrades des Ellipsoides visualisiert wird, seine optischen Details generiert. Wie die von Gardner veröffentlichten Bilder und Videos belegen, können durch Anwendung mehrerer solcher Ellipsoiden realistisch wirkende Wolkenhaufen simuliert werden. Durch Bewegung dieser Ellipsoide und entsprechende Skalierung kann der Effekt aufsteigenden Rauchs nachgebildet werden ([Gard88]). Das Aussehen der Textur kann durch geeignete Einstellung der in der Gleichung 2.1 angegebenen Parameter variiert werden; mehrere solche Variationsbeispiele werden mit den entsprechenden Bildern in [Gard88] angegeben. Obwohl Gardner zwar eine Bewegung der Ellipsoiden, jedoch eine Animation der auf ihren Oberflächen definierten eigentlichen Textur nicht explizit oder eindeutig erwähnt, sollte nach Meinung des Autors eine solche Erweiterung mittels geeigneter Verschiebung der Phasen der in 2.1 benutzten trigonometrischen Gleichungen möglich sein.

Ähnliches gilt für eine Erweiterung des an sich 2D Verfahrens auf 3D: Nach Meinung des Autors sollte die Gleichung 2.1 durch eine weitere trigonometrische Funktion, die Werte auf der z-Achse annimmt, auf 3D erweiterbar sein. Jedoch fehlt ein solcher eindeutiger Hinweis seitens von Gardner.

Eine weitere heuristische Funktion wird von Perlin ([Perl85]) angegeben. Bei der sog. *turbulence function* handelt es sich um einen interativen Prozess, der eine komplexe Form durch das wiederholte Skalieren und Aufaddieren einer einfacheren zufälligen Kurve (Fläche, Volumen) erzeugt:

$$texture(\mathbf{x}) = \sum_{k=k_0}^{k_1} \frac{1}{2^{kH}} |Noise(2^k \mathbf{x})| \tag{2.2}$$

Perlins Methode geht von einem diskreten Gitter $G(x_1, \ldots, x_n)$ von Zufallszahlen aus, welches während des Initialisierungsschrittes mit Hilfe eines Pseudozufallsgenerators generiert wird. Dieses diskrete Gitter, das ein-, zwei,- drei- oder mehrdimensional sein kann, wird „integer lattice“ genannt. Jeder Gitterpunkt wird einem ganzzahligen Vektor $\mathbf{x} = (x_1, \ldots, x_n)$ zugeordnet. „Leerräume“ zwischen den diskreten Punkten werden durch lineare oder kubische Interpolation der benachbarten Zufallswerte berechnet. Dabei wird das Gitter als erste Periode einer zyklischen Funktion interpretiert, d.h. Werte, die außerhalb des Adressierungsbereiches des Gitters fallen, werden mit Hilfe der *modulo* Funktion berechnet. Somit wird das diskrete Gitter auf einer stetigen, und im Fall der kubischen Interpolation auch glatten, Funktion $S(x_1, \ldots, x_n)$, die überall im n-dimensionalen Raum definiert ist, erweitert. Diese so erweiterte Funktion heißt Rauschen (*noise function*).

Während des Generierungsschrittes wird der Eindruck einer Turbulenz durch eine wiederholte Überlagerung von mehreren Perioden dieses Rauschens generiert. Bei jedem Schritt des iterativen Prozesses, der diese Überlagerung durchführt, wird die Längenachse des Rauschens auf die Hälfte, die Amplitude auf $(1/2)^r$ skaliert. Somit entsteht eine Generierungskaskade, wobei mit jedem Schritt neue Details auf die bereits existierende Funktion generiert werden. Diese Kaskade wird nach einer bestimmten Anzahl von Iterationen, oder wenn die Amplitude oder Größe der neu generierten Details eine untere Schwelle untersteigt, abgebrochen. Eine solche Grenze kann z.B. die Bildpunktgröße eines Rasterbildes sein. Das gleiche Prinzip in einer modifizierten Form benutzt Lewis in [Lewi89]. Die so erzeugte Turbulenzfunktion kann ebenfalls durch eine Verschiebung des Startpunktes des Zufallsgitters animiert werden ([Perl85], [PeHo89], [Lewi89], [EbPa90]). Diese Animationsmethode wird im nächsten Abschnitt zusammen mit den dort erwähnten Fraktalen genauer diskutiert.

2.2.4 Fraktale

Fraktale wurden in den letzten 10 Jahren immer häufiger im Rahmen der generativen Computergraphik eingesetzt, um die verschiedensten Naturphänomene und Objekte zu simulieren. Im Gegensatz zu anderen Wissenschaftsdisziplinen, wo Fraktale als Werkzeug für die Modellierung und das Verständnis des Verhaltens eines Systems eingesetzt werden, benutzt man sie im Rahmen der generativen realitätsnahen Computergraphik vorwiegend für die optische Simulation von vielen Naturphänomenen. Da eine genauere Diskussion der Definition der Fraktale und ihrer Einsatzmöglichkeiten im Rahmen der Computergraphik im 3. Kapitel angegeben wird, wird an dieser Stelle auf eine Wiederholung verzichtet und nur die Rolle der Fraktale für die Modellierung von zeitvarianten, turbulenten, gasförmigen Phänomenen in der Literatur zusammengefaßt.

Die ersten Hinweise auf die Eignung der Fraktale für die Modellierung der o.g. Phänomene, insbesondere der Turbulenz, werden von Mandelbrot z.B. in seinem Buch „Fractals: Form, Change and Dimension“ ([Mand77]) gegeben. Mandelbrot betont sogar, daß das Studium der Turbulenz maßgeblich seine Untersuchungen bei der Formulierung der Fraktale vorangetrieben hat; Mandelbrot selbst scheint überzeugt zu sein, daß Fraktale den einzigen möglichen Weg für das Studium der Turbulenz bei naturwissenschaftlichen Methoden darstellen. Diese Überzeugung wird im 1982 erschienenen Buch wiederholt. Trotz aller dieser Hinweise wurden Fraktale in den ersten Jahren primär für die Modellierung von Pflanzen, Bergen und Gelände eingesetzt und nur beiläufig für die Modellierung einfacher statischer 2D Wolken.

Die ersten realistisch aussehenden fraktalen (statischen) Wolken wurden von Mandelbrot und Lovejoy ([LoMa85]) veröffentlicht. Das Modell, das die beiden Autoren beschreiben, operiert im Euklidischen Raum (Ortsbereich). Bei der Wahl der Modellparameter, wie z.B. der fraktalen Dimension oder der Lakunarität, haben die Autoren Werte benutzt, die in der Natur an echten Wolken, Regengebieten und Turbulenzen gemessen wurden. Obwohl dabei nur ein 2D Modell und eine recht einfache Colorierung der Wolken angewendet wurde, ist die Qualität der erzeugten Bilder überzeugend und scheint die Eignung von Fraktalen für die Simulation von Turbulenz, wenigstens im statischen Fall, zu untermauern.

Ein qualitativer Sprung bei der Generierung von Fraktalen wurde mit der Arbeit von R. Voss ([Voss85]) im Jahre 1985 eingeleitet. Voss benutzt als erster die sog. spektrale Synthese (spectral synthesis) für die Spezifikation und Generierung von Fraktalen. Die Methode, die im 3. Kapitel detailliert erklärt wird, definiert zuerst ein stochastisches Fourier-Spektrum, dessen Amplituden nach $1/f^{\beta}$ und Phasen rechteckverteilt sind. Von diesem Spektrum ausgehend kann ein Feld im Ortsbereich durch Anwendung der inversen Fourier-Transformation gewonnen werden. Durch den Einsatz der sog. schnellen Fourier-Transformation (FFT) und ihrer Inversen (FFT^{-1}) können die dabei benötigten Rechenzeiten drastisch reduziert werden. Durch die Anwendung der spektralen Synthese konnten viele bis dahin von den anderen Generierungsverfahren existierenden Probleme, z.B. Umbruchfehler, Dominanz der Achsenausrichtungen etc., gelöst werden. Die von Voss generierten Bilder sind mittlerweile als Klassiker zu bezeichnen und gehören heute, sieben Jahre später, immer noch zu den besten ihrer Art. Die Methode von Voss läßt sich problemlos auf 2D oder 3D anwenden, wodurch überzeugende dreidimensionale Wolken entstanden sind. Dennoch hat weder Voss noch jemand anderes, der seine Methode benutzt hat, eine Erweiterung des Modells vorgeschlagen, um neben den statischen auch zeitvariante, sich turbulent bewegende und verändernde Wolken zu erzeugen.

Eine hybride Methode, die zwischen der im Euklidischen Raum operierenden Methode und der Spektralen Synthese anzusiedeln ist, wurde von Anjyo ([Anjy88], [Anjy90]) eingeführt. Diese Methode benutzt sog. stochastische Primitive, die Realisierungen eines eindimensionalen fraktalen Prozesses sind. Diese eindimensionalen Prozesse werden auf zwei Dimensionen erweitert, bei einer einfachen Translation entlang einer Achse, die senkrecht auf der Definitionsachse steht. Im dritten Schritt wird ein Fraktal generiert durch die Überlagerung von mehreren solchen Primitiven. Für Wolkenmodelle werden gewöhnlicherweise 10 bis 20 Primitive benutzt, aber Geländemodelle mit über 200 Primitive wurden bereits realisiert. Anjyo gibt ebenfalls keine Erweiterung seiner Methode an, um neben den statischen auch zeitvariante turbulente Wolken zu generieren.

Neben den o.g. Methoden wurde im Jahre 1988 von Saupe die sog. „Rescale-and-Add“ Methode vorgestellt. Bei dieser Methode handelt es sich im wesentlichen um die Erweiterung der heuristischen Perlin'schen Funktion (Abs. 2.2.3) auf eine wohl definierte fraktale Methode. Die Details dieser Erweiterung werden im Abs. 3.3.3 angegeben und deshalb hier nicht wiederholt. Mit Hilfe der Rescale-and-Add Methode können Turbulenz-Schnappschüsse erstellt werden, die denen von Perlin recht ähnlich sind. Das interessante jedoch ist die Erweiterung des Modells, die in [Saup89] veröffentlicht wurde, um neben den statischen auch 2D sowie 3D Turbulenzfelder zu generieren.

$$V_H(\mathbf{x}) = \sum_{k=k_0}^{\infty} \frac{1}{r^{kH}} Noise(r^k \mathbf{x}) \tag{2.3}$$

Das Prinzip dieser Erweiterung läßt sich auf Taylors „Hypothese der gefrorenen Turbulenz“ (*frozen turbulence hypothesis*) (siehe dazu [Panc71], [FrMo77] sowie Abs. 4.1) zurückführen. Diese Hypothese besagt im wesentlichen, daß die räumliche und die zeitliche Struktur der Turbulenz bis auf einen Skalierungsfaktor identisch sind. Demzufolge kann man eine Reihe von n-dimensionalen Turbulenzfeldern gewinnen, indem man „Scheiben“ aus einem n+1-dimensionalen Feld extrahiert. Nachteil der Methode ist, daß zur Generierung einer Reihe von n-dimensionalen Turbulenzscheiben erst ein n+1-dimensionales Fraktal generiert und gespeichert werden muß.

Diese Schwierigkeit umgeht die Rescale-and-Add Methode durch ihre Fähigkeit, einerseits auf n-Dimensionen einfach erweiterbar zu sein, andererseits durch die Unterstützung einer lokalen und punktweisen Auswertung und Generierung des Fraktals. Dadurch werden nur die verhältnismäßig geringen Daten zur Spezifikation des Fraktals gespeichert und nicht das gesamte n+1-dimensionale Feld. Jede Scheibe wird während der Generierung einzeln, nach Bedarf und nur an den benötigten (= sichtbaren) Stellen berechnet. Diese „Scheibenmethode“ stellt die Formalisierung und exakte Formulierung der in [Perl85], [PeHo89],

[EbPa90] etc. benutzten heuristischen Methoden dar. Als zusätzliche Erweiterung können auch nicht-ebene Scheiben benutzt werden: die Ebene (Volumen), die aus dem Fraktal ausgeschnitten werden soll, ist dann nicht mehr flach, sondern an sich ebenfalls ein Fraktal. Somit kann die turbulente Erscheinung weiterhin verstärkt werden. Nach Kenntnis des Autors ist Saupes Methode das erste funktionale Texturmodell, das eine zeitvariante turbulente gasförmige Textur in einer formalen und wohl definierten Weise ermöglicht, auch wenn ein physikalisch begründetes Turbulenzmodell nicht angegeben wurde.

2.3 Visualisierung zeitvarianter Texturen

Alle im Abs. 2.2 vorgestellten Verfahren generieren ein zwei- oder dreidimensionales Feld, das im Rahmen der Computergraphik als zeitvariante turbulente Textur erfaßt werden kann. Der nächste Schritt nach der Datengenerierung ist die sog. Visualisierung. Unter Visualisierung (auch Bildgenerierung oder Rendering) verstehen wir alle Verfahren, die aus einer abstrakten Szenenbeschreibung, unter Berücksichtigung von verschiedenen, vom Benutzer einstellbaren geometrischen, physikalischen, Material- und Zeitparametern, ein Rasterbild oder eine Folge von Rasterbildern (Animation) erzeugen. Somit kann für die Ziele dieser Auswertung der gesamte Prozeß als aus zwei Stufen aufgebaut angesehen werden: Während der ersten Stufe werden die Daten, insbesondere hier die Texturen, generiert, während der zweiten Stufe findet eine Umwandlung der Daten in ein Rasterbild statt. Gewiß ist diese Betrachtungsweise in vielerlei Hinsicht unzureichend, da sie viele Aspekte und zusätzliche Stufen vernachlässigt oder in die vorgestellten zwei mit integriert, so z.B. die Szenenmodellierung, die Bewegungsdefinition der einzelnen Objekte etc. Sie ist aber für die Zwecke dieser Übersicht, die sich mit den existierenden Verfahren zur Texturgenerierung und -visualisierung beschäftigt, zweckmäßig.

Eine erste Klassifikation der existierenden Verfahren, die für die Visualisierung von zeitvarianten turbulenten Texturen geeignet ist, kann anhand der Dimension der Texturdaten erfolgen. Somit wird zwischen 2D und 3D Verfahren unterschieden, gemäß der Dimension der zu visualisierenden Textur.

2.3.1 Visualisierung von 2D Texturfeldern

Gemäß der Texturdefinition (Abs. 2.1.2) werden die Daten, die von dem Generierungsalgorithmus geliefert wurden, auf ein für die Visualisierung geeignetes Attribut abgebildet, gewöhnlich Transparenz oder Farbe. Diese Abbildung kann sehr einfach sein und entspricht in der Regel einer Zuweisung nach geeigneter Normierung bzw. Skalierung. So werden z.B. bei Partikelsystemen die Farben aller Partikel, die innerhalb eines Bildpunktes fallen, einzeln aufsummiert ([Reev83], [ReBl85]); das Ergebnis dieser Summation ergibt dann die Bildpunktfarbe. Ähnlich wird bei der Abbildung auf die Transparenz im Falle der funktional definierten Texturen verfahren: Die Funktion wird an der Stelle, die durch die Position des Bildpunktes bestimmt wird, ausgewertet und das Ergebnis als Transparenzgrad des zugehörigen Objektes gedeutet ([Gard85]).

Ein unterschiedliches Verfahren wurde benutzt, um stochastische 2D Fraktale als Wolken am Himmel zu visualisieren ([PeSa88]). Das Verfahren geht von der Feststellung aus, daß die Wolkenkerne ganz weiß sind und die Löcher zwischen den einzelnen Wolkenhaufen die Farbe Himmelblau haben sollen. Daher werden zuerst die Werte des Fraktals im 0-1 Bereich normiert:

$$g = \frac{f - min}{max - min} \tag{2.4}$$

wobei min und max entsprechend der kleinste und der größte Wert des Fraktals sind. Als zweites werden eine niedrige und eine hohe Schwelle festgelegt; gewöhnlich liegt die niedrige Schwelle bei ca. 20%, die hohe bei ca. 90% der Differenz zwischen max und min. Während des Kolorierungsschrittes werden alle Werte, die unterhalb der niedrigen Schwelle liegen, blau gefärbt und alle Werte oberhalb der hohen Schwelle weiß. Für die Werte, die zwischen den zwei Schwellen liegen, wird eine Farbe als lineare Interpolation zwischen Blau und Weiß bestimmt. Dadurch werden homogene Bereiche generiert, die blauen Himmel oder weißen Wolkenkern darstellen, sowie eine Übergangszone zwischen den beiden Regionen. Obwohl das Verfahren recht einfach ist, sind die dadurch generierten Wolken von guter Qualität (siehe Abb. 2.3).

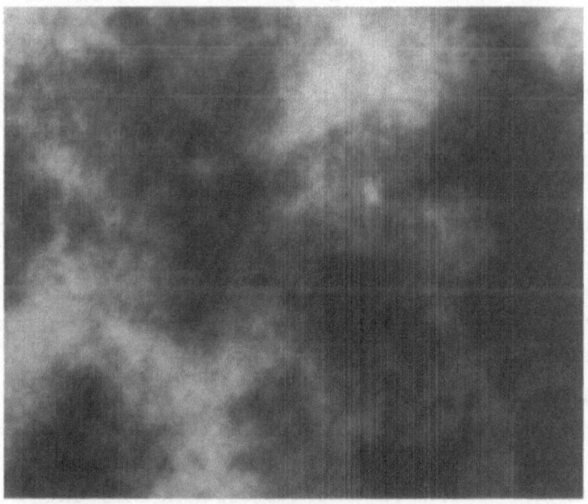

Abb. 2.3. Zweidimensionale fraktale Wolke, die durch lineare Interpolation der fraktalen Werte zwischen den Farben Blau und Weiß generiert wurde

Insgesamt läßt sich feststellen, daß die Visualisierung von 2D Texturen unproblematisch und identisch ist mit den Methoden, die für die Visualisierung von solchen Texturen seit 1976 ([BlNe76]) ausreichend erforscht, verstanden und praktiziert werden.

2.3.2 Visualisierung von 3D Texturfeldern (Volumentexturen)

Ist die Visualisierung von 2D Texturen unproblematisch und durch Einsatz von existierenden Methoden zu bewältigen, so gilt dies nicht für die 3D Texturen. In der Definition im Abs. 2.1 wurde die Textur als Menge von Funktionen definiert, deren Werte den verschiedenen Parametern des Beleuchtungmodells zugeordnet werden. Im 2D Fall werden normalerweise die Parameter Farbe und Transparenz benutzt, im 3D Fall wurde bisher die Textur auf die Dichte abgebildet. Somit wird ein sog. Volumenobjekt definiert, das über seine Dichteverteilung im Raum modelliert wird. Eine genauere Definition der Volumenobjekte findet man im Abs. 5.1.1. Intuitiv kann man ein Volumenobjekt als eine dreidimensionale Wolke ansehen, deren Dichte im Raum über die 3D Textur angegeben wird. Dementsprechend werden im 3D Fall besondere Verfahren eingesetzt, die sog. Volumenrenderer. Eine genaue Betrachtung und Taxonomie von Volumenrenderern findet man im Abs. 5.1.2.

In den letzten Jahren wurde die Visualisierung von Volumenobjekten in zwei unabhängigen Feldern praktiziert: in dem Bereich der Animation und in dem Bereich der wissenschaftlichen Visualisierung. Im Bereich der wissenschaftlichen Visualisierung handelt es sich bei Volumenobjekten um gemessene oder simulierte dreidimensionale Matrizen, die das Ergebnis einer Messung, eines Experimentes, einer Berechnung etc. darstellen. Die Elemente dieser Matrix können Skalare oder auch Vektoren sein. Ziel der Visualisierung ist die Gewinnung von Erkenntnissen über die Daten, die das Verständnis fördern oder bestimmte Aspekte beleuchten, z.B. die Lokalisierung eines Tumors im Gewebe oder eines Rißes in einem Werkstück. Dagegen werden Volumenobjekte im Animationsbereich ausschließlich für die Modellierung von verschiedenen natürlichen Phänomenen eingesetzt, wie Dampf- oder Staubwolken, Nebel, Feuer etc. Hier liegt der Schwerpunkt der Visualisierung in der realistischen, schnellen und alias-freien Darstellung. Entsprechend des Unterschiedes der Daten und der unterschiedlichen Zielsetzung beider Bereiche wurden in der Vergangenheit unterschiedliche Visualisierungsmethoden eingesetzt. Im Rahmen dieser Arbeit werden wir uns im folgenden primär auf die in der Animation eingesetzten Methoden konzentrieren.

Die existierenden Visualisierungsverfahren lassen sich in *lokale* und *globale* Verfahren unterscheiden. Lokale Verfahren berücksichtigen bei der Auswertung der Farbe und der Transparenz an einer Stelle innerhalb des Volumens nur die lokalen Materialeigenschaften (Dichte, Absorption, Streuung, Phasenfunktion) sowie die Position und Strahlungscharakteristik der Lichtquellen, jedoch nicht die Beleuchtungseigenschaften der Materie, welche diese Position umgibt. Somit sind diese Modelle einerseits relativ einfach, so daß der Rechenaufwand ebenfalls dementsprechend niedrig ist, andererseits müssen wichtige Eigenschaften wie Schattenwurf, Selbstschattierung und sekundäre Beleuchtung durch interne Streuung und Mehrfachreflexion entweder vernachlässigt oder approximiert werden. Globale Verfahren dagegen tasten bei der Auswertung der an einer Stelle herrschenden Beleuchtung die gesamte Umgebung ab, was natürlich mit erheblichem Mehraufwand verbunden ist. Scanline Verfahren werden im allgemeinen den lokalen Verfahren zugeordnet, wobei Ray-Tracing und Radiosity zu den globalen Verfahren gehören.

2.3.2.1 Lokale Visualisierungsverfahren Der erste Vorschlag für eine realistische Visualisierung von Volumendaten wurde 1982 gemacht. Blinn ([Blin82]) entwickelte eine Methode, um die Ringe des Planeten Saturn zu visualisieren. Er hat das Modellierungsproblem nicht explizit behandelt, sondern angenommen, daß der Raum um den Planeten mit kleinen Staubpartikelchen gefüllt sei, deren Dichte als analytische Funktion des Abstands von der Planetenoberfläche ausgedrückt werden kann. Das von ihm vorgeschlagene Beleuchtungsmodell basiert auf der Physik der Streuung und Absorption; es stellt eine Vereinfachung und eine erste Approximation der komplizierten Vorgänge dar, die bei der Beleuchtung von Volumen stattfinden. Da er eine einfache Geometrie und eine einfache analytische Dichtefunktion gewählt hat, war er in der Lage, die Integralgleichungen, die die Absorption und Streuung des Lichtes entlang des Volumens beschreiben, analytisch zu lösen. Die Blinn'sche Approximation wird im Abs. 5.2.4 ausführlich behandelt. Sein Modell ist einfach, aber rechnerisch sehr günstig und ignoriert alle Effekte nach der ersten Streuung, z.B. Schattenwurf, Selbstschattierung, interne Reflexion etc.

Ähnliche Methoden wurden von Max und Willis vorgeschlagen. Willis ([Will87]) benutzte die Blinn'sche Approximation erster Ordnung, um die Leistung von Tagesflug-Simulatoren zu verbessern. Sein Vorschlag basiert im wesentlichen auf der Absorption des Lichtes innerhalb von Volumenobjekten, so wie sie durch das Beer'sche Gesetz beschrieben wird (siehe dazu Abs. 5.2). Willis ignoriert ebenfalls sowohl Schattenwurf als auch Streuungen höherer Ordnung. Das Ziel von Max ([Max86]) war, die Effekte zu simulieren, die das Licht durch Wolkenöffnungen oder zwischen den Blättern eines Baumes verursacht. Zu diesem Zweck hat er ebenfalls das Blinn'sche Beleuchtungsmodell in Verbindung mit Schlagschatten-Volumina (*shadowing polyhedra*) benutzt. Diese Volumina dienten dazu, die Regionen zu beranden, in denen das Licht durch die Wolken- oder Blätteröffnungen durchschien, siehe Abb. 2.4. Mit Hilfe dieser Volumina konnte er Schatteneffekte simulieren. Streuungen höherer Ordnung wurden hier ebenfalls ignoriert. Beide Autoren haben angenommen, daß die Dichte der Volumenobjekte entweder konstant bleibt oder monoton linear mit der Höhe von der Oberfläche variiert. Dadurch waren sie ebenfalls in der Lage, die Blinn'sche Approximation analytisch zu berechnen.

Die fortschrittlichste Methode in dieser Richtung wurde von Nishita et al. vorgeschlagen ([NiMN87]). Die Autoren modellieren die Dichteverteilung durch ein Schichten-Modell. Solche Schichten sind Regionen beliebiger Form, die durch polygonale Flächen berandet werden. Die Dichte innerhalb einer Schicht ist konstant, kann aber zwischen verschiedenen Schichten variieren. Die Autoren benutzen ebenfalls die Blinn'sche Approximation erster Ordnung für das Beleuchtungsmodell, das jetzt innerhalb jeder Schicht analytisch berechnet wird (wie bei Blinn, Max und Willis). Entlang jedes Strahls werden die in den verschiede-

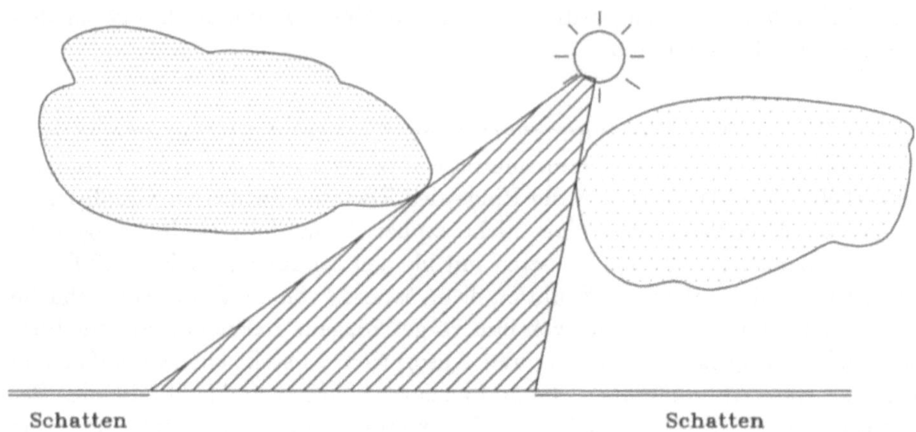

Abb. 2.4. Schlagschatten-Polyhedra, die die im Licht befindlichen Regionen beranden. Dadurch können Strahlenbündel, die durch Öffnungen an opaken Objekten durchstrahlen, visualisiert werden

nen Schichten anfallenden Zwischenergebnisse akkumuliert. Um Schattenwürfe zu erzeugen, benutzen sie ebenfalls die von Max eingeführten Schlagschatten-Volumina. Dadurch ist ihr Beitrag der Versuch einer Integration von existierenden Visualisierungsmethoden und einer komplizierteren Volumenmodellierung durch die Definition mehrerer Schichten, siehe Abb. 2.5. Leider stellt dieser Versuch eher eine Aufschiebung als eine Lösung des Problems dar, da die Dichteverteilung innerhalb einer Schicht immer noch konstant bzw. analytisch definiert ist. Willkürliche bzw. stochastische Dichteverteilungen können durch solche Methoden nicht visualisiert werden.

Unterschiedliche Methoden, die sowohl für konstante als auch für stochastische Dichteverteilungen gelten, wurden von Kajiya & Herzen ([KaHe84]), Inakage ([Inak89]) und Rushmeier & Torrance ([RuTo87]) entwickelt. Kajiya & Herzen und Inakage haben Ray-Tracing als Rendering-Methode angewendet. Mit Hilfe dieser Methode werden Strahlen von dem Auge in das Volumenobjekt zurückverfolgt. Diese Strahlen durchlaufen die Textur und durchschneiden entlang ihres Weges eine Anzahl von Dichteelementen (Voxel). Innerhalb jedes neu getroffenen Voxels wird das Beleuchtungsmodell ausgewertet und die Beiträge jeder Auswertung entlang des Strahls akkumuliert. Die einfachste Form der Auswertung des Beleuchtungmodells berücksichtigt Schatten, aber ignoriert interne Reflexionen. In diesem Fall wird von jedem Voxel ein Sekundärstrahl zu jeder Lichtquelle geschickt. Wenn dieser Sekundärstrahl ein undurchsichtiges Objekt schneidet, liegt das entsprechende Voxel im Schatten. Schneidet der Strahl kein opakes Objekt, so wird die Dämpfung des Lichtes von der Lichtquelle bis zum Voxel gerechnet, siehe Abb. 2.6.

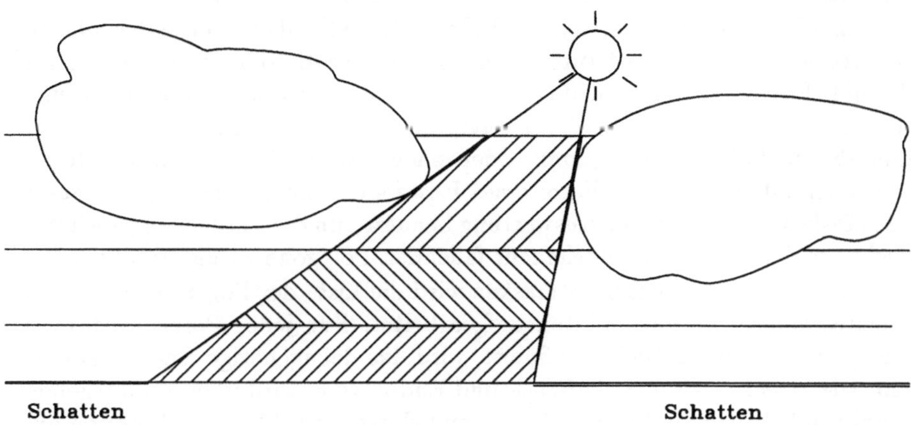

Abb. 2.5. Benutzung von Schlagschatten-Polyhedra mit geschichtetem Volumenmodell

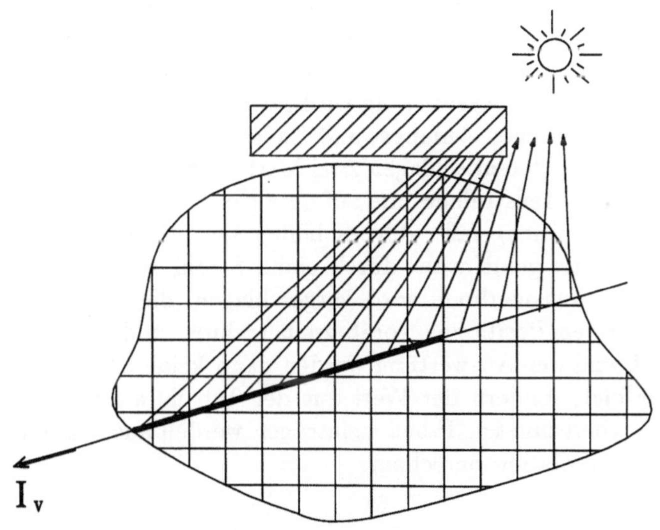

Abb. 2.6. Sekundärstrahlen bei Ray-Tracing von Volumenobjekten

Gleichzeitig zu den Arbeiten des Autors ([Saka90], [HaSa90], [SaHa90]), die im 5. Kapitel detailliert vorgestellt werden, haben Eberts und Parent ([EbPa90]) ein Verfahren veröffentlicht, das funktional definierte, beliebig verteilte 3D Texturen mit Hilfe von A-Buffer Scanline Verfahren visualisiert. Bei dieser Methode wird die Textur mit Hilfe der im Abs. 2.2.3 vorgestellten Perlin'schen Turbulenzfunktion definiert. Während der Visualisierung wird für jedes Bildelement eine Bitmaske aufgebaut, der sog. A-Buffer ([Carp84]); diese Maske besteht aus einem Raster von 32 oder 64 Bits, die homogen über die Bildelementregion verteilt sind. Für jedes Polygon, das an einer Bitmaskenposition innerhalb eines Bildelementes sichtbar ist, wird das entsprechende Bit auf Eins gesetzt. Somit hinterläßt ein Polygon eine „Spur" oder einen „Abdruck" auch unterhalb der Bildelementauflösung in der Form eines Rasters der entsprechenden Bitmaske. Diese Masken werden bei der Auswertung benutzt, um die Verdeckungsrechnung zwischen mehreren in ein Bildelement fallenden Polygone zu unterstützen.

Nach dem Aufbau dieser Bitmasken wird die Liste der Polygone eines Bildelementes von vorne nach hinten aufgearbeitet. Für jedes Polygon, das den Anfang eines Volumenobjekts definiert, wird das dazugehörige Endpolygon gesucht. Die Strecke zwischen Anfangs- und Endpolygon wird in eine vorgegebene Anzahl von Schritten unterteilt. An jedem Schritt wird die Texturfunktion ausgewertet und der Texturwert bestimmt. Dann werden von dieser Stelle aus Sekundärstrahlen zur Lichtquelle verfolgt, die die Intensität des Lichtes an der betreffenden Stelle ermitteln. Nach Berechnung der Lichtintensität wird das Beleuchtungsmodell ausgewertet. Als Beleuchtungsmodell wird hier ebenfalls die Blinn'sche Approximation verwendet. Die Teilergebnisse werden entlang des Strahls akkumuliert. Die Traversierung endet, wenn i) die Endstelle erreicht wird, ii) wenn der ermittelte Transparenzwert eine vordefinierte Schwelle erreicht, oder iii) ein fremdes, dem Volumenobjekt nicht gehörendes opakes Objekt gefunden wird. Diese Auswertung wird für jedes gesetzte Bit der Bitmaske durchgeführt, d.h. zwischen Anfangs- und Endstelle werden mehrere Substrahlen verfolgt. Eberts & Parent schlagen zwei Methoden vor, um die Berechnungszeiten zu reduzieren: Teilstrahlen, die auf dem gleichen Polygon nebeneinander liegen, werden zusammengefaßt, d.h. es bilden sich Regionen zwischen Start- und Endposition, die gemeinsam durch einen Strahl bearbeitet werden. Als zweite Beschleunigungsmethode wird vorgeschlagen, die Intensität der Lichtquelle in bestimmten Positionen vorab zu berechnen und in einer Tabelle zu speichern. Während der Auswertung werden dann keine Sekundärstrahlen zur Lichtquelle verfolgt, sondern der Wert aus der Tabelle ausgelesen. Positionen zwischen den vorberechneten Tabelleneinträgen werden aus den acht Nachbarn durch lineare Interpolation berechnet.

2.3.2.2 Globale Visualisierungsverfahren Als Ergänzung zu ihrem einfachen Modell (s.o.) haben Kajiya & Herzen die Blinn'sche Approximation auf Reflexionen zweiter und höherer Ordnungen erweitert. In diesem Fall wird die Beleuchtung an einem Voxel mit Hilfe von Neumann-Serien approximiert: an jeder Stelle werden mehrere Sekundärstrahlen rekursiv zurückverfolgt, was allerdings zu einer enormen Rechenzeitsteigerung führt.

Rushmeier und Torrance ([RuTo87]) haben die „Zonale-Methode" entwickelt, die eine Erweiterung des bekannten Radiosity-Ansatzes ([GTGB84], [CGIB86], [CCWG88], [Chen90]) darstellt. In diesem Ansatz wird der Raum zwischen den einzelnen Objekten mit einer diskreten 3D Textur gefüllt, die ein semi-transparentes Volumenobjekt darstellt. Die Energie, die von jedem Polygon ausgestrahlt wird, wird somit zuerst von den Elementen des Volumenobjektes absorbiert und reflektiert. Somit werden jetzt Energiebilanzen nicht nur zwischen den einzelnen Flächen, sondern auch zwischen Volumenelementen (Voxels) sowie zwischen Volumenelementen und ebenen Flächen ausgerechnet. Um die Berechnungen zu vereinfachen, wird das Volumenobjekt als isotrop und diffus reflektierend angenommen. Trotz dieser Vereinfachung erhöht sich im Fall der Zonalen Methode die Komplexität des zu lösenden linearen Gleichungssystems mit $O(n^3)$ im Verhältnis zu $O(n^2)$, was die Komplexität des üblichen Radiosity-Ansatzes mit polygonalen Objekten darstellt. Durch die dritte Potenz wird ersichtlich, daß sogar eine relativ kleine Anzahl von Volumenelementen schnell zu einem untragbaren Rechen- und Speicheraufwand führt.

Im Verhältnis zu den lokalen Verfahren der ersten Gruppe (Blinn, Max, Willis, Nischita et al.) haben alle anderen Autoren Bilder von sehr hoher Qualität generiert. Leider ist diese Qualitätssteigerung mit einem erhöhten Rechenaufwand zu bezahlen, der im Fall von Ray-Tracing mehrere Minuten bis zu einigen Stunden pro Bild erfordert, im Fall der Zonalen Methode gar mehrere Stunden für das erste Ergebnis.

2.3.2.3 Visualisierung 3D wissenschaftlicher Daten Die im Bereich der wissenschaftlichen Visualisierung eingesetzten Methoden liegen außerhalb der Zielsetzung dieser Arbeit und werden hier nur kurz der Vollständigkeit wegen umrissen. Die hier vorkommenden Volumendaten haben in der Regel keine direkte optische Repräsentation. Deshalb werden sie während des Visualisierungsprozesses auf eine sichtbare Repräsentation abgebildet ([Levo88], [Levo90d]). Um die optische Wahrnehmung und Interpretation zu unterstützen, werden intuitiv verständliche, aus der Erfahrung bekannte Formen, wie Flächen, Farben, Wolken, Linien etc. verwendet. Levoy unterscheidet in [Levo90d] zwischen Verfahren, die als eine solche Repräsentation Oberflächen, Schwellwerte und Wolken benutzen.

In dem ersten Fall wird versucht, ein Polygonennetz aus den Volumendaten zu extrahieren, indem man Konturen zwischen benachbarten Volumenschichten miteinander verbindet. In diesem Fall wird das 3D Volumenobjekt zu einem polygonalen Objekt reduziert, das mit den üblichen Methoden visualisiert werden kann.

Im zweiten Fall wird zuerst ein Schwellwert definiert. Volumenelemente, deren Dichte oberhalb des Schwellwertes liegen, werden als opake Würfel behandelt, wobei sie unterhalb des Schwellwertes total transparent und deshalb unsichtbar gemacht werden. Mit Hilfe von z.B. Ray-Tracing werden Strahlen von dem Auge in das Volumenobjekt so lange zurückverfolgt, bis sie ein opakes Voxel treffen. Im Falle eines solchen Treffers wird eine entsprechende Farbe zurückgegeben. Auch in diesem Fall werden aus dem dreidimensionalen Volumenobjekt durch die Definition des Schwellwertes Flächen gleicher Dichte extrahiert.

Die Verfahren der dritten Kategorie sind denen, die bei der Animation benutzt werden, am ähnlichsten. In diesem Fall wird das Volumenobjekt als semi-transparente Gelatine ([Levo90d]) behandelt. Mit Hilfe von Ray-Tracing werden Strahlen in das Volumen zurückverfolgt, bis sie ein opakes Objekt oder eine Fläche treffen, oder bis deren Intensität eine Schwelle unterschreitet. Der wesentliche Unterschied zu den bei der Animation angewandten Methoden besteht darin, daß hier versucht wird, innerhalb des Volumens Oberflächen zu finden und als solche zu visualisieren. Die gesuchten Oberflächen liegen nicht explizit vor, sondern werden anhand von Nachbarschaftsbeziehungen zwischen Voxeln erkannt, z.B. durch Schwellwert- oder Gradientbildung. In diesem Gebiet sind die Arbeiten von M. Levoy ([Levo88], [Levo90a], [Levo90b], [Levo90c], [Levo90d], [Levo90e]), Upson & Keeler ([UpKe88]), Drebin et al. ([DrCH88]), Westover ([West90]), Frühauf ([Früh91a], [Früh91b]) etc. besonders zu erwähnen. Die Verfahren dieser Kategorie eignen sich gut für Applikationen im Bereich der Biomedizin, der Materialprüfung, Schadstoffvisualisierung etc., finden aber bisher keinen Einsatz im Rahmen der Animation.

2.4 Auswertung, Mängel und Kritik

2.4.1 Auswertung der Generierungsmethoden

2.4.1.1 Gemessene und simulierte Felder Die von Yaeger et al. benutzte Methode der Kombination physikalischer und optischer Simulation weist mehrere beträchtliche Nachteile auf. Als erstes kann man den immensen Aufwand des Verfahrens bemängeln. Dies bezieht sich sowohl auf die Gewinnung und manuelle Aufbereitung der Daten als auch auf die Rechenzeit für jedes einzelne Bild. Gemessene oder aufgenommene Daten, welche sich für die Simulation eines turbulenten Feldes eignen, liegen im allgemeinen nicht vor und müssen erst beschafft werden. Im folgenden ist ihre manuelle Vorbereitung (Colorierung, Anreicherung mit Details, Digitalisierung) mühsam und kostspielig und erfordert Erfahrung und entsprechende Werkzeuge. Nicht zu unterschätzen dabei ist der Speicheraufwand, der für die Aufbewahrung eines aus mehreren Millionen Bildpunkte bestehenden Feldes entsteht. Auch die für die Berechnung und Generierung eines Bildes erforderliche Rechenzeit von 2 1/2 Minuten auf einer CRAY ist in den meisten Fällen unakzeptabel. Dies gilt insbesondere für Benutzer, die mit „durchschnittlichen“ Arbeitsstationen auskommen müssen. Aufgrund der komplizierten Navier-Stockes Strömungsgleichungen, die der Simulation zugrunde liegen, läßt sich nicht erwarten, daß dieser Rechenaufwand in der nächsten Zukunft wesentlich reduziert werden kann. Desweiteren kann man bemängeln, daß das Verfahren nur im 2D Fall funktioniert und eine 3D Erweiterung noch viel komplizierter und aufwendiger erscheint.

Die Unflexibilität des Verfahrens könnte sich als wichtigster Mangel auch in der ferneren Zukunft erweisen: da das Verfahren auf gemessenen Daten basiert, ist es auf deren Beschaffung und Eignung angewiesen. Der Benutzer hat geringe Möglichkeiten, auf die optische Erscheinung Einfluß zu nehmen; auch kann er nicht eine von ihm gewünschte, reell nicht existierende Strömung durch die gezielte Einstellung verschiedener Parameter definieren und manipulieren. Auf der anderen Seite basiert das Verfahren ausschließlich auf digitalisierten diskreten Werten, deren Visualisierung zwar einfach ist, aber geeignete Maßnahmen zur Vermeidung von Bildfehlern erfordert (Aliasing, [Crow77], [Heck86a], [Heck86b], [Heck89]). Als weiteren Nachteil des Verfahrens kann man seine „Globalität" nennen: auch wenn ein kleiner Ausschnitt des Gesamtbildes gefordert wird, muß man das gesamte Bild komplett rechnen. Das wird ersichtlich durch die Tatsache, daß auch aktuell unsichtbare Teile der Strömung zu einem späteren Zeitpunkt durch Änderung der Blickrichtung und/oder eigene Bewegung in das Bild eintreten können, so daß sie immer mitberechnet werden müssen.

Auch das rein physikalische Verfahren, das von Kajiya & Herzen benutzt wurde, stellt keine besondere Verbesserung dar. Zwar erfordert es keine gemessenen Eingabedaten, aber die in dem Modell benutzten physikalischen Parameter wie z.B. Luftfeuchtigkeit, Sonneneinstrahlung, Meereshöhe etc., sind eher für Meteorologen als für die Benutzer von Systemen der Graphischen Datenverarbeitung verständlich. Das gleiche gilt für die Wahl der Konstanten, die das Aussehen der Wolke bestimmen, und die durch mehrmaliges Probieren ermittelt wurden. Als Benutzer ist man dadurch nicht in der Lage, ein gewünschtes Aussehen und zeitliches Verhalten durch gezielte Parametereinstellung zu erreichen. Desweiteren kann man mit dem Modell kein turbulentes Verhalten erzielen, sondern lediglich eine laminare Strömung. Auch die Form der Wolke läßt zu wünschen übrig, da sie viel zu glatt, strukturlos und unrealistisch wirkt. Alles in allem ist das verwendete Verfahren die direkte Implementierung eines rein meteorologischen Modells, welches für die Zwecke und Ziele der Computergraphik ungeeignet zu sein scheint.

Mehr Flexibilität ermöglicht das von Wejchert & Haumann ([WeHa91]) vorgestellte Verfahren. Obwohl das Strömungsfeld dem Gelände (Hügel, Häuser, Hindernisse jeder Art) angepaßt werden muß, damit eine realistische Strömung um das jeweilige Hindernis garantiert wird, ist hier die Definition und Anpassung wesentlich einfacher. Ferner eignet sich das Verfahren für den 2D oder den 3D Fall. Auch die Rechenzeiten sind hier kürzer, was aber eher auf die relativ kleine Anzahl von mehreren Hundert benutzten Blättern zurückzuführen ist. Desweiteren wurde die physikalische Simulation soweit vereinfacht, bis sie für die Erfordernisse der Animation ausreichend genau war. Dennoch ist auch dieses Verfahren umständlich und erfordert Erfahrung und Gefühl seitens des Benutzers. Die Parameter, die das Strömungsfeld bestimmen, sind qualitativ zwar besser erfaßbar, ihre quantitative Einstellung erfordert aber mehrere Versuche (*trial-and-error*). Das Gleiche gilt für die Definition der Geometrie und der mechanischen Eigenschaften der Blätter. Wie die Autoren erwähnen, erfordert die Auswertung der Interaktionen zwischen Wind und Blättern ein auf klassischer Newtonischer Mechanik basierendes Simulationssystem. Alles in allem handelt es sich eher um ein (vereinfachtes) Simulations- als ein reines Animationsverfahren.

Zusammenfassend kann man Verfahren dieser Kategorie einem bedeutenden, aber eher eingeschränkten Einsatzbereich zuordnen, und zwar dort, wo ein existierendes und mehr oder weniger bekanntes Phänomen möglichst originalgetreu nachgebildet werden soll und wo Realität, Präzision und Bildqualität wichtig sind und die finanziellen Aspekte und der Arbeitsaufwand eine eher sekundäre Rolle spielen. Die Vor- und Nachteile dieser Verfahren werden in der Tabelle 2.1 zusammengefaßt.

2.4.1.2 Partikelsysteme Partikelsysteme dagegen können als die Generalisierung und Erweiterung der o.g. Methode angesehen werden. Viele der o.g. Schwierigkeiten und Mängel sind in den Partikelsystemen ganz oder teilweise behoben. So ist man hier nicht auf geeignete Eingabedaten angewiesen, sondern kann die gewünschten Daten selbst definieren. Dies gilt sowohl für die Eigenschaften jedes einzelnen Partikels als auch für das dynamische Verhalten des Gesamtsystems. Desweiteren ist man hier nicht auf physikalisch korrekte oder simulationsgetreue Bewegungsgesetze eingeschränkt, sondern kann sie beliebig und nach Wunsch definieren. Somit erweitert sich der Rahmen der generierbaren Effekte sowie die Flexibilität beträchtlich. Die in der Literatur berichteten Applikationen sind von überzeugender optischer Qualität.

Auf der anderen Seite bleiben viele der Mängel auch in den Partikelsystemen bestehen. So bestimmt die Anzahl der eingesetzten Partikel die Qualität der generierten Textur maßgeblich. Für die meisten Applikationen werden mehrere Millionen Partikel benötigt, was eine beachtliche Rechenzeit erfordert, auch im vereinfachten Fall der Nicht-Wechselwirkung zwischen Partikeln. Als Beweis kann der eher beschränkte Einsatz von Partikelsystemen in maschinell reichlich ausgestatteten Filmstudios gelten. Die Rechenzeit kann durch geeignete Hardware erheblich reduziert werden. Eine solche Implementierung wurde in [Sims90] für die *Connection Machine* vorgestellt. Dennoch bleibt das Verfahren auf die spezielle parallele und recht teure Hardware angewiesen und für den „Durchschnittsbenutzer" mittelfristig unakzeptabel. Der Speicheraufwand ist für Partikelsysteme ebenfalls eher groß.

Der wichtigste Nachteil jedoch kommt hier von der uneingeschränkten Flexibilität des Verfahrens. Wie bereits erwähnt, ist der Benutzer total frei bei der Bestimmung der Systemparameter. Da ein Leitfaden für die Wahl der richtigen Parameter fehlt, ist der Benutzer auf reichliche Erfahrung angewiesen. Ein direkter Zusammenhang zwischen Parametermanipulation und Änderung der optischen Erscheinung ist in vielen Fällen bestenfalls nur qualitativ vorhersagbar. Bei der Definition eines inhomogenen Bewegungsgesetzes sind hier die Schwierigkeiten die gleichen wie im vorherigen Abschnitt. Das gleiche gilt ebenfalls für die Schwierigkeiten mit Aliasing und Globalität des Verfahrens.

Als Fazit läßt sich feststellen, daß die Partikelsysteme als Erweiterung der gemessenen und simulierten Felder ein großes Anwendungsspektrum finden, was die vielen Applikationen bereits beweisen. Sie sind flexibel einsetzbar und eignen sich für die Simulation einer breiten Palette von unregelmäßigen natürlichen Phänomenen, darunter auch die Generierung der hier interessierenden turbulenten zeitvarianten gasförmigen Texturen. Auf der anderen Seite sind sie eher benutzerunfreundlich und intuitiv schlecht verständlich, lassen sich schlecht gezielt manipulieren und erfordern viel Rechenzeit. Einen Überblick über diese Bewertung findet man ebenfalls in Tabelle 2.1.

2.4.1.3 Heuristische Funktionen Die heuristischen Funktionen haben sich in der Vergangenheit als nützlich und gut einsetzbar erwiesen. Diese Funktionen sind flexibler als die o.g. Methoden, sowohl die Rechenzeit als auch die Eingabedaten betreffend. Die benötigten Rechenzeiten bewegen sich in Größen, die auf jeder modernen Arbeitsstation problemlos zu bewältigen sind, ihr Speicheraufwand ist aufgrund ihrer algorithmischen Natur recht klein. Desweiteren hat hier der Benutzer mehrere Möglichkeiten offen, um die optische Erscheinung der Textur zu beeinflussen. Zusätzlich ist das Aussehen der generierten Texturen zufriedenstellend, sowohl was die statischen Bilder als auch was die turbulente Bewegung anbetrifft. Als zusätzlichen Vorteil kann man das einfachere Vermeiden von Abtastungsfehlern (Aliasing) anmerken: Da die Funktionen nicht diskret, sondern stetig definiert sind, ist man bei der Abtastung während der Bildgenerierung nicht mehr an ein vorgegebenes Auflösungsgitter gebunden. Das gilt insbesondere für die Funktion von Perlin, die durch ihre Definition und die geschickte Auswahl der Iterationsgrenzen problemlos bandlimitiert werden kann ([Peac88]). Dies bedeutet, daß keine Details generiert werden, die unterhalb der aktuellen Bildauflösung liegen und Abtastfehler hervorrufen könnten. Diese Tatsache wird noch begünstigt durch die lokale Auswertungsmöglichkeit der Funktion: Diese Grenzen müssen nicht einmal für das gesamte Bild gelten, sondern können an jedem Bildpunkt neu bestimmt werden. Das erleichtert das anti-aliasing sogar in extremen perspektivisch verzerrten Lagen.

Trotz der o.g. Vorteile weisen die heuristischen Funktionen mehrere Nachteile auf. Der erste liegt in ihrer heuristischen Natur: Die Bedeutung der Parameter, die diese Funktionen benutzen, insbesondere die von Gardner, ist für den Benutzer nur schwer durchschaubar. Man ist nicht direkt in der Lage, das Aussehen einer aktuellen Textur durch gezieltes Einstellen der entsprechenden Parameter in die gewünschte Richtung zu verändern. Vielmehr ist man auf eine langwierige Methode des wiederholten Probierens (*trial-and-error*) angewiesen. Dies wird besonders deutlich in dem Fall der Funktion von Gardner: Das Abschätzen des Aussehens der Textur nach Manipulation eines Parameters ist im besten Fall nur qualitativ möglich. Daher gibt Gardner in [Gard88] ein recht umfangreiches „Bilderbuch“ als Leitfaden vor, mit dessen Hilfe eine erste grobe Einstellung erfolgen soll, um die der Benutzer experimentieren kann. Diese Schwierigkeiten werden dadurch sichtbar, daß Gardner selbst keine ausreichende Erklärung für das Funktionieren seiner Methode angibt: Er weist darauf hin, daß das Verfahren der Überlagerung von phasengekoppelten sinusförmigen Funktionen, die um einen (pseudo)zufälligen Wert verschoben werden, an die Fourier-Reihen erinnert und nennt dies in [Gard85] „*poor-man's fourier synthesis*“, jedoch fehlt eine exakte Begründung dafür.

Eine weitere Schwierigkeit mit Gardners Funktion liegt in der Beschränkung auf hohle Ellipsoide, die die Form einer Wolke definieren und deren Erscheinung durch die Variation des Transparenzgrades der Oberfläche bestimmt wird. Ein solches Modell funktioniert zufriedenstellend nur solange sich der Beobachter verhältnismäßig weit außerhalb der „Wolke“ befindet; die Beobachtung von Wolken auf dem Himmel von der Erde aus kann in diesem Fall als Beispiel dienen. Bei Annäherung an die Wolke wird man durch die transparenten Öffnungen der Oberfläche die Rückseite des hohlen Ellipsoides als wohl definierte Fläche sehen, was bei einer echten Wolke natürlich nicht der Fall ist. Des weiteren ist ein Durchfliegen der Wolke ohne Zerstörung des Realitätseindruckes nicht möglich: beim Durchdringen der vorderen Oberfläche des Ellipsoides verschwindet sie aus dem Blickfeld des Beobachters, so daß plötzlich nur noch die Rückfläche sichtbar bleibt. Dies ist mit einer plötzlichen und wesentlichen Änderung der Wolkenerscheinung verbunden, was in der realen Welt nicht vorkommt: Beim Eindringen in eine Wolke ändert sich ihre Erscheinung allmählich und kontinuierlich, nicht ruckartig.

Als dritter Mangel von Gardners Modell kann das Fehlen einer Erweiterung des Modells sowohl um eine dritte Achse, als auch um die Zeitachse angesehen werden. Gardner animiert seine Szenen durch Bewegung und Skalierung der einzelnen Ellipsoide, nicht jedoch der auf ihren Oberflächen befindlichen Textur. Zwar ist nach Meinung des Autors, wie bereits erwähnt, eine Erweiterung des 2D Modells um die o.g. zwei zusätzlichen Achsen im Prinzip möglich, jedoch fehlt ein konkreter Hinweis in dieser Richtung seitens von Gardner.

Ähnliche Schwierigkeiten werden auch für die Funktion von Perlin festgestellt. Obwohl die Parameter der Perlin'schen Funktion intuitiver sind, fehlt es hier an ausreichenden Variationsmöglichkeiten: Der Benutzer kann eigentlich nur auf die Wahl der Zufallszahlen, die Anzahl der Iterationen und auf die Skalierungsgröße r Einfluß nehmen, was eine gezielte Manipulation nach Wunsch nicht zuläßt.

2.4.1.4 Fraktale Auch die Fraktale, insbesondere Saupes Rescale-and-Add Methode, haben für die Computergraphik nützliche Modelle geliefert. Als Erweiterung und Formalisierung der o.g. heuristischen Funktion von Perlin genießen sie alle für die heuristischen Funktionen erwähnten Vorteile. Zusätzlich scheinen Fraktale ein mathematisch und physikalisch fundiertes Werkzeug für die Analyse und Synthese zahlreicher Naturphänomene zu sein, und darunter ganz besonders der Turbulenz. Daher ist der von den Fraktalen erreichte Realitätseindruck durch keine andere heute existierende Methode zu übertreffen. Im Vergleich zu den heuristischen Funktionen bieten die Fraktale mehr und besser verständliche Parameter, wodurch die Benutzerfreundlichkeit und die Interaktivität erheblich gesteigert werden. Die erreichten Rechenzeiten sind für jede moderne Arbeitsstation gut verkraftbar, und die Anforderungen an Speicher sind minimal. Durch den bandlimitierten Charakter der Funktion lassen sich Bildabtastfehler leicht unterdrücken, und eine Berechnung kann lokal und punktuell nur an der interessierenden (= sichtbaren) Stelle durchgeführt werden. Ein weiterer Vorteil dieser lokalen Ausführbarkeit besteht darin, daß die in die Funktion eingehenden Parameter ebenfalls lokale Werte haben können, d.h. die Parameterwerte sind nicht konstant innerhalb des Definitionsbereiches der Funktion, sondern sie können variieren.

Trotz der o.g. Vorteile lassen sich auch drei Nachteile erwähnen. Der erste liegt in der Rechengeschwindigkeit. Sie ist zwar im Vergleich zu allen anderen Methoden signifikant niedriger, liegt aber weit zurück hinter dem, was die Spektrale Synthese bei gleicher Hardware erreichen kann. Das ist zwar kein Nachteil dort, wo Animationen entstehen, kann aber in Echtzeitsystemen, z.B. Flugsimulatoren, zu Engpässen führen. Auch ein interaktives, Quasi-Echtzeitarbeiten läßt sich durch heutige Arbeitsstationen nicht realisieren. Ein zweiter Nachteil liegt in der Anzahl der Parameter, die die Rescale-and-Add Funktion besitzt. Wie aus der Gleichung 2.3 ersichtlich, betreffen alle diese Parameter im wesentlichen die räumliche Struktur des Feldes; die zeitliche Veränderung wurde ja über eine Translation mit Hilfe der Taylor'schen Hypothesen quasi durch die Hintertür ermöglicht. Hier fehlt es konkret an Parametern, die die zeitliche Variation, letztendlich das turbulente Verhalten der Textur, bestimmen. Als dritten Nachteil kann man die heuristische Natur der turbulenten Bewegung bemängeln. Das Fehlen eines zugrundeliegenden Turbulenzmodells macht einerseits das Verständnis der gezielten Einstellung der Parameter schwieriger, andereseits erschwert es die Suche nach neuen, flexibleren und realistischer aussehenden Turbulenzbewegungsmodellen.

Zusammenfassend kann man feststellen, daß die Methoden der ersten zwei Klassen zwar in speziellen Fällen nützlich, im allgemeinen jedoch nicht ohne weiteres brauchbar sind. Sowohl die simulierten Felder als auch die Partikelsysteme erfordern große Kapazitäten an Rechenleistung und Speicher, sind dazu nur beschränkt einsetzbar und für den Benutzer eher untransparent sowie schwer manipulierbar und einstellbar. Die heuristischen Funktionen sind in dieser Hinsicht als ein Schritt in die richtige Richtung zu deuten: Trotz der oben erwähnten Schwierigkeiten sind sie für den Benutzer intuitiv besser verständlich und ermöglichen durch Einstellung ihrer Parameter einen flexibleren Einsatz. Desweiteren sind sie sowohl von der Rechenzeit als auch von dem Speicheraufwand her gesehen als günstig einzustufen. Ähnliches gilt für die Fraktale: Sie kombinieren die Benutzerfreundlichkeit und die günstigen Rechen- und Speichereigenschaften der Funktionen mit einer recht realistischen Erscheinung der erzeugten Texturen aufgrund ihrer Eignung für die Simulation natürlicher Phänomene. Lediglich ihr zeitvariantes Verhalten, d.h. die Simulation turbulenter Bewegung, sollte im wesentlichen noch verbessert werden.

In der folgenden Tabelle werden die Vor- und Nachteile aller o.g. Verfahren zusammengefaßt. Die Bewertungskriterien befinden sich in der linken Spalte der Tabelle, die untersuchten Methoden in der ersten Zeile. *Parameter* bedeutet die Anzahl und die Handhabbarkeit der in dem Modell benutzten Parameter. *Strukturelle Lokalität* bedeutet die Eigenschaft einer Methode, ihre Parameterwerte örtlich variieren zu lassen, wobei *rechnerische Lokalität* die Möglichkeit bedeutet, den Wert eines Punktes bzw. einer kleinen Nachbarschaft schnell und einfach zu errechnen, ohne dazu einen großen Teil oder gar das gesamte Feld berechnen zu müssen. Zu der Bewertung: ++ und + bedeuten dementsprechend sehr gute oder gute Eignung, – – und – sehr schlechtes oder schlechtes Abschneiden. Dagegen bedeutet 0 Schwierigkeiten, die sich mit zusätzlichem Aufwand beheben lassen.

Tab. 2.1. Vergleich der existierenden Verfahren zur Definition zeitvarianter turbulenter Felder

Kriterium	Simulierte Felder	Partikel Systeme	Heuristische Funktionen	Fraktale
Rechenzeit	– –	– –	0	0
Speicheraufwand	– –	– –	++	++
Eingabedaten	– –	+	++	++
Benutzerfreundlichkeit	– –	–	0	+
Parameter	– –	–	+	+
Realität	++	+	+	++
Aliasing	0	0	+	++
Strukturelle Lokalität	+	+	+	++
Rechnerische Lokalität	– –	– –	++	+
Physikalische Begründung	++	+	–	0

2.4.2 Auswertung der Visualisierungsmethoden

Als erstes kann man feststellen, daß die Methoden für die Visualisierung von Volumenobjekten bei weitem nicht so weit entwickelt sind wie diejenigen für polygonale Körper. Das hängt einerseits mit der schwierigen und aufwendigen Modellierung, Speicherung und Abtastung von solchen Objekten zusammen, andererseits mit den komplizierten physikalischen Phänomenen, die die Lichtvorgänge in solchen Objekten beschreiben. Diese Schwierigkeiten haben dazu geführt, daß die Visualisierung von Volumenobjekten lange Zeit vernachlässigt wurde.

Im allgemeinen kann man die existierenden Verfahren in zwei Kategorien trennen: in projektive Verfahren und in Ray-Tracing Verfahren. Die ersten benutzen Scanline Methoden, um die Volumenobjekte zu visualisieren, wobei die zweite Gruppe Ray-Tracing benutzt. Als eine dritte Kategorie wäre vollständigerweise das Radiosity-Verfahren zu nennen. Leider ist uns aus dieser Gruppe nur ein Vertreter bekannt, die Zonale Methode, die die im vorigen Abschnitt benannten Schwierigkeiten bezüglich Rechenzeit und Speicherkomplexität aufweist. Daher scheinen Verfahren dieser Kategorie mittelfristig unpraktikabel.

Das Hauptmerkmal der polygonalen projektiven Verfahren ist ihre Schnelligkeit. Das liegt einerseits an der Natur des verwendeten Scanline Algorithmus, der durch Ausnutzung von Kohärenzen wesentlich schneller als Ray-Tracing arbeiten kann, andererseits an der einfachen Natur der visualisierten Daten. In der Tat, alle bekannten Verfahren benutzen die einfache Blinn'sche Approximation als Beleuchtungsmodell in Verbindung mit einfacher Geometrie und konstanter oder linear variierender Volumendichte. Diese drei Faktoren erlauben die explizite Lösung der Integralgleichungen, die die Volumenbeleuchtung beschreiben. Somit entfallt eine zeitaufwendige Traversierung der Volumentextur. Andererseits kann man in diesem Fall keine inhomogenen, willkürlich verteilten Volumenobjekte visualisieren. Da solche Verteilungen für zeitvariante turbulente Texturen typisch sind, sind daher alle in dieser Kategorie vorgestellten Verfahren für die Visualisierung solcher Texturen ungeeignet.

Ein weiterer Mangel der Scanline Verfahren ist ihre Einschränkung einerseits auf Primärstrahlen zum Auge hin, andererseits auf Reflexionen erster Ordnung. Im ersten Fall werden Schattenwürfe ignoriert, im zweiten Fall kann eine falsche Beleuchtung ermittelt werden. Eine partielle Lösung des ersten Problems hat Max ([Max86]) mit seinen Schlagschatten-Polyhedra beigesteuert. Leider ist diese Lösung eher kompliziert und nur bedingt einsetzbar: Wenn die Silhouetten der Objekte oder Objektgruppen kompliziert sind, führt dies zu einem großen Aufwand für die Berechnung und Speicherung dieser Polyedra. Im Fall einer animierten Sequenz müssen diese Polyedra sogar möglicherweise für jedes Bild neu berechnet werden. Da die Komplexität natürlicher Szenen typischerweise sehr hoch ist, wird dieser Aufwand schnell untragbar. Als zweiten Mangel kann man feststellen, daß Volumenobjekte weder Schatten auf anderen Objekten der Szene erzeugen können, noch daß „Löcher" innerhalb der Textur eines Volumenobjektes entdeckt werden können.

Die Ray-Tracing Verfahren dagegen können das Problem der inhomogenen Textur einfach lösen. Durch die stückweise Traversierung des Volumens und die Akkumulation der in jedem Voxel berechneten Beleuchtung sind beliebig verteilte Felder visualisierbar. Desweiteren können mit Hilfe von Sekundärstrahlen sowohl Schatten von anderen Objekten auf das Volumenobjekt, als auch Schatten des Volumens auf andere Objekte der Szene korrekt und einfach berechnet werden. Als dritten Vorteil kann man die Erweiterung des Blinn'schen Beleuchtungmodells auf Reflexionen höherer Ordnung feststellen, welche aber mit einer enormen Steigerung der benötigten Rechenzeit verbunden ist. Als eine partielle Lösung zu diesem Problem berechnen Kajiya & Herzen während einer Vorverarbeitungsstufe die Intensität der Lichtquellen in jedem Voxel und speichern sie in einer Tabelle. Dadurch entfällt die Traversierung von jedem Voxel zur Lichtquelle. Leider bleibt diese Tabelle nur solange gültig, wie sich die Lichtquellenposition, die Volumenposition oder die Texturverteilung des Volumens nicht ändern. Deshalb ist im Fall der uns interessierenden turbulenten zeitvarianten Texturen diese Lösung unpraktikabel.

Trotz dieser Vorteile weist Ray-Tracing Nachteile auf, die den Einsatz dieser Verfahren im Rahmen der Animation oder gar Echtzeitsysteme verbieten. Der erste und gravierendste Nachteil liegt an der Rechenzeit. Ray-Tracing ist von seiner Natur her ein rechenaufwendiges Verfahren. Diese ungünstige Eigenschaft wird durch Volumenobjekte, die mehrere Tausend oder gar Millionen von Voxeln aufweisen, weiterhin verschlechtert. Während der Visualisierung müssen

Primär- wie auch Sekundärstrahlen durch das Volumen verfolgt werden, wobei an jedem Voxel das Beleuchtungsmodell evaluiert wird. Wie im Abs. 5.2 gezeigt wird, handelt es sich bei dieser Evaluierung in der Regel um eine zeitaufwendige Exponentialfunktion, welche mehrere Male entlang jedes Strahls berechnet werden muß. Ein zweiter Nachteil liegt in Abtastfehlern (aliasing), die durch die punktweise Abtastung des Raumes verursacht werden. Diese Fehler, die gravierende Nachteile für die Bildqualität haben können, werden im Abs. 5.5.1 detailliert diskutiert.

Eine Sonderstellung nimmt hier das von Eberts & Parent ([EbPa90]) vorgeschlagene Verfahren ein. Im Prinzip ist dieses Verfahren zwischen den reinen Scanline Verfahren und den reinen Ray-Tracing Verfahren anzusiedeln. Die Autoren ersetzen einfach den Primärstrahl des Ray-Tracers durch den Scanline A-Buffer. Dies ist eine vorteilhafte Erweiterung des reinen Ray-Tracing, deren Vorteile in [HaMa89] und [HaMa90] berichtet werden. Da zu jedem gesetzten Bit der A-Buffer Maske ein Teilstrahl verfolgt wird, entspricht dies dem verteilten Ray-Tracing (*Distributed Ray-Tracing*, [Cook84]). Auch die Verfolgung von Sekundärstrahlen zur Lichtquelle hin entspricht den im klassischen Ray-Tracing benutzten Schattenfühlern; allerdings werden hier keine weiteren Strahlen, z.B. durch Reflexion oder Brechung, rekursiv weiterverfolgt. Eine andere Ähnlichkeit zu Ray-Tracing ist die punktweise Auswertung des Beleuchtungmodells an vordefinierten Stellen und die Akkumulation der Ergebnisse entlang des Strahls. Somit hat dieses Verfahren alle Vorteile, die das Ray-Tracing hat, d.h. Auswertung beliebig verteilter Texturen, Verwendung von Volumenobjekten und sonstiger Objekte in einer Szene, Berücksichtigung von Schatten. Hinzu kommt die durch die Anwendung des Scanline Verfahrens und des A-Buffers gewonnene Ausnutzung der Kohärenz. Für den Aufbau des Buffers bedeutet dies, daß Kohärenzen zwischen benachbarten Bildpunkten ausgenutzt werden, was einen schnelleren Aufbau bedeutet als die Ausrechnung von Schnittgleichungen an jedem Bildpunkt. Ausnutzung der Kohärenz unterhalb der Bildauflösung bedeutet, daß benachbarte „Substrahlen", d.h. Positionen der Bitmaske, zusammengefaßt und in einem Schritt bearbeitet werden. Dies kann bedeutende Zeitersparnisse im Vergleich zu dem Verteilten Ray-Tracing bedeuten. Auch die Überlagerung von verschiedenen Polygonen wird durch die Verwendung des A-Buffers beschleunigt und Fehler (aliasing) werden reduziert.

Trotz dieser Vorteile teilt das Verfahren leider auch alle Nachteile des Ray-Tracing. Als erstes sind hier die recht langen Rechenzeiten zu erwähnen. Die Autoren benötigen ca. zwei Stunden für jedes Bild auf einer modernen Arbeitsstation, und dies trotz Verwendung der beschleunigenden Methoden. Als zweites benutzt dieses Verfahren eine punktweise Abtastung der Volumentextur, was zu bedeutenden Fehlern führen kann (siehe dazu Abs. 5.5.1). Auch an der Nützlichkeit der vorberechneten Tabelle sind sehr schnell Grenzen sichtbar. Ist ein Teil des Volumenobjektes außerhalb des sichtbaren Bildteiles, so wird die Tabelle für diese Stelle umsonst kalkuliert. Durch die benötigten 8 Bytes pro Tabelleneintrag erfordert eine Auflösung von 128^3 bereits 16 Mbytes, für eine Auflösung von 256^3 werden 128 Mbytes benötigt, und das pro Volumenobjekt.

Tabellen dieser Größe liegen deutlich außerhalb der Möglichkeiten von heutigen Arbeitsstationen. Liegt der Beobachter eher nahe an dem Volumenobjekt, so kann die vorberechnete Auflösung zu grob sein; bewegt sich dagegen der Beobachter weit genug weg, so wird die Auflösung zu fein und stellt dadurch eine Verschwendung dar. Wenn sich die Textur, die Beleuchtung oder die Lage des Volumenobjektes relativ zu den Lichtquellen ändert, muß die Tabelle erneut berechnet werden. Alle diese Schwierigkeiten sind auch den Autoren bekannt, und es wird in deren Veröffentlichung darauf hingewiesen.

Zusammenfassend kann man feststellen, daß die existierenden Methoden entweder schnell, aber beschränkt auf Volumenobjekte einfacher Geometrie und mit einer konstanten bzw. deterministischen Texturverteilung, oder universell, dafür aber recht langsam sind. Die Leistungslücke zwischen den zwei Gruppen ist so groß, daß ein Kompromiß dazwischen gefunden werden sollte, der einerseits schnell arbeitet, andererseits beliebig verteilte, zeitlich veränderliche Volumenobjekte möglichst fehlerfrei und in einer für die Animation und Sichtsimulation ausreichenden Qualität visualisieren kann. Tabelle 2.2 faßt die Vor- und Nachteile aller Methoden zusammen.

Tab. 2.2. Vergleich der existierenden Verfahren zur Visualisierung dreidimensionaler Felder (Voxelfelder)

Kriterium	Polygonale	Ray-Tracing	Radiosity
Schnelligkeit	++	−	−−
Speicheraufwand	+	0	−
Beliebige Geometrie	−−	++	++
Inhomogene Felder	−	++	+
Aliasing	+	−	0
Globale Beleuchtung	−−	+	++
Parallelisierung	+	++	0

2.5 Begriffsbildung für die Visualisierungsverfahren

Eine Systematisierung der in diesem Abschnitt vorgestellten Literatur zeigt, daß jede vorgeschlagene Methode aus drei Teilen besteht: aus dem Beleuchtungsmodell, aus der Texturabtastung und aus der Rendering-Methode.

Unter *Beleuchtungsmodell* verstehen wir hier die Berechnungen, die die Licht-Materie-Interaktion an einer bestimmten Stelle des Volumens beschreiben. Aufgabe des Beleuchtungsmodells ist es, unter Vorgabe der Geometrie, der Lichtverhältnisse und der Materialparameter an einer Stelle eine resultierende Farbe und Transparenz des Mediums auszurechnen. Die Ermittlung der Beleuchtungsverhältnisse, die z.B. die Auswertung der Lage, Intensität, Lichtverteilung, Farbe etc. der Lichtquellen erfordert, muß vorher bereits durchgeführt worden sein und wird nicht als Teil des Beleuchtungsmodells angesehen. Ferner wird die rekursive Verfolgung von Sekundärstrahlen, wie es bei Ray-Tracing üblich ist, nicht als Teil des Beleuchtungsmodells, sondern der Texturabtastung und des Renderings (s.u.) angesehen. Das gleiche gilt für die Ermittlung der Intensitätsverteilung in einem Raum bei Radiosity.

Unter *Texturabtastung* verstehen wir sowohl das „Lesen" (oder Errechnen) des Texturwertes an einer Stelle, als auch die Bestimmung der Stellen, an denen das Beleuchtungsmodell ausgewertet werden soll. Die Textur kann dabei sowohl über ein diskretes Feld als auch über eine kontinuierliche Funktion definiert sein. Da eine Volumentextur skalar ist und gewöhnlicherweise das Attribut „Dichte" zugeordnet bekommt, wird die Texturabtastung häufig auch Dichteabtastung genannt. Die Abtastung wird im wesentlichen durch die Texturverteilung bestimmt. Bei konstanter Dichte bzw. bei Schichten konstanter Dichte ist die Abtastung einfach das Lesen eines skalaren Wertes. Da der Texturwert entlang des Strahlabschnittes konstant bleibt, kann in diesen einfachen Fällen das Beleuchtungsmodell einmal pro Strahl bzw. Schicht ausgewertet werden. Ray-Tracing und Radiosity werten das Beleuchtungsmodell an jeder Stelle (in jedem Voxel) aus, oft auch rekursiv mehrmals pro Stelle (Voxel), z.B. durch Entsendung mehrerer Sekundärstrahlen, um indirekte Beleuchtung zu berücksichtigen. Dadurch kann diese Methode beliebige Verteilungen genauer auswerten, allerdings zum Preis des erhöhten Zeitaufwands, den die wiederholte Auswertung erfordert.

Unter *Rendering* verstehen wir die Methode, die für das Auswerten der geometrischen Objektdaten angewendet wird. Wir unterscheiden zwischen projektiven Scanline Renderern einerseits und Ray-Tracing andererseits. Die Verfahren unterscheiden sich bezüglich der Komplexität und des Rechenaufwands, aber auch bezüglich der Qualität der erzeugten Bilder. Jede Rendering-Methode kann ein Beleuchtungsmodell und eine Dichteabtastungsmethode besonders effizient unterstützen.

Ziel dieses Beitrags ist es, eine Alternative zu den o.g. Methoden aufzuzeigen, die beliebige Dichteverteilungen behandeln kann und dennoch schnell abläuft. Unser Vorschlag stellt einen Kompromiß zwischen Rechenzeit und Bildqualität dar. Wir benutzen übliche Scanline Renderer, da sie wesentlich schneller als Ray-Tracing arbeiten. Die Dichte des Volumenobjekts, die entweder als stetige Funktion in R^3 oder auch als eine 3D Matrix vorliegt, wird als Volumentextur (*solid texturing*) behandelt. Um die diskret vorliegende Dichte fehlerfrei (*alias-free*) abzutasten, werden mehrere Abtastmethoden vorgeschlagen und ausgewertet. Sie betreffen sowohl die Filterung der Daten als auch die Auswahl der Stellen, wo diese Filterung vorgenommen wird. Ferner stellen wir ein Beleuchtungsmodell vor, das eine Modifikation bzw. Verallgemeinerung des am meisten verwendeten Blinn'schen Modells darstellt, sowie Approximationen, die bei bestimmten Fällen den Rechenaufwand für die Auswertung des Beleuchtungsmodells erheblich reduzieren. Dadurch liegt die benötigte Rechenzeit für die Visualisierung von Volumendaten in derselben Größenordnung wie für ubliche polygonale Objekte.

3. Statische Wolkenmodellierung

3.1 Motivation: Warum Fraktale?

Das erste Problem bei der Definition einer Wolkentextur liegt in der Auswahl einer geeigneten Modellierungsmethode. Wolken und andere natürliche Phänomene und Objekte gehören nicht zu den üblichen Modellen, die z.B. im CAD-Bereich, in der Architektur, im Design etc. anfallen. Die Modellierung solcher Objekte hat sich für lange Zeit als extrem schwierig, zeitraubend, aufwendig und unrealistisch erwiesen; dementsprechend schlecht war das Ergebnis dieser aufwendigen Modellierung.

Die Ursache für diesen Mißerfolg liegt in der Komplexität solcher Objekte. In seinem berühmten Aphorismus hat B. Mandelbrot die Komplexität natürlicher Objekte beschrieben als „*Wolken sind keine Kugeln, Berge keine Kegel, Küstenlinie keine Kreise, die Rinde ist nicht glatt und auch der Blitz bahnt sich seinen Weg nicht gerade. Viele Naturerscheinungen besitzen... praktisch unendlich viele Größenbereiche*“ ([Mand87, pp. 13). Damit wird sofort ersichtlich, daß die geometrische Form der Natur sich von den abstrakten und perfekten Formen der Euklidischen Geometrie grundsätzlich unterscheidet. Das erleuchtet gleichzeitig die Schwierigkeit bei der Modellierung solcher Objekte mit Hilfe von Euklidischen Formen, die bei der Definition von computergraphischen Objekten üblicherweise verwendet werden. Eine solche Modellierung ist zum Scheitern verurteilt, da die eingesetzten Mittel ungeeignet sind.

Die Komplexität von natürlichen Objekten kommt nicht nur bei ihrer Modellierung, sondern auch bei ihrer Vermessung vor. Ebenfalls berühmt ist das Beispiel, das Mandelbrot mit der Frage *„How long is the coast of England?“* geprägt hat ([Mand83]). Diese empirische Untersuchung beweist, daß die Bestimmung einer endgültigen Länge für eine begrenzte Küstenlinie eigentlich unmöglich ist. Im ersten Schritt mißt man die Küste unter Verwendung eines bestimmten Maßstabs, z.B. die Länge eines Kilometers. Naturgemäß ist die Messung an die Auflösung des verwendeten Maßstabs gebunden, so daß Details, die kleiner als ein Kilometer sind, unberücksichtigt bleiben. Nachdem man die erste Messung durchgeführt hat, wechselt man den Maßstab in einen kleineren, der z.B. nur noch hundert Meter Länge hat, und man mißt erneut. Jetzt kann man manche Details, die mit dem größeren Maßstab nicht erfaßt werden konnten, messen. Es zeigt sich tatsächlich, daß die neue Messung eine Länge ermittelt, die größer als die vorherige ist. Diese Prozedur kann man mit immer wieder kleineren Maßstäben durchführen und zu immer größeren Längen kommen, die zu keiner definierten Länge zu konvergieren scheinen. Man tendiert deshalb zu der Aussage, daß die Länge einer Küstenlinie von dem verwendeten Maßstab abhängt und an sich unendlich ist[1]. Dieses Phänomen des Hervortretens von neuen Details bei einer Erhöhung der Beobachtungsauflösung ist typisch für die Komplexität von natürlichen Objekten. Euklidische Objekte dagegen zeigen dieses Verhalten nicht: Ihre Längenmessung konvergiert zu einem wohldefinierten Endwert, was bedeutet, daß durch Vergrößerung keine neuen Details in Erscheinung treten. Anders ausgedrückt, ihre Oberfläche ist an sich „glatt“ wenn man hinreichend genau hinschaut, was bei natürlichen Objekten nicht zutrifft. Die letzteren weisen neue Details in allen Auflösungsstufen auf und sind deshalb praktisch unendlich kompliziert.

Ähnliche Beobachtungen wie bei der Küstenlinie kann man bei einer ganzen Reihe von Objekten machen. Flüsse und Blitze, Berge oder Steinoberflächen, Mondkrater oder auch Käselöcher, Staub auf einer Glasplatte oder Sternverteilung am Himmel, Flächeninhalte von Inseln oder Ölflecken, Wachstumsprozesse bei Pflanzen, Gerinnungsprozesse, chaotische Evolutionen, Wolken, Rauch, Flammen, turbulente Strömung usw. sollen nur die Bandbreite solcher Objekte oder Phänomene andeuten. Alle diese Objekte lassen sich mit Mitteln der Euklidischen Geometrie entweder gar nicht oder nur mangelhaft und approximativ beschreiben.

Eine alternative Beschreibungsmethode wurde von dem bereits erwähnten B. Mandelbrot vorgeschlagen. Mandelbrot hat die sog. fraktale Geometrie als die für die Formbeschreibung natürlicher Phänomene bestgeeignete Methode eingeführt. In seinem Standardwerk *„The Fractal Geometry of Nature“* ([Mand83]) zeigt er, wie sämtliche o.g. Beispiele und noch viele andere mehr mit Hilfe von Fraktalen beschrieben und modelliert werden können. Mandelbrot zeigt, daß unendliche Komplexität eine Grundeigenschaft der Natur ist und nur als solche betrachtet werden muß. Euklidische Geometrie dagegen ist für die Beschreibung von „man-made“ Formen geeignet. Die auch in der Antike verbreitete Ansicht, daß alle Objekte mit abstrakten Formen beschrieben werden können, wonach die Unperfektion und Komplexität von Naturformen ein Schmutzeffekt und Unvollkommenheit der Manifestation einer an sich idealen Form ist, muß revidiert werden. Fraktale Geometrie bietet auch die formalen Mittel für eine solche Beschreibung.

Die Begriffsbildung und der mathematische Formalismus für Fraktale werden im nächsten Abschnitt gegeben. An dieser Stelle sollen nur allgemeine Eigenschaften von Fraktalen zusammengefaßt werden, die ihren Einsatz im Rahmen dieser Aufgabe begründen.

---

[1]Gewiß handelt es sich hier um die mathematische Extrapolation des beobachteten Phänomens. Natürliche Objekte dagegen weisen sehr wohl eine untere Grenze auf, bei der eine Messung keinen Sinn mehr hat. In diesem Fall kann man beispielsweise die Größenordnung der Oberflächenrauheit der einzelnen Sandkörner als untere Grenze ansehen. Dennoch ist eine so genaue Messung praktisch undurchführbar.

- Nach Mandelbrot sind die Fraktale ein universelles Modell für die Beschreibung einer breiten Palette natürlicher Formen.

- Fraktale können beliebige Grade von Komplexität beschreiben und solche generieren.

- Fraktale Modelle wurden in den letzten 10 Jahren mit großem Erfolg bei der computergraphischen Modellierung einer Vielfalt natürlicher Objekte, insbesondere Wolken, eingesetzt.

- Fraktale Prozesse benötigen nur einen kleinen Satz von Parametern, um einen beliebig großen Komplexitätsgrad zu erzeugen (*database amplification*, [Smit84]).

- Das Aussehen von Fraktalen kann mit Hilfe eines kleinen Satzes von Parametern vom Benutzer eingestellt und verändert werden.

- Da sie prozedual definiert werden, benötigen sie nur minimalen Speicherplatz.

- Fraktale können Daten in jeder gewünschten Auflösung generieren und ermöglichen daher einerseits die Anpassung des Komplexitätsgrades an die erforderliche Bildauflösung, andererseits die Verfeinerung von Teilbereichen des Modells z.B. bei Kamerafahrten oder Ausschnittsvergrößerungen.

- Ihre prozeduale und rekursive Natur eignet sich gut für die Implementierung mit Hilfe von heutigen Rechnern und Programmiersprachen.

Alle o.g. Gründe haben Fraktalen zu einem wahren Durchbruch im Bereich der Modellierung natürlicher Phänomene verholfen. Die zugehörige Literatur umfaßt mehrere Hunderte Publikationen, deren Auflistung außerhalb des Rahmens dieser Arbeit liegt. Der interessierte Leser sei auf [Mand83] sowie auf [PeSa88] hingewiesen. Exemplarisch wollen wir erwähnen, daß Fraktale bei der computergraphischen Modellierung von Küstenlinien und Inseln ([FoFC82]), Bergen und Reliefs ([Anjy90], [Mill86], [MuKM89], [Musg91]), Pflanzen und Wachstumsprozessen ([Smit84], [Oppe86], [PrLH88]), Wasserwellen ([MaWM87]), Texturen ([Lewi86], [Lewi87]) und insbesondere Wolken und Rauch ([LoMa85], [Voss85], [Saup89], [Saka90], [Saka92a], [Saka92b]) und Flammen ([SaWe92]) erfolgreich eingesetzt wurden.

Die Modellierung von Wolken oder ähnlichen Objekten verdient hier eine gesonderte Aufmerksamkeit. Lovejoy und Mandelbrot ([LoMa85]) haben als erste gezeigt, daß Fraktale das geeignete Mittel für die Modellierung von Regengebieten ist. Ihre Untersuchung basiert auf der Analyse mehrerer Radarbeobachtungen von tropischen Regengebieten und Wolkenbändern. Im gleichen Jahr hat Voss ([Voss85]) Bilder von Wolken publiziert, die sehr realistisch wirken und heute noch zu den besten ihrer Art gehören. Mandelbrot ([Mand83]) und

Saupe ([PeSa88]) beschreiben eine Methode für die Modellierung von 2D Cirruswolken; Saupe ([Saup89]) beschreibt sogar eins der wenigen existierenden Modelle für die optische Simulation von turbulenter Wolkenbewegung. Zum Schluß, Sreenivasan ([Sree91]) faßt in einer umfassenden Übersicht theoretische und experimentelle Ergebnisse zusammen, die zeigen, daß Fraktale überall bei der Analyse und Beschreibung turbulenter Phänomene vorkommen. Aus allen diesen Gründen wurden Fraktale als das bestgeeignete Mittel für die Beschreibung und computergraphische optische Modellierung von wolkenähnlichen Objekten und Phänomenen sowie turbulenter Bewegung ausgewählt.

An dieser Stelle sei bemerkt, daß Forschung im Gebiet der Fraktale an sich außerhalb der Ziele dieser Arbeit liegt. Die in diesem Abschnitt vorgestellten Methoden wurden aus der angegebenen Literatur entnommen, modifiziert und verbessert, insbesondere was die Anzahl und Wirkung ihrer Parameter, ihre Implementierung und Rechenzeit anbetrifft. Im nächsten Abschnitt geht es primär um eine Präsentation der relevanten Methoden und um die Auswahl des Verfahrens, das für die Modellierungsziele dieser Arbeit am besten geeignet ist. Die Beiträge des Autors sowie die durchgeführten Erweiterungen und Verbesserungen werden im 4. Kapitel detailliert präsentiert.

3.2 Mathematische Grundlagen

Im Rahmen dieses Abschnittes werden die mathematischen Grundlagen sowie die Begriffsbildung der Fraktale vorgestellt. Sämtliche hier verwendeten Begriffe stammen aus [Mand83] und aus [PeSa88], worauf der interessierte Leser hingewiesen wird. Das Buch [Mand83] ist auch in deutscher Übersetzung ([Mand87]) erschienen, woher auch die Übersetzungen der mathematischen Terme stammen. Für Terme, für die keine genaue oder gute deutsche Übersetzung existiert, wurde der originale englische Term übernommen.

Die einfachsten Fraktale werden rekursiv definiert: Ausgehend von einer Initialisierungsform, genannt Initiator, (z.B. eine gerade Strecke oder ein Polygonzug) wird eine Transformationsmethode (genannt Generator) angegeben, die jedes Element der Initialisierungsform in eine Anzahl von neuen Elementen überführt. Die gleiche Transformation wird dann rekursiv auf die neu generierten Elemente angewendet, so daß wiederum neue Elemente entstehen usw. ad infinitum. Ein Fraktal ist dadurch als der Grenzwert dieser Rekursion definiert, besteht aus unendlich vielen Elementen und ist dadurch unendlich kompliziert. Die generierende Transformation ist dagegen in der Regel sehr einfach. Abb. 3.1 zeigt ein solches klassisches Fraktal, bekannt als die „Koch-Kurve“ oder „Schneeflocke“.

Die Fraktale werden durch einen Initiator und einen Generator definiert und durch ihre „fraktale Dimension“ D charakterisiert. Nach der Definition von Mandelbrot ist die fraktale Dimension (auch Hausdorff-Besicovitch-Dimension genannt, [Mand87] pp. 373-378) keine ganze Zahl, sondern kann auch reelle Werte annehmen. Sie ist immer größer als die topologische Dimension und klei-

Abb. 3.1. Beispiel eines deterministischen Fraktals (Koch-Kurve)

ner/gleich der Euklidischen Dimension:

$$D_T < D \leq D_E \tag{3.1}$$

Im klassischen Sinne wird der dreidimensionale Raum, so wie der Mensch ihn intuitiv versteht, der Euklidische Raum mit den Dimensionen Länge (x), Breite (y) und Höhe (z) genannt. Im mathematischen Sinne kann man den Begriff erweitern und einen n-dimensionalen Raum definieren. Er wird durch ein Kartesisches Koordinatensystem aufgespannt. Als Euklidische Dimension wird die Anzahl der unabhängigen Variablen des kartesischen Koordinatensystems, die für die Beschreibung des Körpers nötig sind, genannt. Der klassische Euklidische Raum ist höchstens dreidimensional, die Euklidische Dimension kann nur ganzzahlige Werte annehmen.

Als topologische Dimension wird die Anzahl der Parameter (Variablen) genannt, die für die Beschreibung des Körpers in einer Parameterdarstellung benutzt werden. So wie die Euklidische kann auch die topologische Dimension eines Körpers nur ganze Werte annehmen: „0“ (Punkt), „1“ (Gerade, Kreis, Ellipse, Freiformkurven), „2“ (Ebene, Kugel, Freiformflächen) etc. Man soll beachten, daß die topologische Dimension eines Körpers kleiner oder höchstens gleich der Euklidischen Dimension sein kann.

Ein Fraktal wird als ein „Körper“ (genauer als eine Menge) beschrieben, dessen Hausdorff-Dimension keine ganze Zahl ist, sondern beliebige reelle Werte annehmen kann. Die fraktale Dimension entspricht intuitiv der „Rauheit“: „glatte“ Körper haben eine niedrige, „rauhe“ oder „zackige“ Körper eine hohe fraktale Dimension.

Eine weitere Grundeigenschaft der Fraktale ist ihre „Selbstähnlichkeit“ im erweiterten Sinne: Die Form bzw. das Aussehen eines Abschnittes nach beliebiger Vergrößerung ist gleich der des gesamten Fraktals. Solche Fraktale werden skalen- oder skalierungsinvariante genannt. Im mathematischen Sinne wird als Ähnlichkeit die Transformation definiert, die jeden Punkt $x = (x_1, x_2, \ldots, x_n)$ einer Menge S in den Punkt r(x) $rx = (rx_1, rx_2, \ldots, rx_n)$ (r = reeller Quotient ≥ 1]) der Menge r(S) transformiert. Eine beschränkte Menge heißt selbstähnlich mit dem Quotienten r und der Vielfachheit N, wenn sie die Vereinigung von N sich nicht überlappenden Teilmengen ist, die aus Verschiebung und Drehung von r(S) entstanden sind.

Analog dazu wird eine affine Abbildung durch einen positiven reellen Vektor $r = (r_1, r_2, \ldots, r_n)$ definiert; sie transformiert den Punkt $x = (x_1, x_2, \ldots, x_n)$ aus der Menge S in den Punkt $rx = (r_1x_1, r_2x_2, \ldots, r_nx_n)$ der Menge r(S). Dadurch lassen sich selbstaffine Körper aus Teilen von sich selbst zusammensetzen, die vorher durch eine affine Transformation transformiert wurden. Das bedeutet, daß die (Teil)Körper in unterschiedlichen Richtungen mit unterschiedlichen Faktoren skaliert wurden.

Über die hier erwähnten skaleninvarianten Fraktalen – auch lineare Fraktale genannt – hinaus existiert eine ganze Klasse von nicht-linearen Fraktalen, die nicht strikt selbstähnlich sind. Sie werden durch nicht-lineare Transformationen definiert und heißen selbstabbildende Fraktale. Das allgemeinbekannte „Apfelmännchen“ oder auch „Mandelbrotmenge“ gehört zu dieser Klasse von Fraktalen.

Fraktale können deterministisch oder stochastisch sein. Deterministisch heißt das Fraktal, das durch die rekursive Anwendung einer deterministischen Generierungsvorschrift entstanden ist. Solche Fraktale haben eine sehr reguläre Struktur, wie z.B. die Koch-Kurven. Die Koch-Inseln als Beispiel für ein deterministisches Fraktal bestehen aus Teilen, die exakte Kopien voneinander sind. Als Initiator haben deterministische Fraktale ein einfaches Polygon und als Generator eine Transformation, die eine gerade Strecke in einen Polygonzug überführt. Daher sind Koch-Inseln zweidimensional und selbstähnlich. Ihre fraktale Dimension läßt sich mit Hilfe der Längenmessungsmethode ([PeSa88]) recht einfach bestimmen. Die Teile der stochastischen Fraktale dagegen sind zwar „ähnlich“ zueinander, stellen jedoch keine exakten Kopien dar. Ein stochastisches Fraktal entsteht durch die Anwendung einer stochastischen Generierungsvorschrift. Ein stochastischer Prozeß entscheidet während der Generierung, wie die nächste Transformation genau auszusehen hat. Solche Fraktale sind selbstähnlich im stochastischen Sinne: Man kann sie nach Vergrößerung zwar nicht überlagern, aber der optische Eindruck des Originals und der Vergrößerung eines Teiles ist genau der gleiche, als würde man zwei

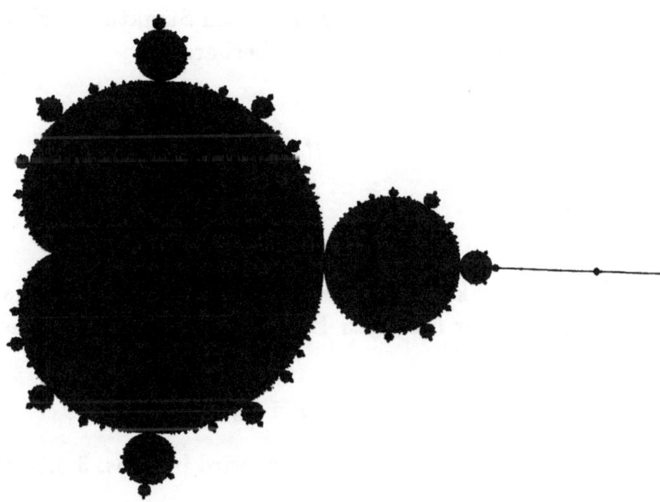

Abb. 3.2. Die berühmte Mandelbrotmenge, bekanntestes Beispiel eines nicht-linearen deterministischen Fraktals

Segmente des gleichen Körpers sehen. Statistische Selbstähnlichkeit (-affinität) bedeutet hierbei, daß sie statistischen Eigenschaften der Funktion (= Momente aller Ordnungen) selbstähnlich (bzw. selbstaffin) sind. Dies bewirkt, daß die verschiedenen Teile eines Fraktals (z.B. verschiedene Abschnitte einer Küstenlinie) der menschlichen Wahrnehmung ähnlich erscheinen, obwohl sie nicht deckungsgleich sind: Man erkennt sie als Teile einer und derselben Küste.

Die wichtigste Methode, um stochastische Fraktale zu erzeugen, basiert auf der sog. fraktalen Brown'schen Bewegung (fBm). Die fBm $V_H(t)$ ist eine stochastische skalare Funktion einer Variable t mit folgenden Eigenschaften ([Falc85], pp. 146):

1. $V_H(t)$ an keinem Punkt differenzierbar
2. die Inkremente der Funktion sind unabhängig voneinander; ihre Verteilung ist stationär und isotropisch
3. Die Funktionsinkremente $\Delta V = V(t_2) - V(t_1)$ sind Gaußisch verteilt mit Erwartungswert Null und konstante Varianz für alle Zeiten t:
$$E\{\Delta V\} = E\{V(t_2) - V(t_1)\} = 0 \tag{3.2}$$
4. Die Varianz der Inkremente ist proportional zu der Differenz der Variable t:
$$VAR\{V_H(t_2) - V_H(t_1)\} \sim |t_2 - t_1|^{2H}, \qquad 0 < H < 1 \tag{3.3}$$

Der Hurst Exponent H, der Werte zwischen Null und Eins annehmen kann, gibt an, wie stark zwei benachbarte Punkte korreliert sind: Großer Wert für H bedeutet große Korrelation, was in einer glatten Struktur resultiert. So gesehen ist die fBm selbst-affin und statistisch skalierbar:

$$\begin{aligned} t \rightarrow t^* &= r \times t \\ \Delta V_H(t) \rightarrow \Delta V_H(t^*) &= r^H \times \Delta V_H(t) \\ \sigma \rightarrow \sigma^* &= r^H \times \sigma \end{aligned} \tag{3.4}$$

(3.5)

wobei $0 < r < 1$ der Skalierungsfaktor ist. Voss ([Voss85]) hat gezeigt, daß das Fourier-Spektrum der fraktalen Brown'schen Bewegung eine exponentielle Verteilung aufweist:

$$S_v(f) = \frac{1}{f^\beta} \tag{3.6}$$

Auf die Bedeutung dieses Zusammenhangs wird im Abs. 3.4.2 detailliert eingegangen.

Die Methoden für die Generierung von Fraktalen können grundsätzlich in zwei große Kategorien unterteilt werden: Ortsbereichs- und Frequenzbereichsmethoden. Die ersteren arbeiten im Euklidischen Raum und verwenden ein kartesisches Koordinatensystem mit den Variablen x, y, z, t etc. Methoden der zweiten Kategorie operieren im Fourier-Raum und definieren ein Fraktal über sein Amplituden- und Phasenspektrum. In den Abs. 3.3 und 3.4 werden beide Kategorien getrennt diskutiert. Eine genauere Präsentation und exakte mathematische Herleitung findet man in [PeSa88], pp. 21-108.

3.3 Fraktaldefinition im Ortsbereich

Ortsbereichsfunktionen arbeiten im Euklidischen Raum und verwenden ein Kartesisches Koordinatensystem. Die drei wichtigsten Methoden, die hier zusammengefaßt werden, sind die „Methode der unabhängigen Sprünge", die „Mittelpunkt Subdivision Methode" und die „Rescale-and-Add" Methode.

3.3.1 Unabhängige Sprünge

Diese Methode, die als *independent jumps* oder auch als „Methode der zufälligen Schnitte" *random cuts* bezeichnet wird, dient zur Simulation der fraktalen Brown'schen Bewegung. Sie ist eine der ältesten Methoden für die Simulation der fBm mit Rechnern und basiert darauf, daß für $H = 1/2$ die Brown'sche Bewegung als Summe unabhängiger Sprungfunktionen dargestellt werden kann:

$$V_H(t) = \sum_{-\infty}^{\infty} A_i P(t - t_i) \tag{3.7}$$

wobei A_i eine Gaußsche Zufallsvariable ist. $P(t)$ ist gegeben durch

$$P(t) = \begin{cases} 1, & t > 0 \\ 0, & t \leq 0 \end{cases} \tag{3.8}$$

Jeder dieser Pulse ist ein Sprung des Funktionswertes von V_H an der Stelle $t = t_i$ um den Wert A_i. Die Zeitpunkte t_i sind Poisson-verteilt. Ist $H \neq 1/2$, so nimmt $P(t)$ folgende Form an:

$$P(t) = \begin{cases} t^{H-1/2}, & t > 0 \\ |t|^{H-1/2}, & t \leq 0 \end{cases} \tag{3.9}$$

3.3.2 Mittelpunkt Subdivision

Die wohl beliebteste Methode für die Generierung von Reliefs, Bergen, Steinoberflächen, aber auch 2D Wolken, ist die Mittelpunkt Subdivision Methode. Es handelt sich dabei um eine rekursive Berechnungsvorschrift, welche ausgehend von zwei vorgegebenen Punkten (d.h. von einer Polygonkante) sukzessiv den jeweiligen Wert des dazwischenliegenden Mittelpunktes bestimmt. Die ursprünglichen Punkte und der neu errechnete Mittelpunkt bilden zwei neue Kanten, die die alte Kante ersetzen. Somit wächst die Anzahl der Kanten und der Polygone des Fraktals exponentiell mit der Anzahl der Rekursionsschritte. Dieses Verfahren wird auf den neuen Kanten so lange wiederholt, bis die gewünschte Auflösung erreicht ist.

Bei diesem Verfahren geht man von der Eigenschaft 3.3 der gebrochenen Brown'schen Bewegung aus:

$$VAR\{V_H(t_1) - V_H(t_0)\} = |t_1 - t_0|^{2H}\sigma^2 \tag{3.10}$$

Der Anfangswert der fBm Kurve wird auf $V_H(0) = 0$ festgelegt. Die Werte an den Stellen $t = \pm 1$ werden als Gaußsche Zufallsvariablen mit der Varianz σ^2 generiert. Nun berechnet man schrittweise die Werte der Punkte, die genau in der Mitte von zwei bereits existierenden Punkten liegen, im ersten Schritt die Punkte $\pm 1/2$, im zweiten $\pm 1/4$ und $\pm 3/4$ usw. (siehe Abb. 3.3). Die Berechnung für den Punkt $1/2$ geschieht durch Ermittlung des Mittelpunktes und Addition eines zufälligen Versatzes mit vorgegebener Varianz:

$$V_H(1/2) = \frac{V_H(1) - V_H(0)}{2} + \Delta_1 \tag{3.11}$$

wobei Δ_1 eine Gaußsche Zufallsvariable mit vorgegebener Varianz ist. Wenn man mit einer Varianz σ^2 die Konstruktion anfängt, wird die Varianz der zufälligen Verschiebungen an der Stufe n sein:

$$\Delta_n^2 = \frac{\sigma^2}{(2^n)^{2H}}(1 - 2^{2H-2}) \tag{3.12}$$

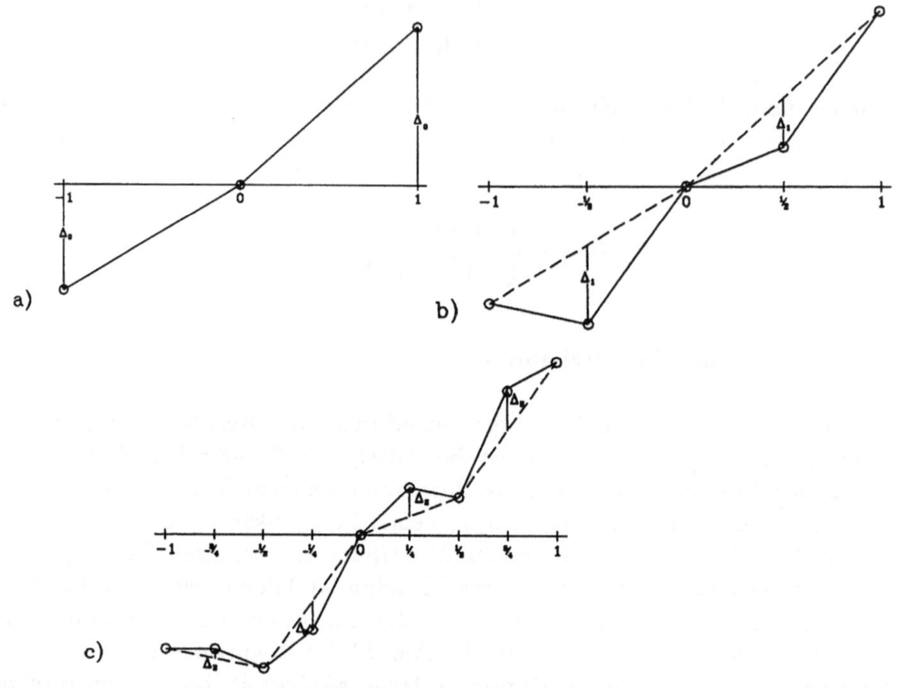

Abb. 3.3. Berechnung der Punkte mit der Mittelpunkt Subdivision Methode: a) Ausgangskonstellation. b) Schritt 1: Berechnung der Punkte $\pm 1/2$. c) Schritt 2: Berechnung der Punkte $\pm 1/4$ und $\pm 3/4$

3.3.3 Rescale-and-Add

Die erste Form der Rescale-and-Add Funktion kann in Perlins empirischer Turbulenzfunktion ([Perl85], siehe Gleichung 2.2) gefunden werden. Saupe hat in [Saup88] diese empirische Funktion zu einem echten Fraktal modifiziert und erweitert.

Die Methode definiert zuerst eine sog. Rauschfunktion, welche eine Abbildung $R^n \Rightarrow R$ definiert. Diese Abbildung liefert zu jedem mehrdimensionalen Eingangsvektor (Objektkoordinaten) einen skalaren Ausgangswert. Zu diesem Zweck wird an jeder Stelle des betrachteten Raumes mit ganzzahligen Koordinaten eine Gauß-verteilte oder eine gleichverteilte Zufallsvariable mit Erwartungswert 0 und Varianz 1 definiert. Implementiert wird dies durch eine Hash-Tabelle von Zufallswerten, die zyklisch adressiert wird, d.h. Raumaddressen $(x_1, \ldots, x_n)$, die größer als der maximale Tabelleneintrag $(T_1, \ldots, T_n)$ entlang der jeweiligen Richtung sind, werden auf die Werte $(x_1, \ldots, x_n)$ *mod* $(T_1, \ldots, T_n)$ abgebildet. Diese diskreten Zufallszahlen werden *Zufallsgitter* oder *integer lattice* genannt. Durch die Verwendung einer Interpolationsmethode (z.B. lineare

Interpolation oder auch eine glatte bikubische (Hermit-) Interpolation) wird eine den gesamten Objektraum ausfüllende Funktion aufgestellt, welche in einem bestimmten Bereich bandbegrenzt ist, und deren statistische Eigenschaften nicht von Translationen der Funktionsargumente abhängen. Die so erweiterte Funktion heißt *Rauschen-Funktion (Noise)* oder besser *Auxiliary Function* $S(\mathbf{x})$, siehe Abb. 3.4.

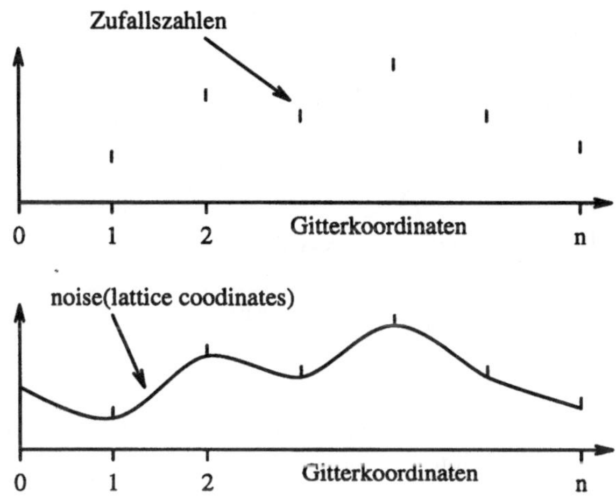

Abb. 3.4. Zufallsgitter (oben) und die glättende Interpolation zur Generierung einer Periode der *Noise* Funktion (unten) für den eindimensionalen Fall

Perlin stellte nun fest, daß durch eine Summation von einigen wenigen um 2^i gestauchten und 2^{-i} skalierten Rauschen-Funktionen gerade ein typisches $1/f$-Signal, oder Brown'sche Bewegung, simuliert werden kann. Diese Idee hat Saupe zu einer Methode für die Simulation von fraktalen Brown'schen Bewegungen in beliebigen Dimensionen erweitert:

$$V_H(\mathbf{x}) = \sum_{k=k_0}^{\infty} \frac{1}{r^{kH}} S(r^k \mathbf{x}) \tag{3.13}$$

Bildlich kann man sich den Entstehungsprozeß so vorstellen, als würden sukzessiv mit jedem neuen Schritt geeignet gestauchte und skalierte Kopien der Rauschen-Funktion auf die vorangegangenen Stufen aufaddiert. Jede Überlagerung addiert dabei neue Details auf einer niedrigeren Auflösungsstufe, siehe auch Abb. 3.5. Da der Mittelwert der Rauschen-Funktion gleich Null ist, wird durch die Überlagerung nur eine Variation der Kurvenform, aber keine Verschiebung des existierenden Mittelwertes herbeigeführt. Das Resultat ist eine Funktion mit abnehmenden Energieanteilen bei gleichzeitig zunehmenden Frequenzen und folgenden Eigenschaften (Herleitung in [Saup88]):

- Lokale Berechenbarkeit jedes Funktionswertes

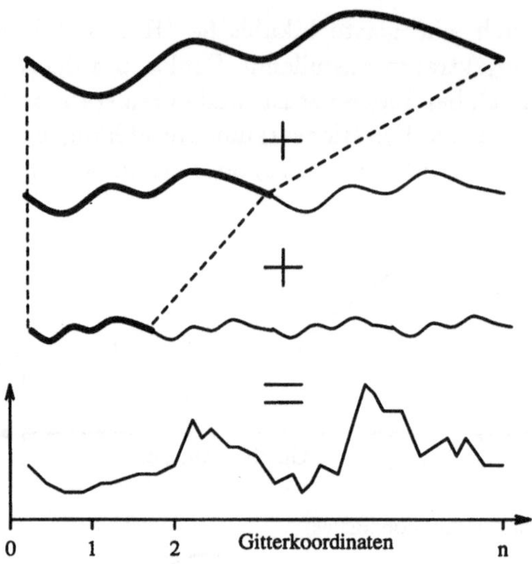

Abb. 3.5. Eindimensionale Approximation eines Fraktals durch Überlagerung mehrerer Perioden der *Noise* Funktion

- Bandbegrenzt
- Stochastisch und Fraktal
- Überall definiert
- Überall stetig
- Überall differenzierbar
- Glatt aufgrund der Interpolation
- Rotations- und Translationsinvariant bzgl. des Objekts.

Die Parameter der Rescale-and-Add Funktion sind der Hurst Exponent H, die Intervallgrenzen k_0 und k_1 und die Lakunarität r. Der *Hurst Exponent H* bestimmt die Geschwindigkeit der Amplituden- und Energieabnahme der überlagerten Schwingungen bei wachsender Ortsfrequenz. H kann Werte im [0, 1] Bereich annehmen. Große Werte von H in der Gegend von Eins bewirken eine Dominanz der Grundstruktur, was in einem glatten, detailarmen Fraktal resultiert. Kleine Werte dagegen begünstigen die hohen Frequenzen, die die Feinstruktur bestimmen. Somit erscheint das Fraktal detailreich und zerklüftet. Eine Änderung von H beeinflußt nicht die Grundstruktur des Fraktals. Dadurch kann H ebenfalls mit dem intuitiven Begriff der Rauheit assoziiert werden. Der Einfluß von H auf das Aussehen des Fraktals kann auf Abb. 3.6 gesehen werden.

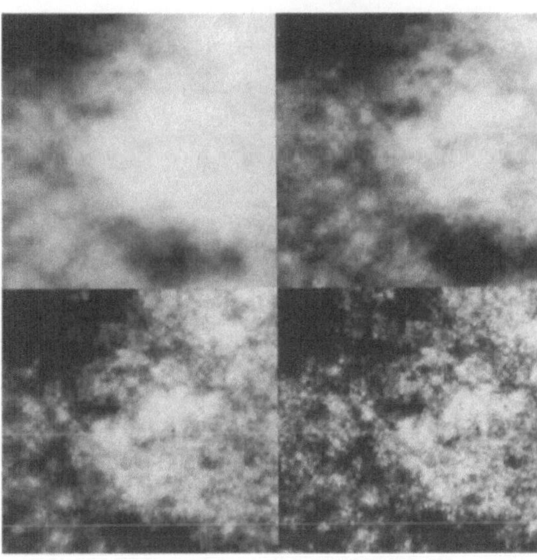

Abb. 3.6. Variation der fraktalen Dimension H. Je kleiner H, desto rauher wirkt das Fraktal. Von links oben nach rechts unten: 0.8, 0.6, 0.4, 0.2 – siehe auch Abb. 9.1 auf Seite 235

Die in der Natur am häufigsten vorkommenden Werte von H liegen im Bereich 0.65-0.8. Bei diesem Wert werden auch die besten optischen Resultate erzielt.

Die Intervallgrenzen k_0 und k_1 bestimmen sowohl den Bereich, aus dem die Werte der Rauschen-Funktion entnommen werden, als auch die Größe der größten und kleinsten Fraktalstrukturen. Die obere Grenze der Summation (k_1), welche die höchste in die Addition eingehende Frequenz bestimmt, wird üblicherweise so gewählt, daß die Strecke zwischen zwei Werten des Zufallsfeldes genau ein Bildpunkt groß wird. Wird k_1 größer gewählt, so kommt es zu Abtastproblemen. Wenn δ die kleinste generierte Struktur ist, gilt für k_1:

$$r^{k_1} * \delta = 1 \Rightarrow k_1 = \frac{\log(\frac{1}{\delta})}{\log(r)} \tag{3.14}$$

Üblicherweise wird $\delta = 1$ Bildpunkt gewählt, woraus $k_1 = 0$ resultiert. Eine Verschiebung der Grenze k_1 allein verändert die hochfrequente Information, d.h. die Feinstruktur des Fraktals, ohne seine Grundstruktur zu beeinflussen. Dieser Effekt wird auf Abb. 3.7 demonstriert. Der Wert von δ kann während einer Animation varriieren, z.B. muß bei der Vergrößerung (Zoom-in) eines bestimmten Teiles des Fraktals δ der aktuellen Auflösung angepaßt werden.

Analog dazu bestimmt die untere Grenze k_0 die Grobstruktur des Fraktals. Wie man aus Gleichung 3.13 entnehmen kann, besitzen die ersten Wellen die größte Amplitude und Wellenlänge und dominieren deshalb die globale Erscheinung des Fraktals. Aus diesem Grund wird k_0 einmal bestimmt und bleibt während einer Animation unverändert. k_0 kann so gewählt werden, daß

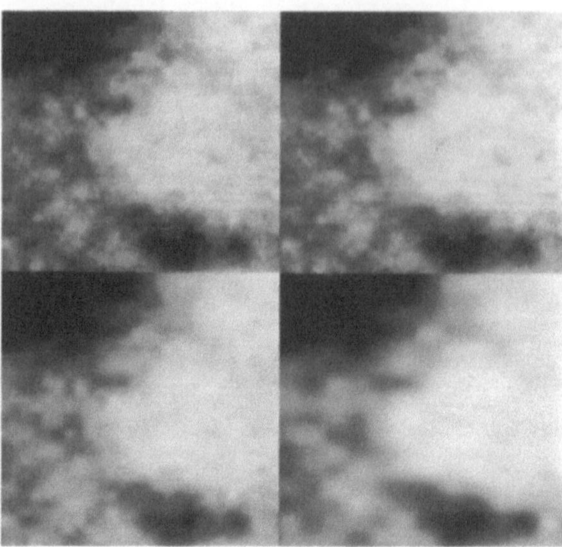

Abb. 3.7. Variation der oberen Summationsgrenze k_1 von links oben nach rechts unten, was in einer Glättung der Feinstruktur des Bildes resultiert (Tiefpaß) – siehe auch Abb. 9.1 auf Seite 235

M Intervale der Rauschen-Funktion bei der ersten Summation innerhalb eines Bildausschnittes mit N Bildpunkten entlang der Bildkante vorkommen:

$$r^{k_0} * N = M \Rightarrow k_0 = \frac{\log(\frac{M}{N})}{\log(r)}, \quad M < N \tag{3.15}$$

Die *Lakunarität* r bestimmt bei jeder Summationsstufe sowohl die Skalierung der Amplituden als auch die Skalierung entlang der Längenachsen, d.h. den Ausschnitt der Rauschen-Funktion, aus dem die Zufallswerte entnommen werden. Aus diesem Grund ergibt sich bei einer Änderung von r eine neue Grundform des Fraktals, aber keine Änderung der fraktalen Dimension. Auf den optischen Eindruck bezogen beeinflußt r die Feinstruktur des Fraktals: Je kleinere Werte für r verwendet werden, desto weiter rücken die oberen und die unteren Summationsgrenzen k_0 und k_1 gemäß Gleichungen 3.15 und 3.14 hin zu größeren Werten und desto mehr hohe Frequenzen werden deshalb akkumuliert, was in einer feineren Granularität resultiert. Umgekehrt rücken bei Vergrößerung von r die Summationsgrenzen nach oben, was eine Stärkung der Dominanz von großen Strukturen bewirkt. Bezogen auf den optischen Eindruck kommen bei großen Werten für r relativ wenige und ausgedehnte Lücken zum Vorschein, wobei mit wachsendem r diese Lücken in mehrere kleinere zerfallen. Dieser Effekt kann auf Abb. 3.8 gesehen werden. Werte von r im Bereich (1.5-2.5) liefern gute optische Resultate.

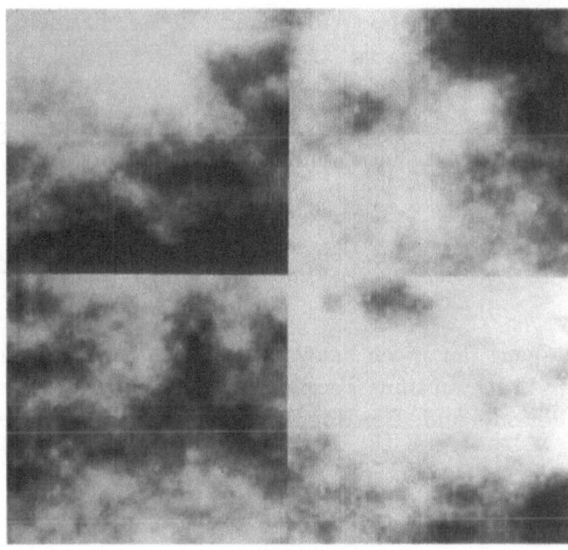

Abb. 3.8. Variation der Lakunarität. Man beachte die Änderung der Feinstruktur. Von links oben nach rechts unten: 4.0, 3.0, 2.0, 1.5 – siehe auch Abb. 9.1 auf Seite 235

3.4 Fraktaldefinition im Frequenzbereich

Eine zweite Methode für die Generierung stochastischer Fraktale wurde von Voss ([Voss85]) vorgeschlagen. Die sog. spektrale Synthese definiert ein Fraktal im Frequenzbereich über sein Fourier-Spektrum und gewinnt das Fraktal im Ortsbereich über die inverse Fourier-Transformation. Um diese Methode erklären zu können, werden im Abs. 3.4.1 zuerst die Grundlagen der Fourier-Transformation kurz zusammengefaßt und im Abs. 3.4.2 für die Generierung stochastischer Fraktale konkret eingesetzt.

3.4.1 Grundlagen der Fourier-Transformation

In diesem Abschnitt werden die Grundlagen der Fourier-Transformation zusammengefaßt. Fourier-Transformationen finden eine breite Anwendung in vielen Gebieten der Wissenschaft, u.a. Mathematik, Statistik, Physik, Elektroakustik, Bildverarbeitung etc. Dementsprechend groß ist die existierende Bibliographie. Hier wird nur eine Auswahl der vom Autor benutzten Literatur angegeben. Als Einführung werden [BrSe87] und [Brac65] empfohlen, in [Cham73] werden neben der Theorie viele Anwendungsbeispiele präsentiert. Aus der Sicht der Graphischen Datenverarbeitung, insbesondere der Bildanalyse, werden [GoWi87] und [Nied84] besonders empfohlen. Die schnelle Fourier-Transformation FFT wird u.a. in [Brig82], [Nied84] und [GoWi87] ausführlich behandelt. Das Standardwerk für die Signalverarbeitung ist [OpSc75].

3.4.1.1 Fourier-Reihe Jede reelle periodische Funktion $f(x)$ mit der Periode T kann in eine Summe von Sinus- und Cosinus-Schwingungen, seine Fourier-Reihe, zerlegt werden.

$$f(x) = \frac{a_0}{2} + \sum_{n=1}^{\infty} [a_n \cos(2\pi\nu_n x) + b_n \sin(2\pi\nu_n x)], \quad \nu_n = \frac{n}{T}, \tag{3.16}$$

wobei ν_n die Frequenz der n-ten Schwingung, a_n, b_n die Amplituden der entsprechenden Sinus- bzw. Cosinus-Terme und $a_0/2$ der Mittelwert der Funktion innerhalb einer Periode sind. Die Koeffizienten a_n und b_n werden wie folgt berechnet:

$$a_n = \frac{2}{T}\int_{-T/2}^{T/2} f(x)\cos(2\pi\nu_n x)dx, \tag{3.17}$$

$$b_n = \frac{2}{T}\int_{-T/2}^{T/2} f(x)\sin(2\pi\nu_n x)dx \tag{3.18}$$

Die Reihe konvergiert mit wachsendem n stetig gegen die Originalfunktion $f(x)$, siehe Bild 3.9.

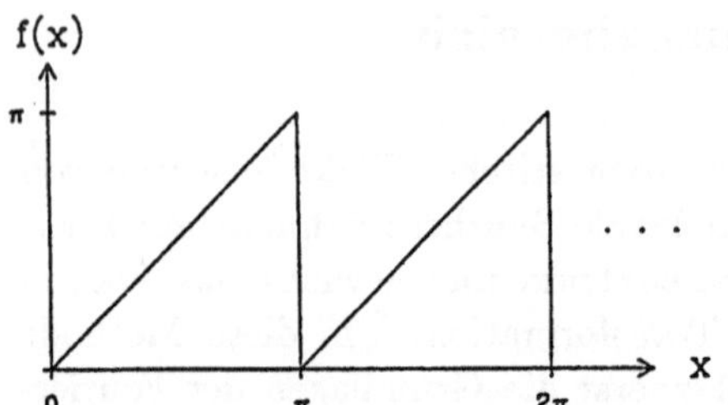

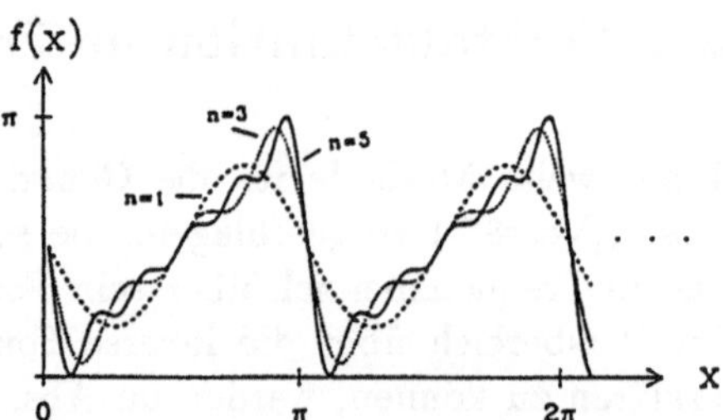

Abb. 3.9. Darstellung der "Sägezahnkurve" (links) durch die ersten fünf Glieder ihrer Fourier-Reihe (rechts)

Eine Fourier-Reihe kann in der kompakteren und mathematisch leichter zu handhabenden Form ausgedrückt werden:

$$f(x) = \sum_{n=-\infty}^{\infty} c_n e^{i2\pi\nu_n x} \tag{3.19}$$

unter Ausnutzung der Beziehung:

$$e^{ix} = \cos(x) + i\sin(x) \tag{3.20}$$

Die komplexen Faktoren c_n stehen mit a_n und b_n in folgender Beziehung:

$$c_n = \begin{cases} a_0/2, & n = 0 \\ 1/2(a_n - ib_n), & n > 0 \\ 1/2(a_{-n} + ib_{-n}), & n < 0 \end{cases} \tag{3.21}$$

Somit ist die komplexe Schreibweise 3.19 äquivalent zu der reellen von Gleichung 3.16. Im komplexen Fall wird die Funktion $f(x)$ formal nicht mehr in einfache Sinusschwingungen zerlegt, sondern in Kreisbewegungen in der komplexen Ebene. Für negative n ergibt sich eine negative Frequenz ν_n, was bedeutet, daß die Kreisbewegungen in die entgegengesetzte (mathematisch negative) Richtung laufen. c_n ist i.a. komplex und kann deshalb geschrieben werden als

$$c_n = R_n + iI_n \tag{3.22}$$

R_n bezeichnet man als Realteil, I_n als Imaginärteil von c_n. In Polarkoordinaten schreibt man:

$$\begin{aligned} c_n &= |c_n|e^{i\phi_n} \\ |c_n| &= \sqrt{R_n^2 + I_n^2} \\ \tan\phi_n &= \frac{I_n}{R_n} \end{aligned} \tag{3.23}$$

wobei $|c_n|$ die Amplitude der Kreisbewegung und ϕ_n eine Phasenverschiebung ist. Die Menge aller Beträge $|c_n|$ wird auch als *Amplitudenspektrum* und die zugehörige Menge ϕ_n entsprechend als *Phasenspektrum* bezeichnet. Bei der Fourier-Reihe sind sowohl das Amplituden- als auch das Phasenspektrum diskret, siehe Abb. 3.10.

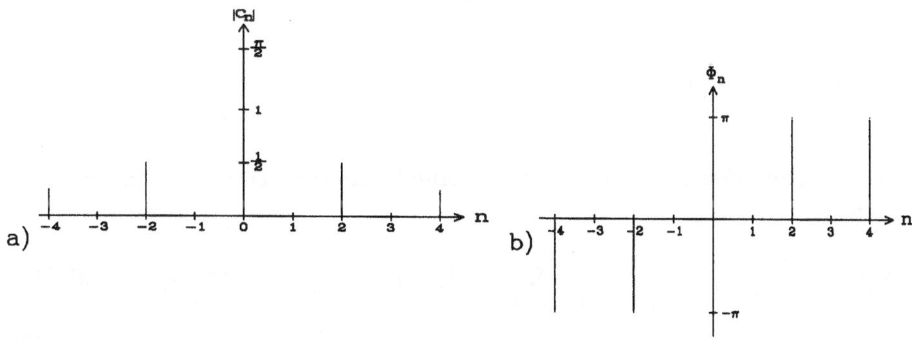

Abb. 3.10. a) Amplituden- und b) Phasenspektrum der „Sägezahnkurve"

3.4.1.2 Das Fourier-Integral Läßt man die Periode T gegen Unendlich streben, so wird aus der periodischen Funktion ein einmaliger Vorgang. Unter der Annahme, daß die Energie des Signals endlich bleibt[2], d.h.:

[2]Parsevals Theorem

$$\int_{-\infty}^{+\infty} |f(x)|^2 dx = \int_{-\infty}^{\infty} |F(u)|^2 du < \infty \tag{3.24}$$

kann man die Fourier-Transformation in das *Fourier-Integral* überführen:

$$F(u) = FT\{f(x)\} = \int_{-\infty}^{+\infty} f(x) e^{-i2\pi ux}\, dx \tag{3.25}$$

$$f(x) = FT^{-1}\{F(u)\} = \int_{-\infty}^{\infty} F(u) e^{i2\pi ux} du \tag{3.26}$$

Das Spektrum des Fourier-Integrals weist keine diskrete Harmonische auf, sondern hat ein kontinuierliches Spektrum. $|F(u)|^2$ wird als *spektrale Energiedichte* oder *spectral energy density* bezeichnet.

3.4.1.3 Diskrete Fourier-Transformation Bei der Graphischen Datenverarbeitung ist ein Signal f(x) in der Regel nur an einigen diskreten Abtastpositionen bekannt (Bildpunkte). Eine solche Funktion ist örtlich beschränkt (Bildgrenzen) und von endlicher Auflösung, d.h. sie ist an N diskreten, äquidistanten Positionen $0 \ldots N-1$ bekannt. In solchen Fällen wird die *diskrete Fourier-Transformation* benutzt:

$$F(u) = DFT\{f(x)\} = \frac{1}{N} \sum_{x=0}^{N-1} f(x) e^{-\frac{i2\pi ux}{N}}, \quad u = -\frac{N}{2} \ldots \frac{N}{2} - 1 \tag{3.27}$$

$$f(x) = DFT^{-1}\{F(u)\} = \sum_{u=-N/2}^{N/2-1} F(u) e^{\frac{i2\pi ux}{N}}, \quad x = 0 \ldots N-1 \tag{3.28}$$

Die diskrete Fourier-Transformation kann leicht auf n Dimensionen erweitert werden:

$$F(u_1, \ldots, u_n) = \frac{1}{N_1 N_2 \cdots N_n} \sum_{x_1=0}^{N_1-1} \cdots \sum_{x_n=0}^{N_n-1} f(x_1, \ldots, x_n) e^{-i2\pi(\frac{u_1 x_1}{N_1} + \ldots + \frac{u_n x_n}{N_n})} \tag{3.29}$$

$$f(x_1, \ldots, x_n) = \sum_{u_1=-N_1/2}^{N_1/2-1} \cdots \sum_{u_n=-N_n/2}^{N_n/2-1} F(u_1, \ldots, u_n) e^{i2\pi(\frac{u_1 x_1}{N_1} + , \ldots + \frac{u_n x_n}{N_n})} \tag{3.30}$$

Das Spektrum der DFT ist ebenfalls diskret mit einer Auflösung gleich der der diskreten Funktion. Der Euklidische Abstand einer Spektrumkomponente $\mathbf{u} = (u_1, \ldots, u_n)$ zu dem Ursprung des Spektrums wird Frequenz genannt:

$$f_{\mathbf{u}} = \sqrt{u_1^2 + \ldots + u_n^2} \tag{3.31}$$

Die wichtigsten Eigenschaften der DFT sind hier aufgelistet:

- *Linearität:* Für zwei oder mehrere Funktionen $f(\mathbf{x})$ und $g(\mathbf{x})$ sowie Konstanten a und b gilt:

$$DFT\{af(\mathbf{x}) + bg(\mathbf{x})\} = aDFT\{f(\mathbf{x})\} + bDFT\{g(\mathbf{x})\} \tag{3.32}$$

- *Symmetrie:* Für eine *reelle* Funktion $f(\mathbf{x})$ und ihre Transformierte gilt:

$$F(\mathbf{u}) = F^*(-\mathbf{u}) \tag{3.33}$$

wobei $F^*(\mathbf{u})$ konjugiert Komplex bedeutet. Anders ausgedrückt, die Hälfte des Spektrums einer reellen Funktion ist konjugiert Komplex zu der anderen Hälfte, siehe Abb. 3.11.

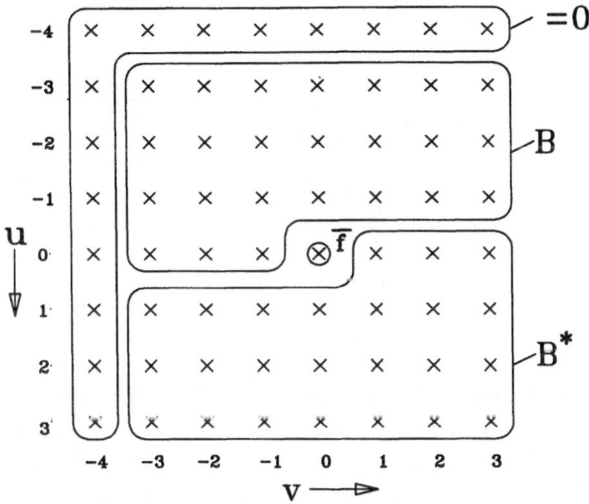

Abb. 3.11. Einteilung des Fourier-Spektrums für N = 8 in unabhängigen (B) und konjugiert Komplexen Komponenten (B^*). Die erste Reihe und erste Spalte werden auf 0 gesetzt. $\overline{f}$ ist der Mittelwert der Funktion

- *Periodizität:* Die Fourier-Transformierte eines Signals der Auflösung $\mathbf{N} = (N_1, \ldots, N_n)$ ist periodisch:

$$F(\mathbf{u}) = F(\mathbf{u} + \mathbf{N}) \tag{3.34}$$

- *Translation und Verschiebung:* Eine Translation im Ortsbereich um den Translationsvektor $\mathbf{V} = (v_1, \ldots, v_n)$ bewirkt eine Multiplikation des Fourier-Spektrums mit dem Faktor $e^{-i2\pi(u_1v_1/N_1,\ldots,u_nv_n/N_n)}$. Mit anderen Worten, eine Translation im Ortsbereich resultiert in eine frequenzabhängige Phasenverschiebung im Frequenzbereich und umgekehrt:

$$DFT\{f(\mathbf{x} + \mathbf{V})\} = F(\mathbf{u})e^{-i2\pi(u_1v_1/N_1,\ldots,u_nv_n/N_n)} \tag{3.35}$$

- *Mittelwert:* $F(\mathbf{0})$ enthält den Mittelwert der Funktion

$$\overline{f} = F(\mathbf{0}) = \frac{1}{N_1 N_2 \cdots N_n} \sum_{x_1=0}^{N_1-1} \cdots \sum_{x_n=0}^{N_n-1} f(\mathbf{x}) \tag{3.36}$$

Im Fall einer reellen Funktion ist $F(\mathbf{0})$ ebenfalls reell.

- *Quadratensumme und Varianz:* Für die Quadratensumme der Funktion gilt:

$$\overline{f^2} = \frac{1}{N_1 N_2 \cdots N_n} \sum_{x_1=0}^{N_1-1} \cdots \sum_{x_n=0}^{N_n-1} f^2(\mathbf{x}) = \sum_{u_1=0}^{N_1-1} \cdots \sum_{u_n=0}^{N_n-1} |F(\mathbf{u})|^2 \tag{3.37}$$

und folglich für die Varianz:

$$\begin{aligned} VAR\{f(\mathbf{x})\} &= \overline{f^2} - (\overline{f})^2 \qquad (3.38)\\ &= \frac{1}{N_1 N_2 \cdots N_n} \sum_{x_1=0}^{N_1-1} \cdots \sum_{x_n=0}^{N_n-1} f^2(\mathbf{x}) - (\overline{f})^2 \\ &= \sum_{u_1=0}^{N_1-1} \cdots \sum_{u_n=0}^{N_n-1} |F(\mathbf{u})|^2 - F^2(\mathbf{0}) \\ &= \sum_{u_1=1}^{N_1-1} \cdots \sum_{u_n=1}^{N_n-1} |F(\mathbf{u})|^2 \end{aligned}$$

3.4.1.4 Schnelle Fourier-Transformation Die Berechnung der Fourier--Transformation ist ein rechenintensiver Prozeß, dessen Komplexität mit $O(n^2)$ steigt. Jedoch kann für diskrete und quadratische Felder, deren Auflösung eine Potenz von 2 ist, die Transformation wesentlich schneller mit Hilfe der sog. *schnellen Fourier-Transformation* (FFT) durchgeführt werden, die gegenüber der normalen Transformation nur noch eine Komplexität von $N \log(N)$ aufweist. Bei der FFT handelt es sich um eine geschickte Aufteilung des zu transformierenden Bereiches, so daß einmal vorberechnete Werte später wieder in die Rechnung einfließen können (siehe dazu u.a. [BrSe87], pp. 690, [GoWi87] und [Brig82]).

Rechnerische Vorteile bringt die FFT nicht nur wegen der günstigeren Komplexität, sondern auch wegen der möglichen Berücksichtigung der Symmetrieeigenschaften des Spektrums von reellen Funktionen, die in Gleichung 3.33 angegeben wird. In diesem Fall wird nur die relevante Hälfte des Spektrums berechnet, die andere Hälfte wird aufgrund der Symmetrieeigenschaft ergänzt. Somit reduziert sich der Rechenaufwand wiederum auf die Hälfte (siehe dazu [Nied84]).

Um die FFT von k-dimensionalen Funktionen durchzuführen, wird die k-dimensionale Transformation in k (k-1)-dimensionale Transformationen zerlegt, welche wiederum in (k-1) (k-2)-dimensionale Transformationen zerlegt werden usw. ([GoWi87], pp. 36-88). Somit müssen k! 1-dimensionale $FFTs$ ausgewertet werden. Im 2D Fall bedeutet dies, daß erst alle Zeilen, dann alle Spalten des Feldes transformiert werden müssen.

3.4.2 Spektrale Synthese

Mit Hilfe der spektralen Synthese wird ein Fraktal im Frequenzbereich definiert und generiert, bevor es in den Ortsbereich transformiert und visualisiert wird. Spektrale Synthese erfordert deshalb zuerst die Definition eines (stochastischen) Spektrums, welches die für Fraktale typischen Eigenschaften aufweist. Als Modell einer Wolke wollen wir die fraktale Brown'sche Bewegung benutzen. Wie im Abs. 3.2 bereits erwähnt, gilt für den Erwartungswert der spektralen Dichte der fBm:

$$S_v(f) \sim E\{|F(f)|^2\} \sim \frac{1}{f^\beta} \tag{3.39}$$

oder auch für den n-dimensionalen Fall (n ist die topologische Dimension):

$$S_v(\mathbf{u}) \sim E\{|F(\mathbf{u})|^2\} \sim \frac{1}{f_{\mathbf{u}}^{\beta+n-1}} \tag{3.40}$$

wobei

$$\mathbf{u} = (u_1, \ldots, u_n) \quad \text{und} \quad f_{\mathbf{u}} = \sqrt{u_1^2 + \ldots + u_n^2} \tag{3.41}$$

Für die Beziehung zwischen H, D und β im n-dimensionalen Fall gilt:

$$\begin{aligned} D &= n + 1 - H \\ \beta &= 2H + 1 \end{aligned} \tag{3.42}$$

Das Phasenspektrum ist rechteckverteilt[3] im Bereich $[0, 2\pi)$.

Es liegen zwei unterschiedliche Algorithmen für die Generierung eines Spektrums, welches die o.g. Charakteristika aufweist, vor:

1. **Filterung von weißem Rauschen**

   Schritt 1: Erzeugung eines n-dimensionalen weißen Rauschens $w(\mathbf{x})$ im Ortsbereich und mit der Bildauflösung N:

   $$w(\mathbf{x}) = \begin{cases} X(\mathbf{x}), & 0 \le \mathbf{x} < \mathrm{N} \\ 0, & sonst \end{cases} \tag{3.43}$$

   $X(\mathbf{x})$ ist eine im Interval $[0, C_{max}]$ gleichverteilte Zufallsvariable, die mit Hilfe eines Pseudo-Zufallsgenerators generiert wird.

   Schritt 2: diskrete Fourier-Transformation des Rauschbildes:

   $$F(\mathbf{u}) = \begin{cases} DFT\{X(\mathbf{x})\}, & 0 \le \mathbf{x} < \mathrm{N} \\ 0, & sonst \end{cases} \tag{3.44}$$

   $F(\mathbf{u})$ ist das Spektrum des weißen Rauschens.

   Schritt 3: Filterung des Amplitudenspektrums mit einem $f^{-\beta}$ Filters:

[3] Obwohl keiner der genannten Autoren ausdrücklich ein so verteiltes Spektrum erwähnt, kann dies aus dem Kontext verstanden werden. In [Tsch90] wird anhand von Experimenten gezeigt, daß nur rechteck- oder fast rechteckverteilte Phasen akzeptable Ergebnisse liefern.

$$F(\mathbf{u}) = F(\mathbf{u}) \left(\sqrt{u_1^2 + \ldots + u_n^2} \right)^{-(2H+n)/2} \quad (3.45)$$

Schritt 4: diskrete Rücktransformation:

$$f(\mathbf{x}) = DFT^{-1}\{F(\mathbf{u})\} \quad (3.46)$$

$f(\mathbf{x})$ ist eine Realisierung der fraktalen Brown'schen Bewegung in n Dimensionen ([Voss88], [PeSa88]).

2. **Direkte Spektrumeingabe**

Bei der direkten Spektrumeingabe wird direkt das Spektrum generiert, d.h. die Koeffizienten des Spektrums werden direkt generiert.

Schritt 1: Erzeugung eines Phasenspektrums mit gleichverteilten Phasen im Intervall $[0, 2\pi)$ sowie eines Frequenzspektrums mit konstantem Betrag:

$$F(\mathbf{u}) = \begin{cases} \overline{f}, & \mathbf{u} = 0 \\ r, & \mathbf{u} < \mathbf{N} \\ 0, & sonst \end{cases} \quad (3.47)$$

r ist eine positive reelle Zahl. Alle Koeffizienten haben also konstante Amplituden und eine zufällige Phasenverschiebung. Zusätzlich dazu werden die erste Zeile und die erste Spalte des Spektrums auf 0 gesetzt, wie es in Abb. 3.11 dargestellt wird. Ergebnis ist ein um $F(\mathbf{0})$ symmetrisches Spektrum mit Mittelwert der zugehörigen Funktion gleich $\overline{f}$.

Schritt 2: Filterung des Spektrums mit einem $f^{-\beta}$ Filter:

$$F(\mathbf{u}) = F(\mathbf{u}) \left(\sqrt{u_1^2 + \ldots + u_n^2} \right)^{-(2H+n)/2} \quad (3.48)$$

Schritt 3: diskrete Rücktransformation:

$$f(\mathbf{x}) = DFT^{-1}\{F(\mathbf{u})\} \quad (3.49)$$

Ein Vergleich beider Verfahren zeigt folgende Vorteile des zweiten Verfahrens:

- Das zweite Verfahren erfordert nur eine inverse DFT, wogegen das erste Verfahren zusätzlich eine Transformation des weißen Rauschens erfordert. Somit ist das zweite Verfahren wesentlich schneller.

- Durch die direkte Erzeugung des Frequenzbereiches auf konstanten Werten ist sowohl eine mathematische Untersuchung als auch seine Manipulation wesentlich einfacher, wie weiter unten in diesem Abschnitt gezeigt wird.

- Die durch das zweite Verfahren erzeugten Bilder sind von der gleichen Qualität wie die vom ersten Verfahren.

In [Voss88], pp. 49-51, werden beide Verfahren als gleichbedeutend erwähnt. Tschendel hat in [Tsch90] experimentell gezeigt, daß beide Verfahren optisch nicht unterscheidbare Bilder erzeugen. Aus diesen Gründen wurde das zweite Verfahren der direkten Spektrumeingabe vorgezogen.

Gemäß Gleichung 3.38 ist somit die Varianz:

$$\begin{aligned} VAR\{f(\mathbf{x})\} &= \sum_{u_1=1}^{N_1-1} \cdots \sum_{u_n=1}^{N_n-1} |F(\mathbf{u})|^2 \qquad (3.50) \\ &= r^2 \sum_{u_1=1}^{N_1-1} \cdots \sum_{u_n=1}^{N_n-1} f_{\mathbf{u}}^{-(2H+n)} \\ &\Rightarrow VAR\{f(\mathbf{x})\} \sim r^2 \end{aligned}$$

Die Summe $\sum_{u_1=1}^{N_1-1} \cdots \sum_{u_n=1}^{N_n-1} f_{\mathbf{u}}^{-(2H+n)}$ läßt sich analytisch zwar nicht bestimmen, da ihr Wert von der Bildauflösung N, der fraktalen Dimension H und der Bilddimension n abhängt. Trotzdem kann die Varianz eines gegebenen Bildes, wenn alle anderen drei Parameter konstant bleiben, über die Änderung von r gesteuert werden. Da die Varianz ein Maß für die Streuung der Werte des Zufallsprozesses um den Mittelwert darstellt, wird diese Eigenschaft bei der interaktiven Kontraständerung von Fraktalen ausgenutzt, siehe dazu Abs. 4.2.1.

Bei der Generierung von Wolken ist oft erwünscht und sinnvoll, eine Struktur erst in niedriger Auflösung zu erzeugen, zu manipulieren und die so ausgesuchte und eingestellte Struktur dann für die Endversion hochaufgelöst zu generieren. Größere Auflösung bedeutet in diesem Fall Vergrößerung des Spektrums. Eine solche Vergrößerung ohne Änderung der eingestellten Struktur ist nur dann möglich, wenn der alte Bereich unverändert bleibt. Bei der Generierung des größeren Spektrums muß man daher beachten, daß die Koeffizienten um das Zentrum gleich bleiben.

Dies wird durch die Verwendung eines Pseudo-Zufallsgenerators, der bei gleichem Startwert die gleiche Zahlenfolge erzeugt, unterstützt. Die Zufallszahlen werden dem unabhängigen Bereich des Spektrums (Bereich B auf Abb. 3.11) spiralenförmig von Innen nach Außen zugeordnet, wie es in Abb. 3.12 und 3.13 gezeigt wird.

3.5 Ergebnisse und Diskussion

3.5.1 Unabhängige Sprünge

Das Verfahren der Addition von Sprungfunktionen (Abs. 3.3.1) kostet sehr viel Rechenzeit. Das Hinzufügen jeder Sprungfunktion bedeutet eine Addition zu allen bereits vorhandenen Punkten. Vorteil dieses Verfahrens ist, daß es mit Kreisen und Kugeln angewendet werden kann. Auf der anderen Seite ist es nicht ersichtlich, wie man ein durch diese Methode generiertes Fraktal turbulent animieren kann. Deshalb wird diese alte Methode heute kaum mehr verwendet.

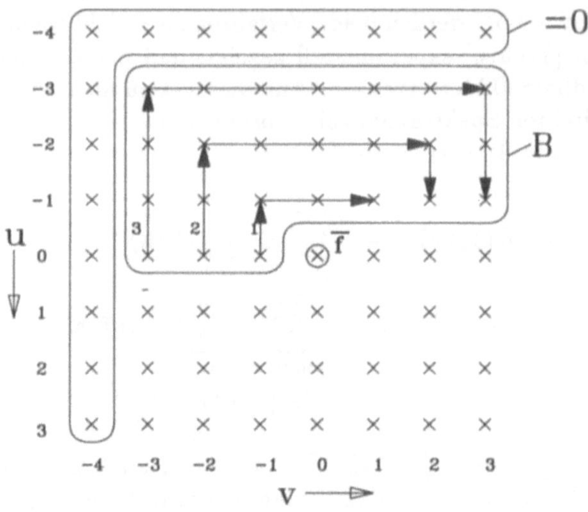

Abb. 3.12. Zuordnungsreihenfolge der Zufallszahlen für den 2D Fall

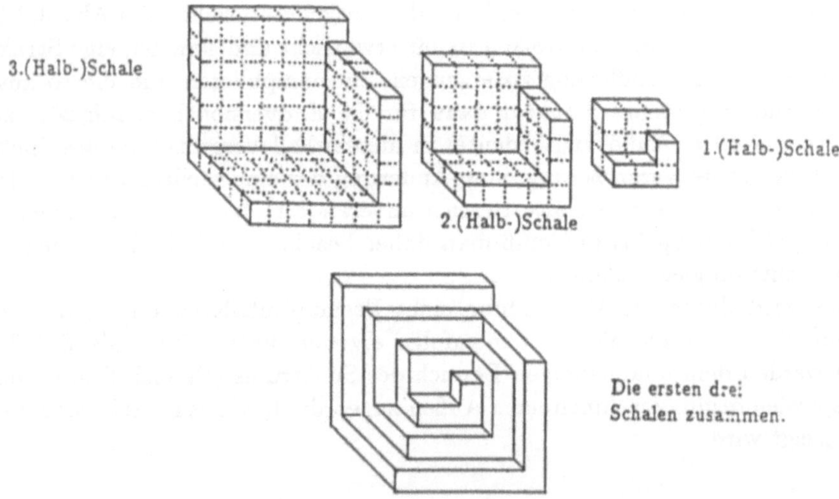

Abb. 3.13. Zuordnungsreihenfolge der Zufallszahlen für den 3D Fall

3.5.2 Mittelpunkt Subdivision

Vorteil der Mittelpunkt-Subdivision Methode ist, daß sie sich leicht auf mehrere Dimensionen erweitern läßt. In der Literatur wird das Verfahren üblicherweise auf 2D angewendet, um Berge, Wolken o.ä. zu erzeugen. Eine Erweiterung für die Generierung von 3D Wolken ist ebenfalls möglich ([SaHa90], [HaSa90]). Im

Vergleich zu anderen Verfahren zeigt es sich als äußerst schnell, da die Berechnung eines Punktes direkt aus zwei Nachbarpunkten und einer Zufallsvariablen möglich ist ([Saup88]). Zusätzlich kann die Lakunarität des generierten Fraktals durch eine Modifikation der Anzahl der generierten Schnitte leicht verändert werden ([Voss88], pp. 54- 56). Als sehr nutzlich erweist sich die Eigenschaft, daß man eine vorgegebene geometrische Form mit Hilfe dieser Methode „fraktalisieren“ kann. Somit kann das ungefähre Aussehen des Objektes vordefiniert werden, der Algorithmus addiert dazu optische Komplexität, ohne die Grundform unkenntlich zu machen (siehe Abb. 3.14 sowie [Rüme92]). Alle diese Vorteile, insbesondere die Schnelligkeit der Methode und ihre Eignung für die Modellierung von 2D Terrain, haben sie innerhalb der Computergraphik sehr beliebt gemacht.

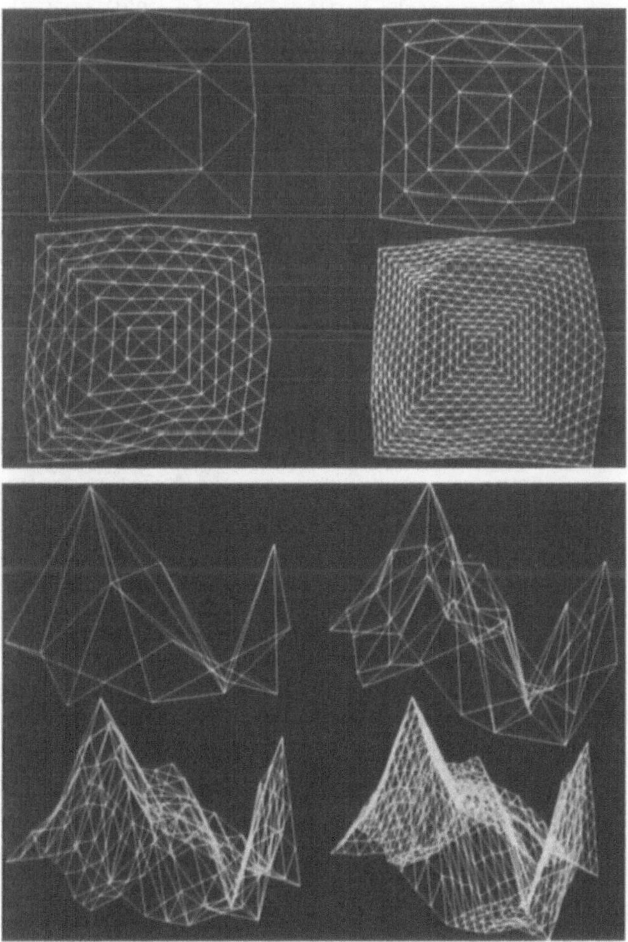

Abb. 3.14. Vier Schritte bei der „Fraktalisierung“ einer Pyramide gesehen von oben und von der Seite

Es gibt jedoch einen gravierenden Nachteil: Das Gesetz 3.3 für die Varianz sollte für zwei beliebige Punkte des generierten Fraktals gelten, z.B für den Bereich (0, 0.5) gleichermaßen wie für den Bereich (0.25, 0.75). Aufgrund der verwendeten Mittelpunktmethode sind aber für die Konstruktion des Bereiches (0, 0.5) keine Punkte außerhalb dieses Bereiches verwendet worden, was bedeutet, daß die zwei Teilbereiche unabhängig voneinander entstanden sind ([Voss88], pp. 53, [PeSa88] pp. 85). Die Gleichung 3.3 wird nur für $H = 1/2$ erfüllt. Die Konsequenz davon ist eine schlechte Qualität der fraktalen Bilder, die für $H \neq 1/2$ entlang der Richtung des ersten Schnittes so aussehen, als hätte man zwei Teilbilder aneinander geklebt, siehe Abb. 3.15. Es entstehen sichtbare Brüche im Fraktal. Dieser Effekt kann mit geeigneten Methoden wie den sukzessiven zufälligen Additionen ([Voss88], pp. 51-56), der Verwendung eines triagonalen oder hexagonalen Gitters ([Mand88], pp. 250-254) oder der generalisierten Subdivisionsmethode ([Lewi86], [Lewi87]) weitgehend behoben werden, allerdings auf Kosten einer erhöhten Rechenzeit.

Abb. 3.15. Fehler der Mittelpunkts-Subdivision Methode (aus [PeSa88])

Zwei weitere Nachteile dieser Methode sind die rechnerische und die strukturelle Globalität. Mit *rechnerische Globalität* wird ausgedrückt, daß das gesamte Fraktal berechnet werden muß, auch wenn nur ein Teilbereich davon, im Extremfall ein einziger Wert an einer Stelle, benötigt wird. Das kostet sowohl Speicherplatz als auch Rechenzeit. Mit *strukturelle Globalität* wird ausgedrückt, daß die Parameter des Fraktals, insbesondere die Fraktale Dimension D und die Lakunarität r, überall im Definitionsbereich des Fraktals die gleichen sind. Das hat ein gleichmäßiges Aussehen des Fraktals an jeder Stelle zur Folge. Der letzte und wichtigste Nachteil dieser Methode ist, daß eine Animation der fraktalen Strukturen nicht ersichtlich ist. Aus allen diesen Gründen wird diese Methode, trotz ihrer vielen attraktiven Vorteile, nicht für die Modellierung zeitvarianter Fraktale eingesetzt.

3.5.3 Rescale-and-Add

Die Rescale-and-Add Funktion weist die meisten positiven Eigenschaften auf. Zum ersten handelt es sich um eine echte Funktion, die punktuell ausgewertet werden kann ohne Einbeziehung der Nachbarelemente. Das verhindert einerseits das Vorkommen von Bruchеffekten, wie es bei der Mittelpunkt-Subdivision der Fall ist, andererseits hebt es die rechnerische Globalität auf: Der Wert des Fraktals an jedem Punkt ist individuell bestimmbar, ohne dafür das gesamte Fraktal berechnen zu müssen. Als weiteren Nutzen kann man die Funktion einfach und problemlos auf Bildpunktbasis parallelisieren. Ferner ist die Berechnung des Fraktals automatisch an die Bildauflösung anpaßbar: Bildbereiche, in denen z.B. durch perspektivische Verzerrung das Fraktal „komprimierter" erscheinen soll, werden als solche leicht erkannt, und die untere Summationsgrenze k_1 kann ebensoleicht gemäß Gleichung 3.14 angepaßt werden. Dadurch werden Bildfehler aufgrund von Unterabtastung schon bei der Entstehung des Fraktals vermieden.

Im Vergleich zu den vorher erwähnten Methoden weist Rescale-and-Add mehrere Parameter auf, so daß ihr Aussehen leichter modifiziert werden kann. Ein weiterer wichtiger Punkt ist, daß ihre sämtlichen Parameter lokal variiert werden können, wodurch auch die strukturelle Globalität behoben wird. Durch eine örtliche Parametervariation kann man die optischen Eigenschaften des Fraktals lokal variieren lassen. Die Skalierungseigenschaften der Funktion sind ebenfalls sehr gut zu kontrollieren, so daß z.B. bei einer kontinuierlichen Bildvergrößerung (zooming) ebenfalls kontinuierlich und natürlich aussehend immer neue Details generiert werden. Somit kann ein Durchflug durch die Wolke problemlos dargestellt werden. Da die Funktion trivialerweise auf beliebige Dimensionen erweitert werden kann, eignet sie sich für die Definition von sowohl 2D als auch 3D Wolken. Die Rescale-and-Add benötigt nur wenig Speicher für ihre Parameter und das Zufallsgitter, was ihre Implementierung auch auf kleinen und sehr kleinen Rechnern begünstigt.

Der wichtigste Vorteil der Rescale-and-Add aber liegt darin, daß sie eine Animation und somit die optische Simulation turbulenter Bewegung ermöglicht. Saupe gibt in [Saup89] eine solche Möglichkeit an, eine weitere wurde vom Autor entwickelt. Dieser Punkt der turbulenten Bewegung wird im nächsten Kapitel genau besprochen.

Als einzigen Nachteil kann man die im Verhältnis zu der Mittelpunkt-Subdivision Methode höhere Rechenzeit erwähnen. Nach einem Vergleich von Saupe ([Saup88]) benötigt die Rescale-and-Add ca. die dreifache bis vierfache Zeit für ein Fraktal der gleichen Größe (siehe auch 4.4.3). Dieser Nachteil muß aber im Hinblick auf die dauernd steigende Rechengeschwindigkeit relativiert werden. Im 6. Kapitel wird bei der Besprechung der Implementierung der Rescale-and-Add gezeigt, daß mit modernen Arbeitsstationen bildschirmfüllende Fraktale innerhalb von wenigen Sekunden generiert werden können. Die einfache und problemlose Parallelisierung, die einen Parallelisierungsgrad von beinahe 100% erreicht, unterstützt weiter diese Tendenz.

Zusammenfassend kann man konstatieren, daß die Vorteile der Funktion ihre vermeintlichen Schwächen bei weitem übertreffen. Aus diesem Grund wurde beschlossen, die Rescale-and-Add für die Modellierung zeitvarianter turbulenter Wolken zu verwenden.

3.5.4 Spektrale Methode

Die spektrale Methode zeigt ebenfalls manche gewichtige Vorteile gegenüber den anderen Methoden. Als erstes ist sicherlich ihre Rechengeschwindigkeit zu nennen. Die Verwendung der *FFT* ermöglicht eine sehr schnelle Generierung des erwünschten Fraktals und ist sehr einfach zu implementieren bzw. in sehr vielen kommerziellen Softwarepaketen bereits verfügbar. Sie läßt sich sehr einfach parallelisieren, wodurch eine wesentliche Geschwindigkeitssteigerung erreicht werden kann. Darüber hinaus existieren inzwischen auf dem Markt spezielle Prozessoren, die die Berechnung der *FFT* bereits massiv auf der Hardware-Ebene unterstützen. Aus allen diesen Faktoren kann das spektrale Verfahren als die schnellste Methode angesehen werden und eignet sich deshalb für eine interaktive Implementierung auf kleinen Arbeitsstationen.

Als zweiter wichtiger Faktor gilt die Qualität der erzeugten Bilder. Brüche oder ähnliche Fehler, die bei anderen Methoden üblich oder möglich sind, kommen hier nicht vor. Ferner sind die Parameter der spektralen Methode klar und einfach verständlich. Eine optische Simulation von turbulenten Bewegungen war zwar bisher nicht bekannt, jedoch fällt auf, daß eine Bewegung im Ortsbereich über eine Phasenverschiebung im Frequenzbereich gemäß Gleichung 3.35 möglich ist.

Auf der anderen Seite weist diese Methode auch einige Nachteile auf. Als wichtigster ist hier der Speicherbedarf zu nennen. Da das gesamte Spektrum vorliegen muß, ist der benötigte Speicher bei hochaufgelösten Bildern recht groß. Die Vergrößerung eines Abschnittes würde dabei eine Vergrößerung des Spektrums bedeuten, auch für Bereiche, die im Bildausschnitt nicht sichtbar sind. Die Werte des Fraktals für diese Bereiche müssen ebenfalls berechnet werden, obwohl sie nicht angezeigt werden. Da die ganze Berechnung in einer fest vordefinierten Auflösung für das gesamte Bild durchgeführt wird, kann dies bei perspektivisch verzerrten Bildern zu Abtastproblemen führen. Zusammengefaßt handelt es sich um einen globalen Prozeß, der sowohl strukturelle als auch rechnerische Globalität besitzt.

Trotz der vielen Nachteile der spektralen Synthese wurde sie neben der Rescale-and-Add Methode ebenfalls für die Wolkenmodellierung eingesetzt. Die Gründe dafür waren folgende:

- Ihre überlegene Schnelligkeit und ihr klarer und intuitiv verständlicher Parametersatz werden für eine interaktive echtzeitfähige Implementierung benötigt und können bei keiner der anderen Methoden vorgewiesen werden.

- Die Qualität der Bilder ist überzeugend und allen anderen Methoden überlegen.
- Sie läßt sich einerseits einfach parallelisieren, so daß eine Implementierung auf modernen Superworkstations vielversprechend erschien, andererseits ist eine Erweiterung auf mehrere Dimensionen bei Beibehaltung der eingestellten Parameter trivial.
- Turbulente Bewegung kann mit Hilfe des vom Autor entwickelten Modells, das im 4. Kapitel vorgestellt wird, einfach und natürlich aussehend erzielt werden.

In der folgenden Tabelle werden die Vor- und die Nachteile der vorgestellten Methoden zusammengefaßt.

Tab. 3.1. Ein erster Vergleich der verschiedenen Verfahren zur Erzeugung stochastischer Fraktale

Kriterium	Mittelpunkt Subdivision	Rescale-and-Add	Spektrale Synthese
Geschwindigkeit	++	0	++
Parametersatz	0	+	+
Realität	+	+	++
Brüche etc.	– –	0	++
Abtastfehler	+	++	– –
Speicherbedarf	–	++	– –
Skalierung	0	++	– –
Strukturelle Lokalität	0	++	– –
Rechnerische Lokalität	– –	++	– –
Turbulente Animation	– –	+	++

Eine erste Auswertung der Tabelle zeigt, daß die zwei in Frage kommenden Methoden, d.h. Rescale-and-Add und spektrale Methode, jeweils dort ihre Stärken zeigen, wo die jeweils andere Methode ihre Schwächen hat. Insbesondere liegt die Stärke der Rescale-and-Add in der lokalen und variierenden Auswertung sowie dem sehr kleinen Speicherbedarf, wogegen die spektrale Methode mit Geschwindigkeit und intuitiv verständlichen Parametern dominiert. Diese erste Tabelle wird im letzten Abschnitt des folgenden Kapitels um die Kriterien der turbulenten Animation ergänzt.

4. Animationsmethoden zeitvarianter Texturen

4.1 Grundlagen der spektralen Turbulenztheorie

Die Erfassung und Beschreibung turbulenter Bewegung ist eine der schwierigsten Herausforderungen für die heutige Wissenschaft und hat manche der bekanntesten Forscher dieses Jahrhunderts beschäftigt, ohne jedoch bis heute allgemein zufriedenstellend gelöst zu sein. Im Rahmen dieses Abschnitts werden nur die Teile der Turbulenztheorie zusammengefaßt, die für die Motivation und das Verständnis der im Rahmen dieser Arbeit entwickelten Methoden erforderlich sind.

Über Turbulenz und die damit zusammenhängenden Probleme und Phänomene existiert eine imposante Literaturmenge, die aber fast immer außerhalb der Zielsetzung dieser Arbeit liegt, nicht zuletzt deshalb, weil die von uns eingesetzten qualitativen Modelle bereits während der ersten Hälfte des Jahrhunderts entwickelt wurden. Das Buch von Panchev ([Panc71], pp. 139-241) liefert eine ausführliche und leicht verständliche Beschreibung der Theorie und wird deshalb auch als Einführung empfohlen. Als Nachschlagewerke sind die Textbücher [FrMo77] und [TeLu72] geeignet.

Es gibt zwei unterschiedliche Bewegungszustände einer Flüssigkeit, die laminare und die turbulente Bewegung. Im ersten Fall ist die Bewegung kontinuierlich und stetig, die Druck- und Geschwindigkeitsverhältnisse innerhalb der Flüssigkeit bleiben entweder konstant oder ändern sich langsam und im wesentlichen voraussagbar. Die Strömungslinien der Flüssigkeit, die gesehen werden können, wenn Farbe beigemischt wird, sind einzeln sichtbar und ihre Relationen bleiben unverändert über lange Zeit. Ein solcher Strömungszustand wird durch die Navier-Stokes Gleichungen genau beschrieben. Im folgenden wird die globale charakteristische geometrische Ausdehnung der Strömung mit L beschrieben, die charakteristische Strömungsgeschwindigkeit mit U und ν ist der kinematische Viskositätskoeffizient, eine Materialkonstante. Die Strömung wird üblicherweise durch eine dimensionslose Konstante $Re = UL/\nu$, die Reynolds-Zahl heißt, charakterisiert.

Experimentell kann man nachweisen, daß bei einem ausreichend großen Wert der Reynolds-Zahl, z.B. durch eine Vergrößerung der Geschwindigkeit U, die laminare Ordnung der Strömung zerstört wird. Der chaotische Zustand, der dann eintritt, wird Turbulenz genannt. Die Druck-, Geschwindigkeits- und sonstigen Verhältnisse wechseln abrupt, sprunghaft und unvorhersagbar sowohl bei der simultanen Betrachtung einer Größe an zwei benachbarten Punkten, als auch bei der Beobachtung einer Stelle über eine gewisse Zeit. Diese Fluktuationen sind in der Regel signifikant verglichen mit dem Mittelwert der gegebenen Größe an dem Beobachtungspunkt. In diesem Sinne ist die Reynolds-Zahl ein Maß für die Stabilität einer Strömung: Solange sie kleiner als ein kritischer Wert ist, der von der jeweiligen Strömungsgeometrie abhängig ist, ist die Strömung laminar und geordnet; bei Überschreitung des kritischen Wertes können Instabilitäten eintreten, die zur Turbulenz führen können.

Turbulenz ist damit ein chaotischer Strömungszustand, der nicht mehr deterministisch beschreibbar ist und deshalb statistischer Untersuchung unterzogen werden muß. Taylor beschreibt Turbulenz als eine Bewegung mit unendlich vielen Freiheitsgraden. Diese Betrachtung ist streng genommen nicht korrekt, kann aber zur Beschreibung der Komplexität der Bewegung herangezogen werden. Eine Definition der Turbulenz wird hier nicht beabsichtigt. Turbulente Strömung kann in vielen Fällen in der Natur beobachtet werden, wie z.B. bei windgetriebenen Wolken, Feuer, aufsteigendem Dampf oder Rauch, etwa Zigarettenrauch. Die Komplexität dieser Bewegung und die Schwierigkeit der Beschreibung mit formalen Mitteln haben dazu beigetragen, daß die im Abs. 2.2 vorgestellten existierenden Modelle teilweise erhebliche Mängel aufweisen.

Im Gegensatz zu anderen Modellen wollen wir hier die turbulente Bewegung unter Einsatz von statistischen Methoden beschreiben. Solche Methoden wurden in der Zeit von ca. 1920 bis 1940 von einer Reihe berühmter Wissenschaftler erarbeitet, unter denen Taylor, Richardson und Kolmogorov ganz besonders erwähnt werden können. Das mathematische Gerüst dazu bildet die „Spektrale Theorie der Turbulenz". Da sie ein statistisches Werkzeug ist, kann sie nur eine qualitative und keine quantitative Beschreibung des Phänomens liefern, was jedoch für die Ziele dieser Arbeit, d.h. eine realistisch aussehende optische Simulation turbulenter Strömung bei möglichst geringem Aufwand, völlig ausreichend ist.

Die spektrale Turbulenztheorie bestimmt die Spektren der Verteilungen, die den Grundgrößen der Turbulenz folgen, z.B. Geschwindigkeit, Druck etc. Aufgrund der stochastischen Natur des Phänomens sind die Spektren ebenfalls stochastisch und können als zufällige Variationen um einen Mittelwert erfaßt werden. Dabei werden zwei unterschiedliche Arten von Spektren unterschieden: Frequenzspektren und Wellennummer-Spektren.

Die Frequenzspektren beschreiben die Änderung der Turbulenz über die Zeit. Das entspricht der Beobachtung etwa der Geschwindigkeit an einer festen Stelle über einen gewissen Zeitraum. Die so gemessene Kurve gibt an, wie das turbulente Feld seine Struktur mit der Zeit ändert. Frequenzspektren werden angegeben als Funktion der Frequenz $f =$ Zyklen/Zeiteinheit oder der Winkelfrequenz $\omega = 2\pi f =$ rad/Zeiteinheit. Wellennummer-Spektren dagegen beschreiben die Änderung der Geschwindigkeit als Funktion des Ortes. Dies entspricht etwa einer simultanen Messung der Geschwindigkeit mit vielen verschiedenen

Sonden an vielen Stellen. Solche Spektren beschreiben die örtliche Variation des turbulenten Feldes und werden als Funktionen der Wellennummer k = Zyklen/Längeneinheit angegeben. In den Fällen, wo die mittlere Geschwindigkeit $\bar{u}$ als groß im Vergleich zu der fluktuierenden Geschwindigkeit u' angesehen werden kann, ist die Struktur beider Spektren identisch (Taylors Hypothese der gefrorenen Turbulenz). Im Rahmen dieser Arbeit werden die beiden Spektren nicht immer gleichgesetzt.

Reynolds hat als erster die turbulente Bewegung als Überlagerung zweier Geschwindigkeiten beschrieben: $u = \bar{u} + u'$, wobei $\bar{u}$ die mittlere translative Geschwindigkeit der Strömung und u' eine überlagerte zufällig fluktuierende Bewegung ist. Diese fluktuierende Bewegung wird angesehen als das Ergebnis der gleichzeitigen Wirkung von turbulenten lokalen Inhomogenitäten, Störungen oder "Wirbeln" (English *eddies*) von verschiedenen Größen. Jeder Wirbel repräsentiert dabei eine Störung einer anderen Größenordnung. Diese Wirbel umfassen alle Größenordnungen der turbulenten Strömung, d.h. von sehr groß bis so klein, daß die molekulare Viskosität wirksam wird und sie zum Stillstand zwingt. Jeder dieser Wirbel hat eine charakteristische Größe λ und eine Geschwindigkeit u_λ. Die größten Wirbel werden durch die Strömungsgeometrie bestimmt, haben die Größe L und die Geschwindigkeit u_L, wobei die kleinsten die Größe η haben. Wirbel entnehmen ständig Energie direkt aus der translativen Strömung und propagieren sie kontinuierlich weiter an kleinere Wirbel, die wiederum an noch kleinere etc. bis zu den allerkleinsten. Dieser Austausch findet nur bei Wirbeln benachbarter Größenordnung statt, d.h. große Wirbel zerfallen in Wirbel der unmittelbar kleineren Größenordnung und übertragen diesen dabei ihre gesamte Energie. Somit werden permanent Wirbel bei großen Größenordnungen kreiert und bei kleinen zerstört. Alle diese Wirbel bilden eine Kaskade, entlang derer die Energie aus der translativen Bewegung ständig entzogen wird und über eine Reihe von Größenordnungen weiter propagiert wird, bis sie bei den kleinsten unter der Wirkung der Viskosität (Reibung) in Wärme umgewandelt wird. Dieser Mechanismus des ständigen Energieflusses zwischen den Wirbeln wird Energiekaskade genannt.

Die Turbulenz wird statistisch homogen genannt, wenn ihre Charakteristiken (z.B. Verteilung der Geschwindigkeit oder Druck) entlang einer Achse oder Linie identisch bleibt. Wenn dieses Verhältnis für alle Richtungen gilt, dann ist die Turbulenz homogen und isotropisch. Dies bedeutet, daß keine Vorzugsrichtung für die Wirbel aller Größenordnungen existiert, oder daß die Wirbel statistisch gesehen in allen Richtungen ähnlich sind. Wenn diese Isotropie nur in beschränkten, aber ausreichend ausgedehnten (d.h. nicht infinitesimal kleinen) Bereichen vorkommt, wird die Turbulenz lokalisotrop genannt. Natürliche Turbulenz ist selten isotrop, da vorhandene Randbedingungen (z.B. Form oder Ausrichtung des Strömungsbehälters) dies für die größten Wirbel verhindern. Homogenität und Lokalisotropie werden aber oft angetroffen bei Strömungen mit großen Reynolds-Zahlen, bei großdimensionierten Strömungen (z.B. geophysische Strömungen) und bei Wirbeln mittlerer und kleiner Größenordnung, d.h. genügend weit entfernt von möglichen Behälterwänden o.ä. Dieser Zustand entspricht einer vollentwickelten Turbulenz, einer stark chaotischen Bewegung, die in der Natur häufig gefunden werden kann.

Kolmogorov hat vorgeschlagen, daß in dem Fall der homogenen, nichtintermittierenden, lokalisotropen Turbulenz bei hohen Reynolds-Zahlen die Wirkung der Reibung vernachlässigt werden kann für Wirbel aller Größenklassen mit Ausnahme der allerkleinsten. Das bedeutet, daß die der Hauptströmung entnommene Energie entlang der gesamten Kaskade konstant bleibt und zwischen Wirbeln verschiedener Größe nur umverteilt wird. In diesem Fall kann die kinetische Energie, die pro Zeit- und Maßeinheit in Wärme umgewandelt wird, durch einen einzigen Parameter angegeben werden:

$$\epsilon = \frac{u_\lambda^3}{\lambda} = konstant \tag{4.1}$$

Für die kleinsten Wirbel gilt, daß ihre spektrale Reynolds-Zahl ca. gleich Eins wird:

$$\frac{\lambda_0 u_0}{\nu} = 1 \tag{4.2}$$

In diesem Fall ist die Dissipation ϵ konstant, und somit läßt sich die Größe und Geschwindigkeit der kleinsten Wirbel wie folgt angeben:

$$\begin{aligned} \lambda_0 = \eta &= (\frac{\nu^3}{\epsilon})^{\frac{1}{4}} \\ u_0 &= (\epsilon\lambda_0)^{\frac{1}{4}} \end{aligned} \tag{4.3}$$

Kolmogorov hat das Spektrum der Turbulenz in drei Bereiche unterteilt, siehe Abb. 4.1: Im ersten Bereich (a) werden Wirbel gebildet, im Bereich (c) wird Energie in Wärme umgewandelt. Bei ausreichend großen Reynolds-Zahlen existiert ein ausgedehnter Bereich (b), in dem die oben beschriebene reibungslose Kaskade stattfindet. Für das Energiedichten- und Amplitudenspektrum der Geschwindigkeiten gilt:

$$S(\mathbf{k}) = 1.22\ \epsilon^{\frac{2}{3}}\mathbf{k}^{-\frac{5}{3}} \tag{4.4}$$

Gleichung 4.1 kann für die größten Wirbel formuliert werden:

$$\epsilon = \frac{u_L^3}{L} \tag{4.5}$$

Beim Einsetzen in 4.4 kann das Kolmogorov Spektrum bezüglich der Geschwindigkeit der größten Wirbel umgeschrieben werden:

$$S_v(\mathbf{k}) \sim u_L^2\mathbf{k}^{-\frac{5}{3}} \sim u_L^2\mathbf{k}^{-\kappa} \tag{4.6}$$

Gemäß Gleichung 3.40 gilt für das n-dimensionale Amplitudenspektrum:

$$A_v(\mathbf{k}) \sim u_L\left(\sqrt{k_1^2 + \ldots + k_n^2}\right)^{-\frac{\frac{5}{3}+n-1}{2}} \sim u_L\left(\sqrt{k_1^2 + \ldots + k_n^2}\right)^{-\frac{\kappa+n-1}{2}} \tag{4.7}$$

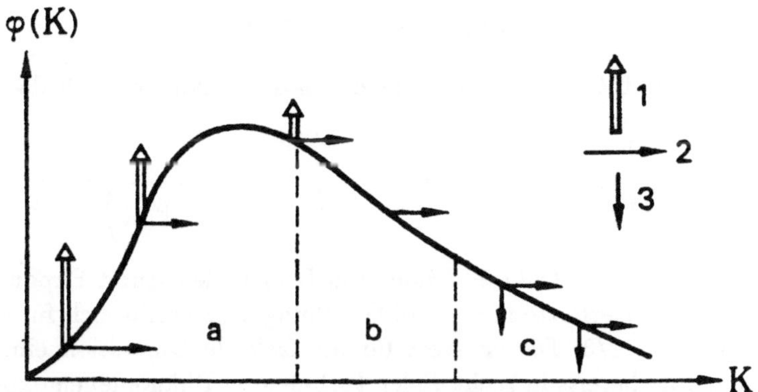

Abb. 4.1. Unterschiedliche Bereiche des Turbulenzspektrums: a) Bereich der Wirbelbildung, b) Kolmogorov Kaskade c) Viskositätsbereich. Pfeil (1) bedeutet Energietransfer von dem Hauptstrom zu den großen Wirbeln, (2) von großen zu kleinen Wirbeln, (3) von kleinen Wirbeln in Wärme (aus [Panc71])

Das Kolmogorov Spektrum stellt eine erste mathematische Näherung eines komplexen Phänomens dar. Andere Spektren, die mit den experimentellen Ergebnissen besser übereinstimmen, wurden von Obukov, Yaglom, Karman, Goltsin, Pao, Heisenberg, Batchelor etc. angegeben und in [Panc71], pp. 186-246 zusammengefaßt. Im Rahmen dieser Arbeit wurde aber das "klassische" Kolmogorov Spektrum verwendet. Dieses wird in Abb. 4.2 gezeigt.

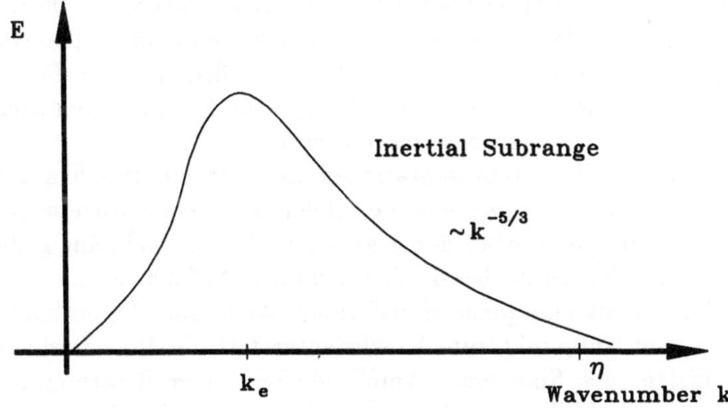

Abb. 4.2. Allgemeine Form des Turbulenzspektrums (nach [FrMo77])

Ähnliche Überlegungen können für die Verteilung vom Druck angestellt werden. Im Fall von Wolken entspricht die Druckverteilung der Materialdichte, also der örtlichen Struktur einer Wolke. In [Panc71] pp. 198 wird in Anlehnung an die Kolmogorov'schen Theorie das Druckspektrum angegeben als:

$$S_p(\mathbf{k}) \sim \rho^2 \mathbf{k}^{-\frac{7}{3}} \sim \rho^2 \mathbf{k}^{-\beta} \tag{4.8}$$

und wiederum gemäß Gleichung 3.40 für den n-dimensionalen Fall das Amplitudenspektrum:

$$A_p(\mathbf{k}) \sim \rho \left(\sqrt{k_1^2 + \ldots + k_n^2}\right)^{-\frac{\frac{7}{3}+n-1}{2}} \sim \rho \left(\sqrt{k_1^2 + \ldots + k_n^2}\right)^{-\frac{\beta+n-1}{2}} \tag{4.9}$$

Es ist interessant, die fraktale Dimension D bzw. den Hurst Exponenten H für diese Struktur zu ermitteln. Gemäß Gleichung 3.42 ergibt sich für $\beta = 7/3$ der Wert von $H = 2/3$. Dieser Wert für die fraktale Dimension einer statischen Wolke wurde bereits in recht vielen turbulenten Phänomenen experimentell nachgewiesen ([Sree91]), insbesondere in Wolkenstrukturen ([LoMa85]).

4.1.1 Was ist ein Wirbel?

In der o.g. Theorie wird ein Wirbel (Englisch *eddie*) als eine lokale Inhomogenität oder Störung des Geschwindigkeitsfeldes definiert, welche mit einer charakteristischen Größe λ und einer charakteristischen Geschwindigkeit u_λ assoziiert wird. Die Bezeichnung „lokale Störung" bedeutet, daß ein Wirbel mit einer momentanen Position auch in dem Fall assoziiert ist, wo diese Position sich ständig ändert, unbekannt oder uninteressant sein sollte. Der Term „Wirbel" erinnert an eine zyklische Bewegung, obwohl die hier gemeinten Störungen nicht zwingend eine Rotation aufweisen müssen. Auf der anderen Seite, wenn spektrale Turbulenztheorie und Frequenzspektren benutzt werden, wird ein Wirbel mit einer Wellenlänge des entsprechenden Spektrums gleichgesetzt ([FrMo77], pp. 109-111). In dem hier interessierenden Fall der diskreten Fourier-Transformation wird ein Wirbel der Größe λ mit dem Spektrumkoeffizienten der Frequenz $1/\lambda$ gleichgesetzt, wobei die Amplitude bzw. Energie an der gesuchten Stelle gleich der Wirbelamplitude bzw. -energie gesetzt wird.

Zwischen den beiden Repräsentationen existiert ein signifikanter Unterschied: Ein Fourier-Koeffizient stellt, per Definition, einen Mittelwert dar, der gebildet wird durch alle Wirbel der gegebenen Größe, unabhängig davon, wo innerhalb des turbulenten Feldes sie sich befinden. Auf der anderen Seite stellt ein Fourier-Koeffizient eine plane sinusförmige Welle dar, die entlang der Verbindungslinie vom Nullpunkt zum Koeffizienten fortschreitet. Deshalb hat ein Fourier-Koeffizient den Sinn einer Amplitude und einer Richtung, nicht aber einer Position im Euklidischen Raum und kann deshalb lokale singuläre Inhomogenitäten, wie oben gefordert, nicht wiedergeben. Ein Wirbel wird eher mit einem Wellenpaket als mit einer einzigen Frequenz assoziert werden (siehe [FrMo77], pp. 133-146 für eine detaillierte Diskussion). Dennoch kann ein zufälliges Feld, wie das hier beschriebene turbulente Feld, als eine Reihe von überlagerten Sinuswellen mit zufälliger Amplitude und Phase dargestellt werden. Deshalb ist die Gleichsetzung eines Wirbels mit einer Frequenz des Spektrums im Rahmen der spektralen Turbulenztheorie möglich und erlaubt ([FrMo77], pp. 96-106) und wird im Rahmen dieser Arbeit angewendet.

4.2 Zeitvariante Fraktale im Frequenzbereich

Die im vorherigen Abschnitt vorgestellte spektrale Turbulenztheorie eignet sich sehr gut für eine Implementierung mit Hilfe der spektralen Synthese. Im Grunde genommen war dies eine der wichtigsten Ursachen für den Einsatz der spektralen Synthese als Modellierungstechnik. Im nächsten Abschnitt wird deswegen das Turbulenzmodell vorgestellt, das aus der o.g. Theorie hergeleitet wird, und im darauf folgenden Abschnitt wird seine computergraphische Umsetzung präsentiert.

4.2.1 Das verwendete Turbulenzmodell

In Anlehnung an die spektrale Turbulenztheorie wird ein turbulentes Feld als die simultane Existenz und Überlagerung von Fourier-Wellen unterschiedlicher Wellenlänge aufgefaßt, jede Welle mit einer eigenen, für ihre Wellenlänge charakteristischen Geschwindigkeit. Somit wird der Begriff Wirbel einem Koeffizienten des Fourier-Spektrums gleichgesetzt ([Saka92a], [Saka92b]).

Die Geschwindigkeit des Feldes wird als die Überlagerung zweier Komponenten angesehen: Einer translativen Geschwindigkeit $\bar{u}$, welche auch Windgeschwindigkeit genannt wird, und einer fluktuierenden Geschwindigkeit u'. Die Windgeschwindigkeit und -richtung werden vom Benutzer eingestellt und können während einer Animation ständig verändert werden. Die Beträge der fluktuierenden Geschwindigkeit u' folgen dem Kolmogorov Spektrum und ihre Richtungen sind in $[0, 2\pi)$ zufällig verteilt. Der Betrag dieser Geschwindigkeit kann ebenfalls während der Animation variiert werden, jedoch nicht die Richtung der einzelnen Komponenten. Diese Richtungen werden während der Initialisierungsphase mit Hilfe eines Zufallsgenerators definiert und bleiben während der Animation konstant.

Implementiert wird nur der Teil des Turbulenzspektrums, der mit Hilfe der Kolmogorov Theorie beschrieben werden kann, d.h. der Bereich (b) in Abb. 4.1 oder der rechte Teil des auf Abb. 4.2 abgebildeten Spektrums. Das bedeutet, daß es eine maximale Größe L für die größten Wirbel gibt, welche der abgebildeten Minimalfrequenz k_e entspricht. Wirbel, deren Wellenlänge größer als L ist, erfahren nur eine translative Verschiebung und keine Strukturänderung. Dementsprechend muß die Geschwindigkeit u_L der größten Wirbel angegeben werden. Beide Parameter werden vom Benutzer eingestellt. Dies wird auch auf Abb. 4.3 deutlich.

Die Parameter des Modells können in drei Gruppen unterteilt werden: Strukturparameter, Animationsparameter und Visualisierungsparameter. Die drei folgenden *Strukturparameter* definieren das Aussehen einer statischen Wolke:

- Die fraktale Dimension D (Exponent β)
- Die Granularität G

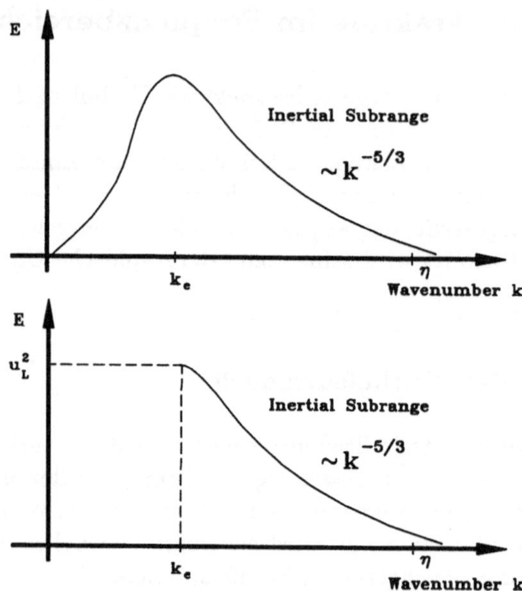

Abb. 4.3. Kolmogorov Spektrum (oben) und die Approximation des *inertial subrange* (unten)

- Die Initialnummer S.

Die Initialnummer S ist die Startnummer für den verwendeten Pseudo-Zufallszahlengenerator und hat deshalb großen praktischen, aber keinen physikalischen Wert. Gleiche Startnummern führen zu den identischen Grundstrukturen für die Startwolke.

Die Fraktale Dimension H beeinflußt die Rauheit der Wolke, siehe auch Abs. 3.2. Je niedriger der Wert für H, desto rauher erscheint die Wolke, wie dies auf Abb. 3.6 zu sehen ist.

Der Faktor G beeinflußt die Granularität der Wolke. Bei der spektralen Synthese werden alle Wellen, deren Frequenz kleiner G ist, mit Hilfe eines Tiefpasses auf Null gesetzt. Somit wird die hochfrequente Struktur der Wolke betont, siehe auch Abb. 3.8.

Die vier *Animationsparameter*, die das Aussehen der turbulenten Bewegung bestimmen, sind:

- Windvektor **u**
- Größe der größten Wirbel L
- Geschwindigkeit der größten Wirbel u_L
- Exponent des Kolmogorov Spektrums κ.

Die Windstärke und -richtung geben die translative Verschiebung an, die allen Wellen überlagert wird. Ihre Erhöhung bewirkt, daß die Wolken sich schneller bewegen. Eine übermäßige Erhöhung generiert dabei eine unnatürliche sprunghafte Bewegung.

Die Größe L gibt an, wie groß die größten Strukturen sind, die turbulent bewegt werden sollen. Ein kleines L bewirkt eine Turbulenz mit lokalem Charakter: Große Strukturen im Bild bleiben in ihrer Form bestehen, nur kleinere Strukturen am Rand der großen ändern ihre Form. Ein großes L dagegen bewirkt, daß auch große Bildstrukturen ihre Form turbulent ändern. Die Geschwindigkeit u_L ist dabei ein Skalierungsfaktor, der die Geschwindigkeit dieser Änderung angibt: Bei einem kleinen u_L findet diese Formänderung langsam statt, bei einem großen u_L dementsprechend schneller. Somit bestimmt u_L die "Heftigkeit" der Turbulenz.

Nach der spektralen Turbulenztheorie besitzt der Exponent des Kolmogorov Spektrums den Wert $\kappa = -5/3$, was auch experimentell nachgewiesen wurde. Dennoch ist es im Rahmen einer computergraphischen Implementierung möglich, auch diesen Exponenten nach den Wünschen des Benutzers variieren zu lassen, auch wenn eine solche Variation keine physikalische Interpretation oder Berechtigung hat. Die optische Wirkung dieser Variation kann vielleicht am besten als „Turbulenzität“ bezeichnet werden: Je kleiner der Exponent, desto zufälliger und chaotischer wird die Bewegung. Mit anderen Worten, κ bestimmt den Grad der Unordnung der Turbulenz. Das wird ersichtlich, wenn man bedenkt, daß κ die Steigung des exponentiellen Abfalls bestimmt. Kleine Werte von κ erhöhen daher die Amplituden der höheren Frequenzen und verstärken gleichzeitig die in der Turbulenz erhaltene Energie (vergleiche Gleichung 3.38), so daß die Bewegung chaotischer erscheint. Große Werte dagegen betonen den Tiefpaß-Charakter des exponentiellen Abfalls: Die Amplituden der hohen Frequenzen, und somit die Beiträge von zufälligen Schwingungen, werden gedämpft, die im Spektrum erhaltene Energie nimmt ab, die Bewegung wirkt mehr geordnet und weniger zufällig oder chaotisch.

Leider kann die Wirkung dieser Parameter mit Photographien nur mangelhaft präsentiert werden. Eine Demonstration der Wirkung aller Parameter wird auf einem Videoband gezeigt.

Die vier *Visualisierungsparameter* beeinflussen das Aussehen des Fraktals und sind:

- Mittelwert $\bar{f}$
- Mittelwertinkrement $\Delta\bar{f}$
- Kontrast r
- Kontrastinkrement Δr.

Die Generierung des Fraktals ist ein stochastischer Prozess, dessen Mittelwert durch $\bar{f}$ angegeben wird. Nach Gleichung 3.36 entspricht dieser Wert dem Spektrumkoeffizienten $F(0,0)$ und gibt die mittlere Dichte der generierten

Wolke an. Große Werte resultieren in eine größere Dichte, kleinere Werte haben eine dünne Wolke zur Folge. Zwischen zwei Frames kann dieser Mittelwert um einen Betrag $\Delta \bar{f}$ variiert werden, was den Anschein einer kondensierenden oder sich auflösenden Wolke hervorruft (siehe Abb. 4.4).

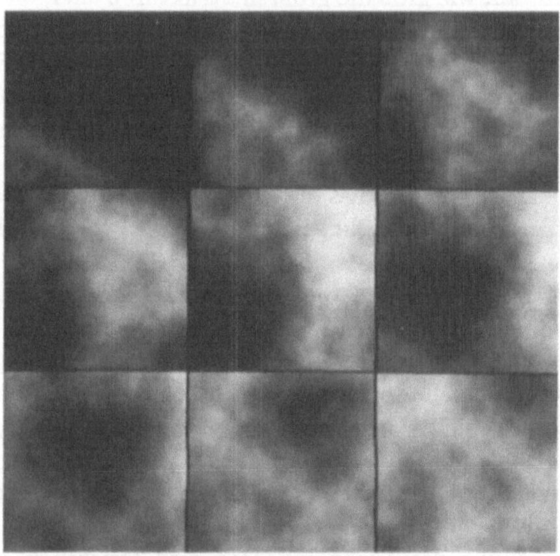

Abb. 4.4. Variation des Mittelwertes f während der Animation einer 2D Wolke. Der Mittelwert wird von links oben nach rechts unten angehoben, was den Anschein einer kondensierenden Wolke hervorruft – siehe auch Abb. 9.3 auf Seite 236

Nach Gleichung 3.50 hängt die Varianz eines Fraktals, welches ein Spektrum vom Typ $r/f_{\mathbf{u}}^{\beta}$ aufweist, von r ab. Obwohl die Summe $\sum_{u_1=1}^{N_1-1} \cdots \sum_{u_n=1}^{N_n-1} f_{\mathbf{u}}^{-(2H+n)}$ sich analytisch nicht bestimmen läßt, kann die Varianz eines gegebenen Fraktals bei Gleichhaltung aller anderen Parameter obiger Summe über die Änderung von r gesteuert werden. Da die Varianz ein Maß für die Streuung der Werte des Zufallsprozesses um den Mittelwert darstellt, liefert sie einen Maßstab für den Kontrast des Bildes, siehe Abb. 4.7. Wiederum kann der Kontrast zwischen zwei Frames um einen konstanten Faktor Δr angehoben oder reduziert werden.

4.2.2 Die Realisierung

Am Anfang wird eine statische Wolke generiert. Zu diesem Zweck wird mit Hilfe der im Abs. 3.4.2 beschriebenen Methode der direkten Spektrumangabe ein Spektrum generiert, mit Amplitude proportional zu $1/f^{\beta/2}$ und zufälligen gleichverteilten Phasen. Diese fraktale Wolke stellt die Startkonstellation oder die erste statische Wolke dar. Als Hurst Exponent wurde ein Wert von $H \approx 0.7$ benutzt, da dieser Wert sowohl häufig in der Natur vorkommt ([Mand83],

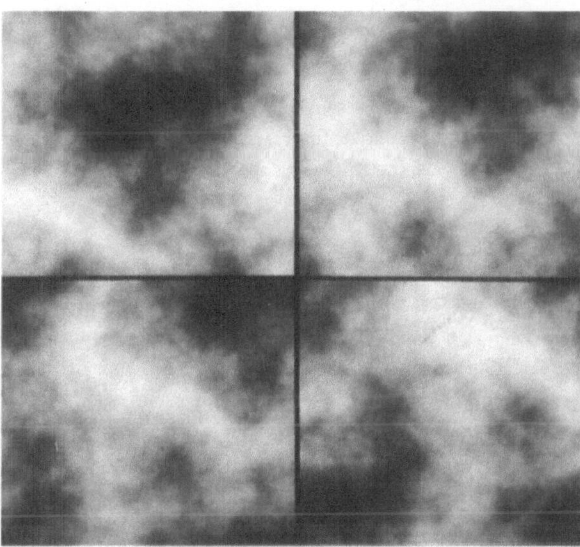

Abb. 4.5. Turbulente Animation einer Wolke; die Windrichtung ist von unten links nach oben rechts. Die Wolke ist periodisch, d.h. Strukturen, die am rechten oder oberen Rand den Bildauschnitt verlassen, werden am linken bzw. unteren Rand wieder sichtbar – siehe auch Abb. 9.2 links auf Seite 236

[LoMa85]), als auch mit experimentellen Ergebnissen ([Sree91]) und theoretischen Berechnungen (Gleichung 4.8) übereinstimmt.

Das turbulente Feld in seiner Fourier-Repräsentation wird als die Superposition einer translativen Verschiebung einerseits, andererseits als die Überlagerung aller Wirbel oder sinusförmigen Wellen angesehen, wobei die translative Windgeschwindigkeit gleichermaßen auf allen Wellen, die turbulente Bewegung nur für Wellen mit einer Wellenlänge kleiner L wirkt. Deshalb kann eine Animation des Gesamtfeldes über eine Animation jeder einzelnen Frequenz erfolgen.

Die translative Geschwindigkeit $\bar{u}$ wirkt gleichermaßen auf alle Wellen des Fourier-Spektrums und bewirkt eine reine Verschiebung des Feldes entlang der „Windrichtung" und mit der „Windgeschwindigkeit", ohne die Struktur des Feldes zu verändern. Gemäß der Gleichung 3.35 entspricht eine Translation im Euklidischen Raum einer Phasenverschiebung im Fourier-Raum. Deshalb resultiert die translative Windgeschwindigkeit $\bar{u}$ in einer Phasenverschiebung in Abhängigkeit von der Frequenz $f_{\mathbf{u}}$:

$$\Delta\phi_{f,\bar{u}} = \frac{\bar{u}2\pi f_{\mathbf{u}}}{N} \tag{4.10}$$

Dabei muß beachtet werden, daß jeder Koeffizient eine ebene Welle darstellt, die sich nur entlang der Verbindungsstrecke vom Nullpunkt fortpflanzen kann. Für jeden Koeffizient, der zum unabhängigen Bereich B des Spektrums gehört (siehe Abb. 3.11), wird $\bar{u}$ zuerst auf die Wellenrichtung projiziert, und diese Projektion wird dann mit Hilfe von Gleichung 3.35 in eine entsprechende Phasen-

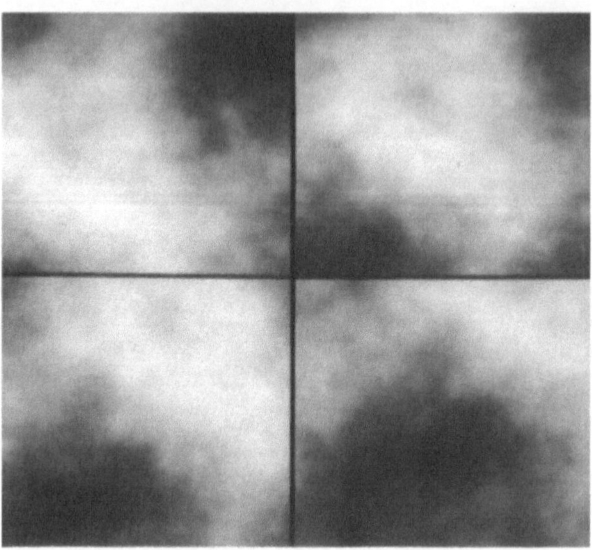

Abb. 4.6. Turbulente Animation einer Wolke; die Windrichtung ist von unten links nach oben rechts. Die Wolke ist *nicht periodisch*, d.h. Strukturen, die am rechten oder oberen Rand den Bildauschnitt verlassen, werden nicht am linken bzw. unteren Rand wieder sichtbar – siehe auch Abb. 9.2 rechts auf Seite 236

Abb. 4.7. Variation des Mittelwertes (oben) und des Kontrastes (unten) einer 2D Wolke. In beiden Fällen nehmen die Werte von links nach rechts zu

verschiebung umgerechnet, die auf die Phase der Welle aufaddiert wird. Diesen Vorgang verdeutlicht Abb. 4.8. Die so berechneten Phasenverschiebungen bleiben konstant, solange die Windstärke oder die Windrichtung sich nicht ändern, können deshalb während eines Initialisierungsschrittes vorberechnet und in eine Tabelle gespeichert werden. Dies bringt Rechen- und Zeitvorteile. Der Betrag der Phasenverschiebung ist:

$$\Delta\phi_{f,\bar{u}} = \frac{\bar{u}2\pi f_{\mathbf{u}}}{N}\cos(\mathbf{u},\mathbf{f}) \tag{4.11}$$

wobei N die Auflösung des Bildes ist und die Geschwindigkeit in Bildpunkte pro Frame ausdrückt wird. Dadurch erfordert eine Animation die Addition einer entsprechenden Phasendifferenz zu jedem Koeffizienten des Spektrums und die Rücktransformation des Ergebnisses mit Hilfe von FFT^{-1}.

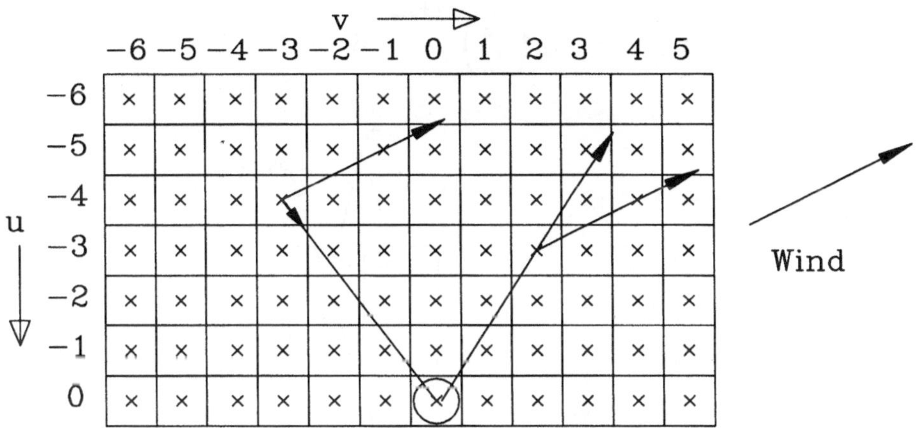

Abb. 4.8. Projektion des Windvektors auf die Fortpflanzungsrichtung einer Welle

Ungleich der translativen Geschwindigkeit $\bar{u}$ hat eine fluktuierende Geschwindigkeit $\mathbf{u}'$ per Definition sowohl eine zufällige Größe als auch eine zufällige Richtung. Daher kann nur der Beitrag der Turbulenzgeschwindigkeit, der parallel zur Fortpflanzungsrichtung liegt, von der Welle „getragen" werden, siehe Abb. 4.9. Um das turbulente Geschwindigkeitsfeld zu generieren, wird an jeder Stelle der auf Abb. 3.11 für den 2D Fall gezeigten unabhängigen Koeffizienten f(u,v) aus dem Bereich B, welche eine Wellenlänge größer L aufweisen, ein Geschwindigkeitsvektor generiert, dessen Betrag von dem Kolmogorov Spektrum berechnet und dessen Richtung zufällig im Bereich $[0, 2\pi)$ gewählt wird.

$$\begin{aligned} u'_f &= u_L \left(\frac{f_{\mathbf{u}}}{f_L}\right)^{-\frac{\kappa+n-1}{2}} = u_L \left(\frac{\sqrt{f_1^2+\ldots+f_n^2}}{f_L}\right)^{-\frac{\kappa+n-1}{2}}, \quad f_{\mathbf{u}} \geq f_L \\ \phi_f &= 2\pi * \text{random} \end{aligned} \tag{4.12}$$

Im obigen Fall hängt der Betrag des Vektors $\mathbf{u}'$ nur von der Frequenz f ab, wobei die Richtung jeder Komponente zufällig verteilt ist. Diese Verteilung stellt einen Sonderfall des Kolmogorov Spektrums dar, das eine exponentielle

Verteilung der Geschwindigkeitskomponente definiert. Jedoch wurde im Abs. 3.4.2 gezeigt, daß für statische Bilder eine konstante Amplituden- und eine stochastische Phasenverteilung zu guten Bildern führen. Der gleicher Effekt wurde auch für bewegte Bilder festgestellt, so daß der o.g. Sonderfall wegen seiner Einfachheit implementiert wurde.

Dieser Vektor $\mathbf{u}'$ wird in zwei Komponenten zerlegt, eine entlang der entsprechenden Fortpflanzungsrichtung der Welle und eine senkrecht dazu.

$$\begin{aligned} u'_{\|} = u'\cos(\mathbf{u}',\mathbf{f}) &= u_L \left(\frac{f_{\mathbf{u}}}{f_L}\right)^{-\frac{\kappa+n-1}{2}} \cos(\mathbf{u}',\mathbf{f})\ , \quad f_{\mathbf{u}} \geq f_L \qquad (4.13) \\ u'_{\perp} = u'\sin(\mathbf{u}',\mathbf{f}) &= u_L \left(\frac{f_{\mathbf{u}}}{f_L}\right)^{-\frac{\kappa+n-1}{2}} \sin(\mathbf{u}',\mathbf{f}) \end{aligned}$$

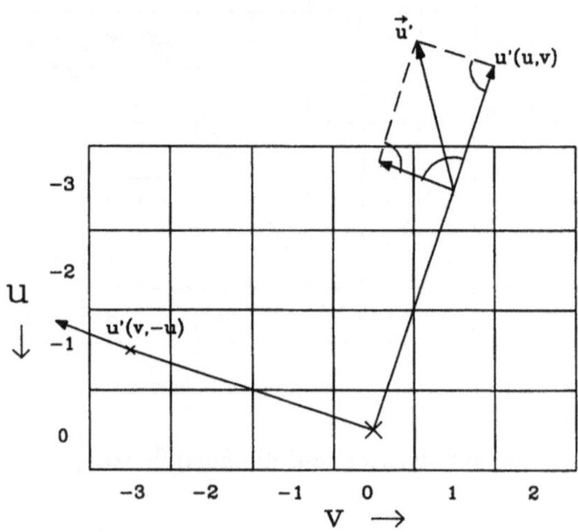

Abb. 4.9. Zerlegung der Turbulenzgeschwindigkeit in zwei Komponenten

Die der Frequenz parallele Komponente wird dem Koeffizienten f(u,v), die senkrechte Komponente dem Koeffizienten f(v,-u) zugeordnet. Beide Koeffizienten f(u,v) und f(v,-u) bilden zusammen eine Struktur, die sich entlang der durch den Geschwindigkeitsvektor $\mathbf{u}'$ gegebenen Richtung und mit seiner Geschwindigkeit u' bewegt.

Im zweidimensionalen Fall kann die Geschwindigkeitskomponente $u'(u,v)$ als Phasenverschiebung $\Delta\phi_{f,\mathbf{u}'}$ ausgedrückt werden:

$$\Delta\phi_{f,\mathbf{u}'} = \frac{u_L(f_{\mathbf{u}}/f_L)^{-\frac{\kappa+n-1}{2}}\ 2\pi f_{\mathbf{u}}}{N}\ , \qquad f_{\mathbf{u}} \geq f_L \qquad (4.14)$$

Jede der zwei Komponenten wird mit Hilfe der Gleichung 4.14 in eine Phasenverschiebung umgerechnet, die dann auf die Phase des jeweiligen Koeffizienten aufaddiert wird:

$$\begin{aligned} \Delta\phi_{f,u'}(u,v) &= \frac{u_L(f_{\mathbf{u}}/f_L)^{-\frac{\kappa+n-1}{2}}\,2\pi f_{\mathbf{u}}}{N}\cos(\mathbf{u}',\mathbf{f})\;, \qquad f_{\mathbf{u}} \geq f_L \quad (4.15)\\ \Delta\phi_{f,u'}(v,-u) &= \frac{u_L(f_{\mathbf{u}}/f_L)^{-\frac{\kappa+n-1}{2}}\,2\pi f_{\mathbf{u}}}{N}\sin(\mathbf{u},\mathbf{f}) \end{aligned}$$

Solange u_L nicht geändert wird, bleiben die gerechneten Phasenverschiebungen konstant, so daß sie ebenfalls während eines Initialisierungsschrittes berechnet und in eine Tabelle gespeichert werden können. Während der Animation muß dann nur der Tabellenwert ausgelesen und zu der Wellenphase aufaddiert werden, was Rechen- und Zeitersparnis bedeutet. Bei einer Änderung der Turbulenzgeschwindigkeit u_L müssen die Einträge der Tabelle nur neu skaliert werden, was ebenfalls nur wenig Zeit erfordert. Eine Neukalkulation der Tabelle ist nur dann nötig, wenn der Benutzer die zufälligen Richtungen der Geschwindigkeitsvektoren u(u,v) neu bestimmen will. In [Tsch90] pp. 77 wird gezeigt, daß die Anwendung einer solchen Phasenverschiebung die gleichverteilte Phasenverteilung nicht ändert. Folglich sind alle Folgebilder einer Sequenz ebenfalls Fraktale, die die gleichen Statistiken und das gleiche Aussehen wie das Startbild der Sequenz besitzen.

Eine Erweiterung der hier vorgestellten Methoden auf 3D erfordert lediglich nur die Generierung von dreidimensionalen Spektren und die Anwendung einer 3D-FFT, und ist somit trivial.

4.3 Zeitvariante Fraktale im Ortsbereich

Wie bereits im Abs. 2.2.4 und 3.5 erwähnt wurde, ist die Rescale-and-Add eine der wenigen existierenden Methoden, die eine turbulente Bewegung simulieren können. Das Prinzip dieser Erweiterung läßt sich auf Taylors „Hypothese der gefrorenen Turbulenz“ (*frozen turbulence hypothesis*) übertragen (siehe dazu [Panc71], [FrMo77] sowie Abs. 4.1). Diese Hypothese besagt im wesentlichen, daß die räumliche und die zeitliche Struktur der Turbulenz bis auf einen Skalierungsfaktor identisch sind. Demzufolge kann man eine Reihe von n-dimensionalen Turbulenzfeldern gewinnen, indem man „Scheiben“ aus einem n+1-dimensionalen Feld extrahiert. Abb. 4.11 verdeutlicht diesen Vorgang. Somit wird eine zeitliche Variation durch eine örtliche Variation emuliert:

$$V_H(\mathbf{x},t) = \sum_{k=k_0}^{k_1} \frac{1}{r^{kH}} S(r^k(\mathbf{x},\ t * \Delta t)) \tag{4.16}$$

wobei t die Zeit und Δt die turbulente Geschwindigkeit pro Zeiteinheit ist. Δt bestimmt dabei die Geschwindigkeit, mit der diese Veränderung stattfindet und kann deshalb mit der „Abspielgeschwindigkeit“ eines virtuellen Videorecorders, welcher mit der translativen Windgeschwindigkeit mit der Strömung mitwandert, verglichen werden. Saupe schlägt darüber hinaus vor, diese Scheiben uneben zu machen durch die Verwendung einer zweiten fraktalen Funktion. Dies läßt die Wolken noch turbulenter erscheinen.

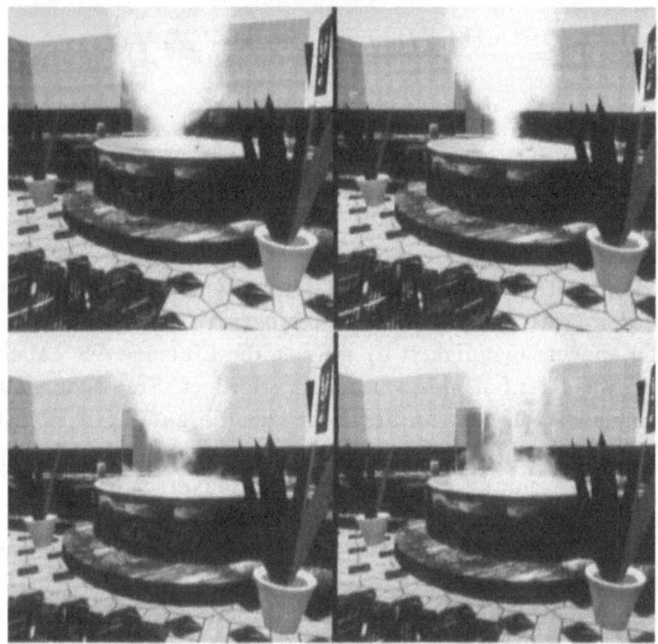

Abb. 4.10. Dreidimensionale Turbulenz, Erweiterung der spektralen Methode um die dritte Dimension – siehe auch Abb. 9.8 und 9.9 auf Seite 239 sowie Abb. 9.10 auf Seite 240

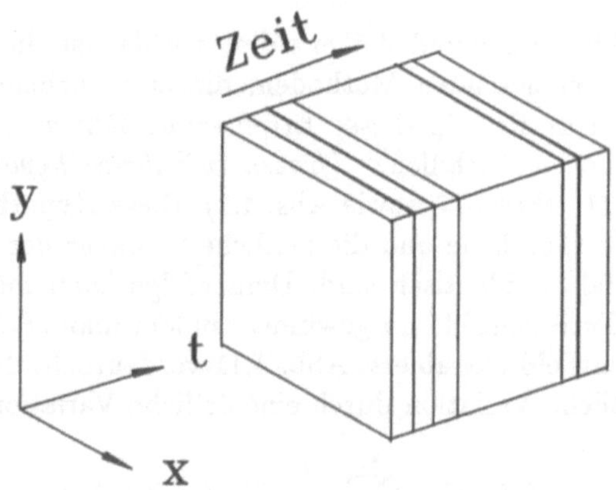

Abb. 4.11. Die „Scheiben" Methode zur Simulation turbulenter Bewegung

Die Windgeschwindigkeit und -richtung bewirken eine reine translative Bewegung der Wolke. Diese wird erreicht durch die Addition eines konstanten, frei wählbaren Faktors zu den Argumenten der Rauschen-Funktion bei jeder neuen Berechnung des Fraktals:

$$V_H(\mathbf{x},t) = \sum_{k=k_0}^{k_1} \frac{1}{r^{kH}} S(r^k(\mathbf{x} + t * \mathbf{w},\ t * \Delta t)) \tag{4.17}$$

wobei t die Sequenznummer (Zeit) des Bildes und $\mathbf{w}$ der Windvektor ist. Die Richtung der Translation ist entgegengesetzt zu der Richtung des Windvektors, wobei die Geschwindigkeit vom Betrag des Vektors abhängt. Aus der Formel wird ersichtlich, daß diese Translation gleichermaßen auf allen Summationsstufen wirkt, ohne dabei die Struktur der Wolke zu verändern.

Leider ist die hier vorgeschlagene Methode rein heuristisch. Sie ist das Ergebnis einer empirischen Erfahrung und basiert nicht auf einem fundierten Turbulenzmodell. Deshalb kann diese Vorgehensweise von den Benutzern schlecht verstanden werden. Im Rahmen dieser Arbeit wurde die Methode von Saupe dem bereits vorgestellten Turbulenzmodell angepaßt.

Ein wesentlicher Unterschied zwischen unserer Implementierung und der von Saupe und anderen besteht in der Definition des Turbulenzspektrums. Die „Scheibenmethode" benutzt das identische Spektrum für die örtliche Struktur und die zeitliche Variation der Wolke. Dieses $1/f^\beta$ Spektrum ist auf Abb. 4.12 oben zu sehen. Jedoch ist das von uns verwendete Spektrum zu dem $1/f^\beta$ Spektrum nur für Frequenzen oberhalb einer bestimmten Grenzfrequenz k_e vergleichbar, wie auf Abb. 4.12 Mitte und unten zu sehen ist. Die Verwendung des ersten Spektrums bedeutet, daß die größten Wirbel immer und zwangsläufig so groß wie das Fraktal selbst sind, beim zweiten Spektrum ist die Wirbelgröße dagegen frei wählbar. Desweiteren ist der Spektrumexponent β sowohl für die örtliche als auch für die zeitliche Struktur des Fraktals zuständig. Auch wenn dies eine gewisse physikalische Begründung und Berechtigung hat, erscheint jedoch eine solche Restriktion im Rahmen der generativen Computergraphik als zu streng. Vielmehr ist es vorteilhaft, dem Benutzer bei den von ihm gewünschten Parametern freie Wahl zu lassen.

Die Methode für die Veränderung der Wirbelgröße L kann folgendermaßen verdeutlicht werden: Strukturen, deren Wellenlänge größer als L sind, sollen ihre Form beibehalten und entweder gar nicht oder nur rein translativ bewegt werden. Diese Strukturen werden durch die ersten Summenglieder der Summe 4.17 angegeben, d.h. sie werden mit dem niedrigen Koeffizienten k_0 assoziiert. Das bedeutet, daß beim „Ausschneiden" der nächsten Scheibe diese Summationsglieder unverändert bleiben müssen, anders gesagt, sie müssen immer aus der ersten Zeitscheibe stammen. Im Gegensatz zu der von Saupe angegebenen Gleichung 4.17 ist jetzt die neue Gleichung:

$$V_H(\mathbf{x},t) = \begin{cases} \sum_{k=k_0}^{k_e-1} \frac{1}{r^{kH}} S(r^k(\mathbf{x} + (t-t_0) * \mathbf{w},\ T)), & k < k_e \\ \sum_{k=k_e}^{k_1} \frac{1}{r^{kH}} S(r^k(\mathbf{x} + (t-t_0) * \mathbf{w},\ (t-t_0) * \Delta t + T)), & k \geq k_e \end{cases} \tag{4.18}$$

wobei t_0 die Anfangszeit und T die anfängliche Zeitverschiebung repräsentiert. Der Einfachheit halber werden wir im folgenden ohne Einschränkung der Allgemeinheit beide Werte auf 0 setzen. k_e bestimmt dabei die Frequenz der größten

Wirbel und Δt ihre Geschwindigkeit u_L. Somit wird die Übereinstimmung mit den Parametern des Turbulenzmodells erreicht.

Als weitere Erweiterung der von Saupe vorgeschlagenen Funktion kann man entlang jeder Richtung eine andere, individuelle fraktale Dimension einstellen. Im Bereich der rechnergenerierten Animation werden oft Phänomene gewünscht, welche eine Anisotropie in einer Richtung zeigen. Als typisches Beispiel hierzu kann man die Erscheinung von windgetriebenen Cirrus-Wolken erwähnen, welche eine streifenförmige oder auch nadelförmige Struktur entlang der Windrichtung zeigen. Eine solche Anisotropie kann durch die Skalierung des Fraktals im Ortsbereich erzielt werden. Leider stellt diese Methode nur eine eingeschränkte Lösung des Problems dar, da z.B. bei einer Änderung der Windrichtung diese Skalierung ebenfalls adäquat geändert werden muß. Wir haben uns entschlossen, die Funktion dahingehend zu erweitern, daß die Werte des Fraktals gleich anisotropisch generiert werden ([SaWe92]). Mit Hilfe eines Skalierungsvektors $\boldsymbol{\mu} = (\mu_1, \cdots \mu_n)$ wird der Laufexponent bei der Summation entlang nicht nur der zeitlichen, sondern jeder Richtung unterschiedlich skaliert:

$$V_H(x_1, \ldots, x_n) = \sum_{k=k_0}^{k_1} \frac{1}{r^{kH}} S(r^{k\mu_1} x_1, \ldots, \; r^{k\mu_n} x_n) \tag{4.19}$$

Diese Skalierung bewirkt eine Änderung des Hurst Exponenten H, und daher auch der fraktalen Dimension D, entlang der jeweiligen Achse:

$$H_i' = \frac{\log(r^{kH})}{\log(r^{k\mu_i})} = \frac{kH \log(r)}{k\mu_i \log(r)} = \frac{H}{\mu_i}, \qquad i \in (x_1, \ldots, x_n) \tag{4.20}$$

Dadurch kann die fraktale Dimension entlang einer Achse unabhängig von allen anderen variiert werden. Optisch ausgedrückt bewirkt eine Skalierung mit Werten von μ_i größer Eins eine streifenförmige Erscheinung entlang der i-Achse. Dieser Effekt kann auf Abb. 4.13 beobachtet werden.

Ferner sollte man beachten, daß bei einer Skalierung mit $\boldsymbol{\mu}$ die Summationsgrenzen 3.15 und 3.14 wie folgt geändert werden müssen:

$$\begin{aligned} r^{k_0^i \mu_i} * N &= M \;\Rightarrow\; k_0^i = \frac{\log(\frac{M}{N})}{\mu_i \log(r)}, \quad M < N \\ r^{k_1^i \mu_i} * \delta &= 1 \;\Rightarrow\; k_1^i = \frac{\log(\frac{1}{\delta})}{\mu_i \log(r)} \end{aligned} \tag{4.21}$$

Im Falle von unterschiedlichen Grenzen k_0 und k_1 entlang unterschiedlicher Achsen, müssen, um Abtastfehler zu vermeiden, die jeweils maximalen Werte benutzt werden.

Um entlang der Zeitachse ein anderes Spektrum als das für die Ortsstruktur verwendete $1/f_{\mathbf{u}}^{\beta}$ zu benutzen, muß entlang dieser Achse der Exponent und dadurch die fraktale Dimension geändert werden. Das wird durch eine geeignete Einstellung des Wertes μ_t für alle Strukturen, deren Frequenzen oberhalb der Grenzfrequenz k_e liegen, erreicht:

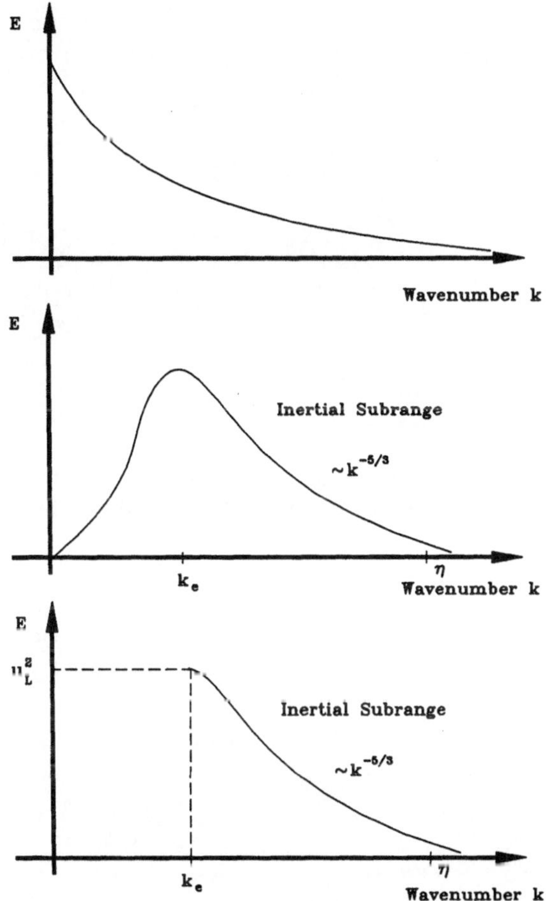

Abb. 4.12. Vergleich des $1/f^{\beta}$ Spektrums (oben), des gemessenen Spektrums (Mitte) und der verwendeten Approximation (unten)

$$V_H(\mathbf{x},t) = \begin{cases} \sum_{k=k_0}^{k_e-1} \frac{1}{r^{kH}} S(r^k(\mathbf{x} + \ t * \mathbf{w}, 0)), & k < k_e \\ \sum_{k=k_e}^{k_1} \frac{1}{r^{kH}} S(r^k(\mathbf{x} + \ t * \mathbf{w}), r^{k\mu_t}(t * \Delta t)), & k_n \geq k_e \end{cases} \tag{4.22}$$

Selbstverständlich können gleichzeitig zu der Zeitachse die fraktalen Dimensionen aller anderen Achsen ebenfalls variiert werden, wie das in Gleichung 4.23 gezeigt wird. Auf Abb. 4.14 kann man die gleichzeitige Manipulation der Granularität und der Anisotropie beobachten.

Ein anderes charakteristisches Beispiel für die Anwendung anisotroper und frequenzabhängiger Fraktale ist die Generierung von Flammen in 2D oder 3D. Flammen können eine „klumpige“ Form haben (z.B. Explosionsflammen) oder auch eine streifen- oder nadelförmige Erscheinung (z.B. Holzverbrennungsflam-

Abb. 4.13. Variation von μ_x entlang der x-Richtung. Die benutzten Werte sind (von links oben nach rechts unten): 1.0, 1.2, 1.4, 1.6, 1.8, 2.0 – siehe auch Abb. 9.4 auf Seite 237

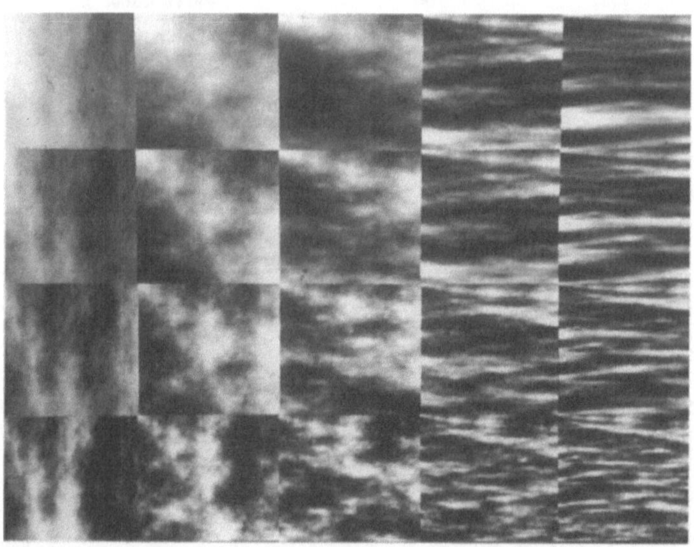

Abb. 4.14. Gleichzeitige Manipulation der Granularität M und der Anisotropie μ_y. M nimmt von links nach rechts zu, μ_y nimmt von oben nach unten ab – siehe auch Abb. 9.5 auf Seite 237

men). Zusätzlich erscheinen Flammen dichter und undurchsichtiger in der Gegend der Feuermitte, wobei streifenförmige „Zungen" sich nach oben bewegen, sich von der Feuermitte lösen und turbulent aufsteigen. Die Farbe variiert dabei von Gelb in der Feuermitte über Orange nach Rot. Ferner kann man beobachten, daß die Feuermitte mehr oder weniger ortsstabil erscheint und nur ihre

Form turbulent ändert, wobei die Feuerzungen neben der Turbulenz auch eine deutliche Aufwärtsbewegung zeigen. Alle diese Effekte können mit einem einzigen Fraktal generiert werden. Zuerst wird gefordert, daß das Maximum des Zufallsgitters an dem Mittelpunkt des Feuers liegt. Dies kann durch eine einfache Translation des Definitionsbereiches erreicht werden. Um einen ortsstabilen Feuerkern und turbulent aufsteigende Flammen zu modellieren, wird translative Bewegung und turbulente Strukturänderung nur auf Summanden angewendet, die größer als eine gegebene Schranke sind:

$$V_H(x,y,z,t) = \begin{cases} \sum_{k=k_0}^{k_e-1} \frac{1}{r^{kH}} S(r^{k\mu_x}x,\ r^{k\mu_y}y,\ r^{k\mu_z}z,\ 0)), & k < k_e \\ \sum_{k=k_e}^{k_1} \frac{1}{r^{kH}} S(r^{k\mu_x}x,\ r^{k\mu_y}(y+tW_y),\ r^{k\mu_z}z,\ r^{k\mu_t}t\Delta t), & k \geq k_e \end{cases} \tag{4.23}$$

Somit werden nur diese Strukturen turbulent nach oben bewegt. Die streifenförmige Erscheinung der Flammen kann zusätzlich durch den Parameter μ eingestellt werden. Zu beachten ist, daß die Colorierung des Fraktals extrem wichtig für eine realistische Erscheinung ist. Abb. 4.15 zeigt ein Beispiel für die Modellierung von Flammen: In der oberen Reihe wird ein μ_y von Eins benutzt, in der unteren Reihe $\mu_y = 1.4$. Demzufolge zeigen unten die Flammen eine deutliche Vorzugsrichtung. Desweiteren kann beobachtet werden, daß in beiden Fällen der Mittelpunkt des Feuers ortsstabil erscheint. Eine turbulente Variation seiner Grenzen wird durch die Überlagerung mit den restlichen Strukturen erreicht.

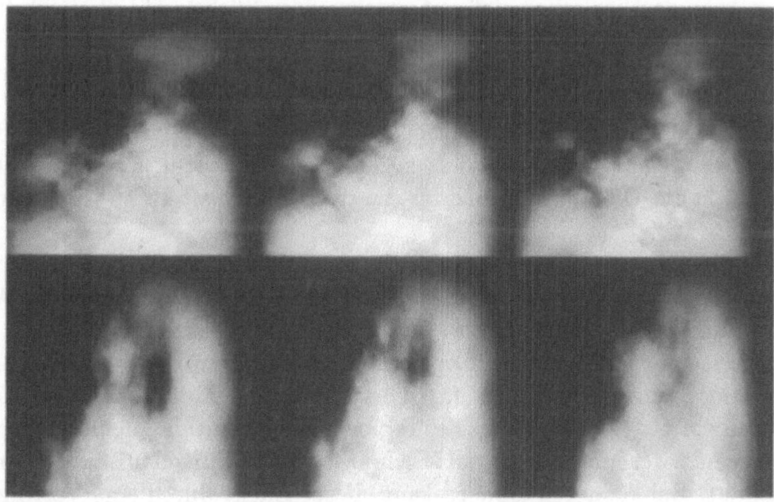

Abb. 4.15. Flammenmodellierung. In der oberen Reihe wurde ein Wert von $\mu_y = 1.0$, in der unteren Reihe $\mu_y = 1.4$ verwendet – siehe auch Abb. 9.6 auf Seite 238

Auf Abb. 4.16 werden nach dem soeben vorgestellten Verfahren generierte turbulente Animationen gezeigt. Die Wirbelgröße für die obere Reihe ist 100%, was äquivalent zu Perlins und Saupes Methode ist: Strukturen aller Größe ändern ihr Aussehen. Für die mittlere Reihe wurde eine Wirbelgröße von 50%, für die untere 25% benutzt. Dadurch blieben in diesem Fall die großen Wolkenstrukturen unverändert und eine turbulente Strukturänderung wird nur an deren Rand sichtbar.

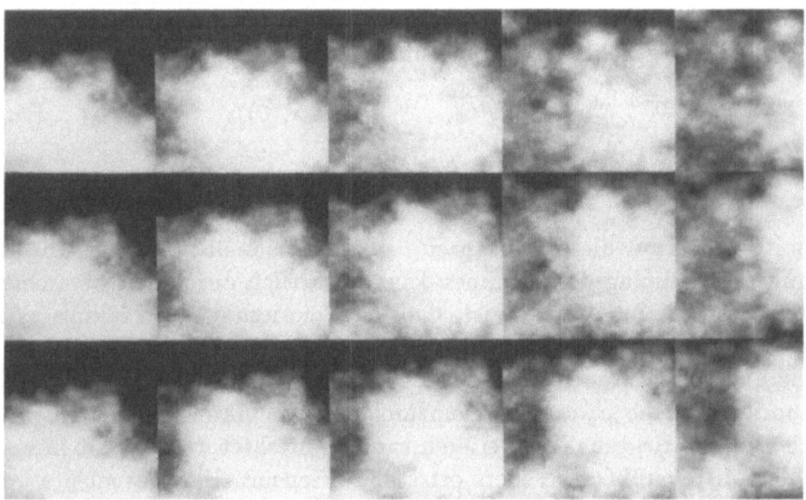

Abb. 4.16. Turbulente Wolkenanimation mit translativer Windverschiebung. Die Wirbelgröße beträgt für die obere Reihe 100%, für die mittlere 25% und für die untere 10%. Man kann deutlich sehen, daß mit abnehmender Wirbelgröße die Grobstruktur des Bildes sich langsamer ändert bzw. unverändert bleibt

Ähnliche Effekte werden auf Abb. 4.17 präsentiert. Hier wurde die translative Windbewegung ausgeschaltet, so daß man die Strukturvariation besser beobachten kann. Die Wirbelgröße für die obere Reihe ist 100%, für die untere 50%.

Ein Problem bei der frequenzabhängigen Variation der Turbulenzgeschwindigkeit resultiert aus der eher kleinen Anzahl von Summationsgliedern. Als typisches Beispiel kann man errechnen, daß bei einer Lakunarität von 2, einer Wirbelgröße von ca 25% der Bildkante und einer Bildgröße von 256 Bildpunkten nur fünf Summationsglieder für die turbulente Animation zur Verfügung stehen. Bei einer weiteren Verkleinerung des Bildes sind das noch weniger. Erfahrungsgemäß werden für eine natürlich aussehende Turbulenz ca. 5 Summanden benötigt. Bei kleineren Bildern kann dieser Effekt durch eine Verringerung der Lakunarität vermieden werden, wodurch die Anzahl der benötigten Summationsstufen erhöht wird, was allerdings wiederum mit einer Erhöhung der Rechenzeit gekoppelt ist.

Zusammenfassend wurde die originale Rescale-and-Add Funktion so erweitert, daß sie einerseits eine wesentlich höhere Flexibilität gewährleistet, andererseits im Einklang mit der spektralen Turbulenztheorie steht. Die *Struktur-*

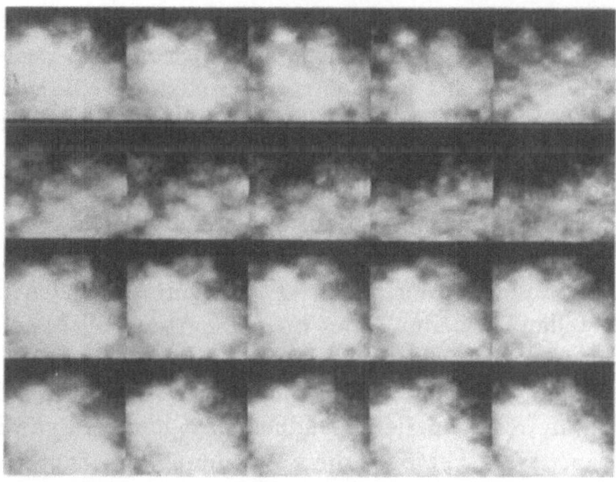

Abb. 4.17. Turbulente Wolkenanimation ohne translative Windverschiebung. Die Wirbelgröße beträgt für die erste und zweite Reihe 100%, für die dritte und vierte Reihe 10%. Man kann deutlich sehen, daß mit abnehmender Wirbelgröße die Grobstruktur des Bildes sich langsamer ändert bzw. unverändert bleibt

parameter, die das Aussehen der statischen Wolke definieren, sind hier fünf. Zusätzlich zu denen, die bei der spektralen Synthese benutzt wurden, nämlich fraktale Dimension, Granularität und Initialnummer, kann man jetzt auch die Lakunarität r und die Anisotropie $\boldsymbol{\mu}$ frei wählen:

- Hurst Exponent H bzw. fraktale Dimension D
- Lakunarität r
- Granularität M
- Anisotropie entlang der Ortsachsen μ_x, μ_y, μ_z
- Initialnummer S.

Die Wirkung dieser Parameter auf die optische Erscheinung einer Wolke wurde bereits im Abs. 3.3.3 diskutiert.

Die vier *Animationsparameter*, die das Aussehen der turbulenten Bewegung bestimmen, sind:

- Windvektor **w**
- Größe der größten Wirbel L bzw. k_e
- Geschwindigkeit der größten Wirbel u_L bzw. Δt
- Anisotropie entlang der Zeitachse μ_t bzw. Exponent des Kolmogorov Spektrums κ.

Die Visualisierung der wie oben beschrieben generierten Werte erfordert besondere Aufmerksamkeit. Die vorgestellte Funktion generiert reelle Werte mit Mittelwert 0 und einer zunächst unbekannten Varianz, die u.a. von der Anzahl der Summationsstufen abhängt. Um diese reellen Werte zu visualisieren, müssen sie auf einen neuen Bereich transformiert werden, üblicherweise den normierten Bereich [0,1] oder auch die ganzen Zahlen im Bereich [0,255]. Eine erste Überlegung wäre, den minimalen Wert auf 0, den maximalen Wert eines Bildes auf 255 und alle sonstigen Werte durch lineare Interpolation auf die dazwischen liegenden Zahlen abzubilden. Dieser Ansatz kann mit statischen Bildern gelegentlich zufriedenstellend arbeiten, aber im animierten Fall haben wir es mit einer Funktion zu tun, die stochastische Werte liefert. Demzufolge werden maximaler und minimaler Wert von Bild zu Bild variieren, was ein auffälliges und unangenehmes Flimmern der mittleren Bildhelligkeit hervorrufen wird. Ein besserer Ansatz ist, konstante Werte für diese Abbildung zu benutzen. Zu diesem Zweck betrachten wir das Fraktal als das Ergebnis der skalierten Akkumulation von N(0,1) verteilten Gauß'schen Zahlen. Unter dieser Annahme können wir kalkulieren, daß 95% der generierten Werte innerhalb des folgenden Intervalls liegen werden (95% Quantil):

$$\left(-1.65 \sum_{k=k_0}^{k_1} \frac{1}{r^{kH}},\ \ 1.65 \sum_{k=k_0}^{k_1} \frac{1}{r^{kH}}\right) \tag{4.24}$$

Daher können wir dem oberen und dem unteren Schwellwert der Gleichung 4.24 konstante Farbwerte zuordnen. Werte des Fraktals außerhalb des soeben definierten Bereiches werden an den Schwellwerten geklippt, so daß „Inseln“ maximaler und minimaler Helligkeit entstehen. Unsere Annahme ist streng genommen nicht korrekt, da die Akkumulierung auf aus Gauß'schen Zahlen interpolierte Werte anstatt auf echte Gauß'schen Zahlen durchgeführt wird. Dennoch hat diese Methode in der Vergangenheit gute Resultate geliefert. Man soll dabei beachten, daß die Wahl der Abbildungsgrenzen eine wichtige Rolle für das Aussehen der resultierenden Struktur hat.

4.4 Ergebnisse und Diskussion

4.4.1 Vor- und Nachteile der spektralen Synthese

Die turbulente Animation mit Hilfe der spektralen Synthese war das erste computergraphische Modell, das diese Aufgabe im Rahmen und für die Ziele der rechnergenerierten Animation zufriedenstellend gelöst hat. Der erste Vorteil der Methode liegt in der Verwandtschaft und engen Ankopplung an die spektrale Theorie der Turbulenz. Diese Theorie bildet die Ausgangsbasis für die Aufstellung des Turbulenzmodells, welches im Abs. 4.2 vorgestellt wurde. Die spektrale Synthese ermöglicht eine unmittelbare und fast unveränderte Übernahme der Theorie in eine computergraphische Implementierung. Die enge Anlehnung an die physikalischen Phänomene ermöglicht eine realistisch aussehende Animation der Wolken. Da die verwendete Fourier-Transformation problemlos in 2D oder 3D gleichermaßen angewendet werden kann, wird die Generierung von zweidimensionalen Wolkentexturen oder aber dreidimensionalen Volumentexturen mit dem gleichen Werkzeug ermöglicht. Darüber hinaus sind die Parameter in beiden Fällen identisch, so daß die optische Erscheinung der Turbulenz im 3D Fall bereits aus dem 2D Fall erraten werden kann; alle Parameter können deshalb für den 2D Fall eingestellt und für den 3D Fall übernommen werden.

Die mit Hilfe der spektralen Synthese generierte Animation sieht „glatt" aus: Sprünge oder Bewegungsdiskontinuitäten werden vermieden, und Strukturen aller Größen bewegen sich stetig und ändern ihre Form allmählich und kontinuierlich. Ferner hat man durch die zur Verfügung stehenden Parameter eine gute Kontrolle über die optische Erscheinung der generierten Wolken: Struktur-, Bewegungs- und Visualisierungsparameter können einzeln eingestellt werden. Mit Hilfe der Strukturparameter läßt sich das Aussehen der Startwolke, ihre Rauheit und ihre Granularität variieren. Mit Hilfe der Animationsparameter können Windrichtung und -stärke, Größe und Geschwindigkeit der turbulenten Strukturen sowie die „Turbulenzität" des Phänomens problemlos eingestellt werden. Die Visualisierungsparameter ermöglichen eine Variation der mittleren Wolkendichte sowie des Kontrastes.

Für alle o.g. Parameter existieren sinnvolle Voreinstellungen (defaults), die entweder den physikalischen Gegebenheiten entsprechen oder aus Erfahrungswerten resultieren. Dennoch ist der Benutzer des Systems in der Lage, alle Parameter unabhängig voneinander zu manipulieren, um das von ihm gewünschte Ergebnis zu erzielen. Eine solche Manipulation, die während der Laufzeit jederzeit möglich ist, erhöht die Flexibilität wesentlich. Darüber hinaus entsprechen die verwendeten Parameter intuitiven, alltäglichen Begriffen, wie Windrichtung oder Wolkendichte, so daß ihre Wirkung schnell und einfach verstanden wird. Die Erfahrung hat gezeigt, daß gerade Benutzer aus kreativen Berufen (Animatoren, Designer, Architekten etc.) mit dem vorgestellten Parametersatz schnell und problemlos vertraut werden.

Ein weiterer wichtiger Vorteil der spektralen Methode ist ihre Rechengeschwindigkeit. Bei der schnellen Fourier-Transformation reeller Felder, die bereits in vielen anderen Disziplinen breite Anwendung findet, handelt es sich um einen gut verständlichen und hoch optimierten Algorithmus, der von vielen kommerziellen Rechnerpaketen angeboten wird. Wie im Abs. 4.4.3 gezeigt wird, besitzt die FFT Methode gegenüber der Rescale-and-Add eine weitaus günstigere Komplexität, was in einer geringeren Rechenzeit resultiert. Im 6. Kapitel wird gezeigt, daß die FFT recht einfach parallelisiert werden kann, was eine noch günstigere Laufzeit bei der Implementierung auf Mehrprozessor-Systemen bedeutet.

Trotz der o.g. wichtigen Vorteile besitzt die spektrale Synthese auch einige Nachteile. Der erste davon resultiert aus der Anwendung der schnellen Fourier-Transformation, die fordert, daß die Bildauflösung eine Potenz von Zwei sein muß. Folglich sind nur Bilder möglich, die diese Auflösung besitzen, auch in den Fällen, wo andere Auflösungen erforderlich sind. Diese Kantenlänge bewirkt auch, daß alle Sinus- und Cosinuswellen eine ganzzahlige Anzahl von Perioden innerhalb des Bildes vorweisen, so daß die resultierenden Bilder periodisch und stufenlos aneinander anreihbar sind. Obwohl das letztere ein wichtiger Vorteil sein kann, da es die lücken- und kantenfreie Abdeckung eines großen Raumes durch die Reihung eines Elementes ermöglicht, betreten die Wolkenteile und Strukturen, die während einer Animation den Bildausschnitt z.B. am linken Rand verlassen, durch den rechten Rand wieder das Bild. Obwohl dies in der Regel unbemerkt bleibt, kann es in manchen Fällen die Aufmerksamkeit des Beobachters anziehen und somit den Realitätseindruck reduzieren.

Weitaus schwerwiegender ist die rechnerische und strukturelle Globalität, die die spektrale Synthese aufweist. Rechnerische Globalität bedeutet dabei, daß das gesamte Feld immer wieder berechnet werden muß, auch wenn nur ein Teil davon benötigt wird. So muß die Textur auch für Teile eines Objektes, die während des Renderingprozesses verdeckt und unsichtbar sind, mitgeneriert werden, was unter Umständen eine Verlangsamung der Visualisierung bedeutet[1].

Zwei weitere wichtigere Nachteile der rechnerischen Globalität sind die Schwierigkeiten bei Ausschnittsvergrößerungen und der damit verbundene Speicherplatzbedarf. Bei einer Vergrößerung eines Teilbereiches des Originalbildes, wie z.B. einer Annäherung (*zoom-in*), müssen neue, bislang aufgrund der begrenzten Auflösung nicht gesehene, hochfrequente Details sichtbar werden. Das bedeutet, daß das Originalspektrum mit neuen hochfrequenten Koeffizienten gemäß Abb. 3.12 ergänzt werden muß. Da die Spektrumauflösung gleich der Bildauflösung ist, und da das Bild nur quadratisch mit einer Kantenlänge, die eine Potenz von Zwei ist, generiert werden kann, hat das einen wesentlich höheren Rechenaufwand zur Folge. Schlimmer noch, der größte Teil des neuen hochaufgelösten Bildes wird nicht sichtbar sein, da man nur einen Ausschnitt vergrößert. Der damit verbundene Speicherbedarf wächst für 2D Bilder quadratisch, für 3D Bilder kubisch mit der Bildauflösung. Nachteil bei der rechnerischen Globalität ist, daß das gesamte Spektrum immer vollständig vorliegen muß. Bei der verwendeten Gleitpunktarithmetik werden für ein 2D Durchschnittsbild der Auflösung 512^2 zwei MBytes, für ein 3D Bild der Auflösung 128^3 sogar 16 MBytes benötigt.

Die schnelle Fourier-Transformation ist eine diskrete Methode, d.h. sie operiert auf diskreten Spektren und erzeugt ebenfalls ein diskretes Bild. Bedingt durch die rechnerische Globalität ist die Auflösung dieses Bildes fest vorgegeben und identisch an allen Stellen des Feldes. Wird eine so definierte und rasterisierte Textur in einer Szene eingesetzt, die mit der Bildabtastfrequenz abgetastet werden soll, können häufig Abtastprobleme auftauchen, die unter dem Begriff *aliasing* geführt werden. Zum Beispiel wird bei einer starken perspektivischen Verzerrung der Textur die für eine korrekte Abtastung erforderliche Rate entlang der Tiefenrichtung stark variieren. So kann die Texturauflösung

[1] An sich ist die Berechnung des Wolkenfeldes – verglichen mit anderen Teilen der Bilderzeugung – so schnell, daß solche Verluste oder „nichtbenötigter Aufwand" nur in Extremfällen bemerkt werden.

für Objektteile, die nahe bei dem Beobachter liegen, viel zu grob sein; dagegen können bei weit entfernten Teilen viele Texturwerte innerhalb eines Bildpunktes fallen, was eine viel zu hohe Texturauflösung bedeutet. In beiden Fällen können Filterungsverfahren die Artefakte reduzieren. Dieses Problem, das unter dem Begriff *anti-aliasing* geführt wird, tritt immer auf, wenn rasterisierte Texturen verwendet werden, im 2D sowie im 3D Fall. Eine genauere Diskussion für den 3D Fall findet man im Abs. 5.5.

Strukturelle Globalität bedeutet, daß das Aussehen der Textur überall das gleiche ist. Jedoch ist bei vielen natürlichen Phänomenen eine örtliche Variation der Parameter der Wolkentextur erforderlich. Als Beispiel dazu soll der aus einer Zigarette oder einem Schornstein aufsteigende Rauch dienen. Direkt am Schornstein zeigt sich der Rauch als eher dicht, schnell und sein Aussehen entspricht einer eher fadenförmigen Strömung, die eine relativ hohe fraktale Dimension aufweist. Weiter weg von dem Schornstein entfernt expandiert der Rauch, so daß er kühler und langsamer wird. Aufgrund der Expansion nimmt seine mittlere Dichte ab, sein Aussehen ähnelt jetzt mehr dem einer klumpenhaften Wolke. Zwischen diesen beiden Extremen existiert ein glatter, sprungloser Übergang, was die Struktur angeht. Solche ortsabhängigen, stetigen, sprunglosen Variationen der Parameter, und folglich des Aussehens der Wolke, können mit Hilfe der spektralen Synthese nicht generiert werden, sondern müssen aus verschiedenen Teilbildern zusammengesetzt (editiert) werden.

Um diese letzte Beobachtung zu verallgemeinern, kann man generell feststellen, daß die Formgebung bei der Texturierung ein schwieriges – und oftmals ungelöstes – Problem darstellt, sowohl in dem 2D als auch in dem 3D Fall. Unter Formgebung verstehen wir die Assoziation einer Textur mit einem Körper, der texturiert werden soll. So ist es nicht möglich, eine Wolkentextur zu generieren, die bei der Definition bereits eine bestimmte Form hat. Als Beispiel kann man den Fall erwähnen, wo der aus einem Schornstein aufsteigende Rauch entlang eines gebogenen und gekrümmten „Kegels“ sich bewegen muß. Solche Formgebungen werden über die die Textur umgebende geometrische Hülle des Volumenobjektes erzwungen. Leider sieht eine solche Zuordnung nicht immer realistisch aus: um beim obigen Beispiel zu bleiben, die Ränder oder Konturen des Kegels, der bei der Rauchfahne als Hülle dient, können scharf und klar sichtbar vor dem Hintergrund erscheinen. In der Natur dagegen hat die Rauchfahne nur ungefähr die Form eines Kegels, vielmehr sind die Randzonen unscharf und verschwommen, machen einen zufälligen oder gar chaotischen Eindruck und laufen allmählich aus, ohne eine klare Kontur zu definieren. Eine Diskussion solcher Probleme sowie manche mögliche Lösungen für den 3D Fall findet man im Abs. 5.4.

Die strukturelle Globalität betrifft nicht nur die Form, sondern auch die turbulenten Bewegungseigenschaften der Textur. So kann für das gesamte Feld nur eine globale Windstärke und -richtung angegeben werden. Lokal variierende, böige Windverhältnisse sind dadurch nicht möglich. Gleiches gilt auch für Größe und Geschwindigkeit der turbulenten Wirbel, die ebenfalls global für das gesamte Bild gelten: Ein Himmelbild, das aus einzelnen Wolken besteht, welche unterschiedliche Bewegungscharakteristiken aufweisen, läßt sich mit Hilfe der spektralen Methode nicht direkt generieren und muß aus einzelnen Komponenten modelliert (editiert) werden.

An dieser Stelle sollen auch drei Eigenarten, Mängel oder Einschränkungen der spektralen Turbulenztheorie erwähnt werden, die der Theorie inhärent sind und deshalb zwangsläufig auch in das implementierte Modell übernommen wurden. Die erste davon handelt von der Definition und Handhabung eines Wirbels, die zweite von der Interaktion solcher Wirbel mit der Umgebung und die dritte von der Definition der fluktuierenden Geschwindigkeit u'.

Wie im letzten Teil des Abs. 4.1 erklärt wurde, ist ein Wirbel eigentlich eine lokale Inhomogenität des turbulenten Feldes, welche eine charakteristische Größe und Geschwindigkeit besitzt. Also ist ein Wirbel etwas, das innerhalb des turbulenten Feldes örtlich lokalisiert ist, auch dann, wenn seine Position nicht bestimmbar oder auch uninteressant sein sollte. Bei der spektralen Turbulenztheorie dagegen werden Wirbel einem Fourier-Koeffizienten entsprechender Größe gleichgesetzt. Allerdings repräsentiert ein solcher Koeffizient den Mittelwert aller Beiträge aller Wirbel gleicher oder benachbarter Größe, ganz egal, wo sie sich innerhalb des turbulenten Feldes befinden. Mit anderen Worten gesagt, ein Fourier-Koeffizient stellt keine Repräsentation des Ortes im Euklidischen Raum dar. Somit lassen sich bei dieser Methode keine örtlichen Inhomogenitäten modellieren, wie etwa mehrere einzelne, isolierte, rotierende Wirbel, wie sie aus der Alltagserfahrung bekannt sind, sondern nur homogene und lokalisotrope turbulente Felder, die keine solchen lokalen Inhomogenitäten aufweisen.

Der zweite Mangel hängt mit dem statistischen Charakter der spektralen Turbulenztheorie zusammen. Durch die globale Betrachtung homogener turbulenter Gebiete ist eine Interaktion mit der Umgebung nicht mehr möglich, oder wenigstens nicht mehr einfach und natürlich möglich. Als Beispiel hierzu denke man an ein solides Hindernis (z.B. eine Hand oder einen Deckel), das in dem Pfad des aus einem kochenden Gefäß aufsteigenden Dampfes plaziert wird. Aus der Alltagserfahrung (sowie in anderen ähnlichen Fällen aus genauer Strömungssimulation) erwartet man, daß der Dampf um das Hindernis herum strömt, so daß das homogene Strömungsmuster durch das Hindernis lokal geändert wird. In unserem Fall dagegen wird der generierte Dampf dieses Hindernis überhaupt nicht wahrnehmen, so daß die Strömung sich durch das Hindernis hindurch, statt um es herum, zu bewegen scheint. Eine solche Interaktion zwischen Textur und Objekt ist in diesem Fall auch nicht möglich, da zum Zeitpunkt der Dampfgenerierung das Hindernis nicht bekannt ist, oder auch in der spektralen Synthese nicht berücksichtigt werden kann.

Der dritte Mangel hängt mit der zufälligen Geschwindigkeit u' zusammen. Die Strömung wird bekannterweise als die Überlagerung einer translativen und einer fluktuierenden Geschwindigkeit angesehen: $u = \bar{u} + u'$. Die zufällige Komponente wiederum setzt sich zusammen aus der Überlagerung aller einzelnen Wirbel mit Größe λ und Geschwindigkeit u_λ. Die spektrale Turbulenztheorie macht zwar genaue Angaben über die Verteilung der Beträge der Geschwindigkeiten u_λ, jedoch nicht über ihre Richtungen. Leider ist eine vektorielle Größe wie die Geschwindigkeit nur durch Angabe des Betrages nicht vollständig definiert. In unserer Implementierung wird bei der Definition des turbulenten Feldes jedem Vektor u_λ eine zufällige Richtung aus $[0, 2\pi)$ zugeordnet, welche während der gesamten Animation konstant bleibt, was wahrscheinlich physikalisch nicht korrekt ist. Eine zweite Möglichkeit wäre, mit jedem neuen Bild eine neue zufällige Richtung auszuwählen, was aber ebenfalls nicht richtig erscheint, da Wirbel eine gewisse Lebensdauer, Ausdehnung und Trägheit besitzen. Vielmehr wird hier eine Angabe gebraucht, nach welcher Gesetzmäßigkeit oder welchem Änderungsmuster die Richtungen der Geschwindigkeiten u_λ zeitlich variieren. Eine solche Angabe seitens der spektralen Turbulenztheorie ist dem Autor nicht bekannt.

4.4.2 Vor- und Nachteile der funktionalen Methode (RAA)

Die Rescale-and-Add Methode (RAA) besitzt sämtliche Struktur- und Visualisierungsparameter der spektralen Methode und darüber hinaus Lakunarität und Anisotropie. D.h., es sind die gleichen Struktureinstellungen möglich, die mit Hilfe der spektralen Synthese auch möglich sind. Somit kann man die Rauheit, die Granularität, die Grundstruktur, die mittlere Dichte oder den Kontrast einer Wolke nach Belieben einstellen. Nach der im Abs. 4.3 vorgestellten Erweiterung der Originalfunktion wurde eine Anpassung an das Turbulenzmodell aus Abs. 4.2.1 erreicht. Somit können alle Bewegungseffekte, die mit Hilfe der spektralen Synthese realisierbar sind, im Prinzip auch mit der Rescale-and-Add Methode generiert werden: Windstärke und -richtung sowie Größe, Geschwindigkeit und Turbulenzität der Wirbel können nach Belieben variiert werden. Durch die Anpassung an das Kolmogorov Spektrum wurde ferner ermöglicht, zwei unterschiedliche Spektren für die örtliche Struktur und die zeitliche Variation des Feldes zuzulassen, was eine grundlegende Erweiterung der Originalmethode darstellt. Alle o.g. Parameter können auch während der Animation kontinuierlich variiert werden, so daß eine interaktive Einstellung auch hier im Prinzip gegeben ist. Darüber hinaus ist die Rescale-and-Add Methode problemlos in 2D oder in 3D anwendbar. Der Parametersatz und die durch eine bestimmte Parametereinstellung hervorgerufenen Effekte bleiben dabei identisch, so daß hier ebenfalls eine Parametereinstellung in 2D und Übernahme in 3D möglich ist.

Wichtige Vorteile der Rescale-and-Add Methode gegenüber der spektralen Methode liegen einerseits in ihrer kontinuierlichen Repräsentation, andererseits in ihrer lokalen Auswertbarkeit. Durch die auf die Einträge des Zufallsgitters angewendete glättende Interpolation ist die Rauschen-Funktion stetig und differenzierbar überall innerhalb des Definitionsbereiches. Das bedeutet, daß alle Summationsglieder der Gleichung 4.22 stetige Funktionen sind, so daß ihre Überlagerung ebenfalls eine stetige Funktion liefert. Ferner können die Summationsgrenzen k_0 und k_1 gemäß Gleichungen 3.15 und 3.14 der örtlichen Bildauflösung angepaßt werden. Dadurch kann sowohl die Ausdehnung als auch die

Position des Mittelpunktes einer Abtastung vollkommen frei und stetig gewählt werden[2]. Somit werden Bildabtastprobleme wirksam vermieden.

Ähnliches kann auch für die Skalierungseigenschaften der Funktion gesagt werden. Die Vergrößerung eines Ausschnittes um einen beliebigen Faktor ist problemlos möglich und erfordert nur eine Anpassung der Schwelle k_1. Der Vergrößerungsfaktor kann ebenfalls eine beliebige reelle Zahl sein. Während einer Vergrößerung bleiben die auf dem Bild bereits existierenden Strukturen orts- und formstabil, sie ändern ihre Größe stetig und kontinuierlich, neue hochfrequente Details werden rechtzeitig generiert und „stetig" oder „weich" eingeblendet. Auch im Falle einer Animation bewegen sich die Strukturen stetig, kontinuierlich und ohne störende „Sprünge" des Bewegungsablaufes. Die Bewegungskontinuität gilt gleichermaßen für die Teile, die nur translativ bewegt werden, wie auch für diejenigen, die turbulent animiert werden.

Bei einer Skalierung des Definitionsbereiches der Funktion wird auf neue Bereiche des Zufallsgitters zugegriffen. Dadurch werden neue Strukturen in dem Bild generiert, eine Periodizität, wie im Falle der spektralen Synthese mit Hilfe der FFT, kommt nicht vor. Ebenso kann die Auflösung des Bildes beliebig sein, eine Einschränkung auf quadratische Felder mit einer Kantenlänge, die nur eine Zweierpotenz sein darf, ist nicht gegeben.

Die allerwichtigsten Vorteile der Rescale-and-Add Funktion werden durch ihre rechnerische und strukturelle Lokalität hervorgerufen. Obwohl jeder Punkt des Fraktals mit allen anderen korreliert, wird dieser Zusammenhang über das Zufallsgitter und die darauf aufbauende Zufallsfunktion realisiert. Somit werden die Endwerte der Nachbarpunkte für die Konstruktion einer Stelle nicht explizit benötigt, sondern nur die verhältnismäßig wenigen Zufallsgitterpunkte. Als Ergebnis kann jeder Punkt unabhängig von allen anderen Punkten generiert werden. Das ermöglicht sowohl eine beliebige Generierungsreihenfolge, als auch die Generierung auf unterschiedlichen Prozessoren, die nur das Zufallsgitter als gemeinsame Datenbasis teilen müssen. Ferner müssen verdeckte oder unsichtbare Teile des Fraktals nicht generiert werden, man konzentriert die Rechenleistung dort, wo sie auch gebraucht wird. Der Speicherplatzbedarf ist ebenfalls minimal: in [West91] wird gezeigt, daß eine Tabelle mit 512 Zufallspunkten bereits hochqualitative Ergebnisse liefert. Für die Speicherung einer solchen Tabelle werden maximal 4 KBytes benötigt, was eine vernachlässigbare Speicherbelastung bedeutet.

Strukturelle Lokalität bedeutet, daß sämtliche Parameter der Funktion lokal variiert werden können. Das gilt insbesondere für den Hurst Exponenten H, für die Windgeschwindigkeit und Richtung, wie auch für die Größe der einzelnen Wirbel. Dadurch kann man jetzt Himmelbilder bei böigem, lokal variierendem Wind generieren. Um auf das Beispiel des aus dem Schornstein aufsteigenden Rauchs zurückzukehren, ist es jetzt möglich, eine fraktale Dimension, Dichte

[2]Natürlich ist die Anzahl der Summationsglieder k eine ganze Zahl, so daß die Ausdehnung der Abtastung nicht stetig wählbar ist. Jedoch wird im Abs. 5.5.6 gezeigt, daß eine stetige Abtastung durch Interpolation zwischen dem höheren und dem unteren Summanden erreicht werden kann.

und Geschwindigkeit an der Austrittstelle des Schornsteins zu definieren, die sich entlang des Bewegungspfades kontinuierlich ändert. Somit ist eine stetige örtliche Anpassung aller Parameter des Fraktals an die gewünschten Größen möglich. Das wichtigste dabei ist, daß das gesamte Phänomen mit einem einzigen Fraktal generiert wird, eine Editierung aus unterschiedlichen Teilen wie im Fall der spektralen Synthese ist nicht mehr nötig. Das hat ferner den Vorteil, daß die Grundstrukturen des Fraktals stetig und kontinuierlich ineinander übergehen, so wie es in der Natur ebenfalls der Fall ist.

Der einzige Nachteil der Rescale-and-Add Methode liegt in ihrer Rechenzeit. Obwohl es sich immer noch um eine recht schnelle Methode im Vergleich zu anderen Verfahren handelt, liegt ihre Geschwindigkeit mindestens eine Größenordnung unter der durch FFT erreichten. Das ist für Animationszwecke kein nennenswerter Nachteil, da bei solchen Anwendungen die Bildgenerierung wesentlich länger als die Fraktalgenerierung dauern wird, kann aber für interaktive oder gar Echtzeitapplikationen zu einem Problem werden. Das liegt einerseits an den zeitaufwendigen Exponentialfunktionen, die bei der Summation benötigt werden, andererseits an der sehr aufwendigen bikubischen Interpolation. Jedoch lassen sich beide Probleme lösen: Da die Exponentialfaktoren nur an fest vorgegebenen, ganzzahligen Werten von k zwischen k_0 und k_1 benötigt werden, können sie im voraus berechnet und in eine Tabelle gespeichert werden. Andererseits könnte die bikubische Interpolation durch geeignete Hardware übernommen werden. In einem solchen Fall würde der Aufwand der Rescale-and-Add pro Bildpunkt auf $O(ld(N)/ld(r))$ sinken, was dem der spektralen Methode entspricht.

Es wurde bereits gezeigt, daß die Parameter der Rescale-and-Add Funktion äquivalent zu denen der spektralen Synthese sind, oder anders ausgedrückt, beide Methoden umspannen die gleiche Palette von Phänomenen. Jedoch muß bemerkt werden, daß die Parameter der spektralen Synthese mühelos und natürlich denen des Turbulenzmodells und der Theorie zugeordnet werden konnten, wobei diese Zuordnung für die Rescale-and-Add zwar ebenso lückenlos, aber nicht intuitiv ist. Dies kann der Grund dafür sein, daß die Benutzer beider Methoden die spektrale Methode intuitiver und leichter verständlich finden. Ein zweiter wichtiger Grund dafür ist, daß die spektrale Methode aufgrund ihrer Schnelligkeit ein interaktives Arbeiten ermöglicht, wie es im Abs. 6.4.1 gezeigt wird.

Die Mängel, die der statistischen Theorie der Turbulenz inhärent sind und die in die spektrale Methode übernommen wurden, kommen zwar auch genauso bei der funktionalen Methode vor, sind jedoch weniger fatal. Ein Wirbel ist in diesem Fall keine sinusförmige Welle gegebener Amplitude und Wellenlänge, sondern eine (glatte) stochastische Kurve, die Variationen der Größenordnung der Wirbel aufweist. Ein solcher Wirbel ist einerseits unperfekt aufgrund seiner stochastischen Natur, andererseits örtlich lokalisierbar, was besser dem Begriff der stochastischen Inhomogenität bestimmter Größe entspricht. Durch Anwendung bestimmter Techniken, deren Potential z.Z. nur angerissen wurde ohne ausgeschöpft zu werden (siehe dazu [Reic92] sowie Abs. 7.2), können Efekte wie z.B. einzelne rotierende Wirbel, anisotrope Turbulenzbewegung, örtlich variierender Wind, böiger Wind, Umströmung von Gegenständen etc. bereits jetzt teilweise im Prinzip, teilweise vollständig realisiert werden. Diese Techniken nutzen die rechnerische und strukturelle Lokalität der RAA Funktion aus, d.h. die Tatsache, daß jeder Punkt allein und unabhängig von allen seinen Nachbaren berechnet werden kann, und zwar mit lokal variierenden Parametern. Somit kann man z.B. die Richtung und Stärke des Windes lokal ändern, was zu Böen oder Wirbeln führt. Eine andere Möglichkeit besteht in der Verzerrung des Koordinatensystems, in dem die Wolke definiert wurde, so daß es die Form der Umrandungslinie eines bestimmten Gegenstandes einnimmt, was zu umströmungsähnlichen Gasbewegungen führt. Somit kann die Interaktion der Turbulenz mit der Umgebung gegenüber der spektralen Methode wesentlich gesteigert werden. Die Schwierigkeiten bei der Formgebung des turbulenten Feldes sind ähnlich zu denen der spektralen Methode.

Ein Nachteil bei der funktionalen Methode stellt die relativ geringe Anzahl der überlagerten Primitive im Verhältnis zu den bei der FFT eingesetzten Wellen dar. Dem kann man durch Verringerung der Lakunarität entgegenwirken, was aber höheren Rechenaufwand bedeutet.

4.4.3 Komplexität und Rechenaufwand

Bei der Beurteilung des Berechnungsaufwandes wird zwischen statischen Bildern und animierten Sequenzen unterschieden. Dabei interessiert die Animation bedeutend mehr als der statische Fall, da statische Bilder im Fall der spektralen Synthese nur einmal während der Initialisierung generiert werden. Im folgenden werden die Komplexitäten, theoretisch auszuführende Gleitkommaoperationen (FLOPS) und die sich bei der praktischen Berechnung ergebenden CPU-Zeiten miteinander verglichen.

Die Komplexität der spektralen Synthese eines statischen Bildes ist sowohl für ein 2D als auch für ein 3D Fraktal $O(ld(N))$ pro Bildpunkt, wobei N die Bildauflösung ist. Interessant ist dabei zu merken, daß die tatsächliche Anzahl der durchzuführenden arithmetischen Operationen (FLOPS) von der Dimension der Transformation abhängt: Für den eindimensionalen Fall werden $K\ ld(N)$ Operationen pro Bildpunkt benötigt, für den 2D Fall $2K\ ld(N)$, für den 3D Fall $6K\ ld(N)$. Dabei ist K die genaue Anzahl von durchzuführenden FLOPS in dem eindimensionalen Fall. Sie hängt von der aktuellen Implementierung ab und kann somit recht stark variieren. Bei der verwendeten Implementierung benötigen eine komplexe Multiplikation und die Transformation der Polarkoordinaten insgesamt 5 $ld(N)$ FLOPS pro Bildpunkt. Da wir es hier aber nur mit reellen Feldern zu tun haben, kann die Berechnung auf nur der Hälfte des Spektrums durchgeführt werden (siehe dazu [Nied84] für den entsprechenden Algorithmus sowie für ein FORTRAN Programm), wodurch der Aufwand auf ca. 2.5 $ld(N)$ FLOPS pro Bildpunkt halbiert wird.

Eine ungefähre Aufwandsabschätzung für den statischen Fall ergibt sich hierbei für die Rescale-and-Add nach Gleichung 4.22 aus der Bestimmung der

Summationsgrenzen. Aus der Differenz der Ober- und Untergrenze (Gleichungen 3.15 und 3.14) erhält man als Anzahl der insgesamt pro Bildpunkt auszuführenden Summationen:

$$\frac{\log(1)}{\log(r)} - \frac{\log(\frac{1}{N})}{\log(r)} = \frac{\log(N)}{\log(r)} \tag{4.25}$$

wobei N die Auflösung des Bildes ist. Der gesamte Aufwand an Multiplikationen bzw. Divisionen wird durch die bikubische Interpolation zur Berechnung der Rauschen-Funktion bestimmt. Die Berechnung ergibt pro Summationsstufe für den 2D Fall 20, für den 3D Fall 33 und für den 4D Fall 76 FLOPS, die durchgeführt werden müssen.

4.4.3.1 Statische Wolkengenerierung Tabelle 4.1 gibt den Aufwand in FLOPS für beide Methoden und verschiedene Auflösungen an. Die Lakunarität r der Rescale-and-Add wurde dabei auf 2 gesetzt. Aus der Tabelle kann man entnehmen, daß für den 2D Fall die spektrale Methode ca. fünfmal schneller ist, für den 3D Fall ca. dreimal schneller.

Tab. 4.1. Aufwandsabschätzung in FLOPS pro Bildpunkt (statisch)

Auflösung	RAA 2D	RAA 3D	FFT 2D	FFT 3D
32	100	165	25	75
64	120	200	30	90
128	140	230	35	105
256	160	265	40	120
512	180	300	45	135

Tabelle 4.2 zeigt den Vergleich der für beide Verfahren gemessenen CPU-Zeiten. Es wurde dabei nur die effektive Zeit zum Generieren der fraktalen Werte gemessen, ohne Initialisierungen, Generierung des Zufallsgitters oder die Bildausgabe zu beachten. Alle Zeiten beziehen sich hierbei auf die Ausführung der Programme auf einer SUN-4 Workstation.

Tab. 4.2. CPU-Sekunden pro Bild (statisch) für SUN-4. Zeiten für Initialisierungen und I/O wurden dabei nicht berücksichtigt

Auflösung	RAA 2D	RAA 3D	FFT 2D	FFT 3D
32	0.21	9.2	0.05	3.2
64	0.97	89.6	0.18	30
128	4.4	789.7	0.8	340
256	20.0	-	4.4	-

Um den theoretisch zu erwartenden Berechnungsaufwand besser mit den effektiv gemessenen Zeiten vergleichen zu können, wurden die CPU-Sekunden jeweils durch die Anzahl der Bildpunkte geteilt und durch die für die niedrigste Auflösung benötigte Zeit normiert. Dadurch erhält man den relativen Aufwand pro Bildpunkt bei variierender Bildauflösung. Die Tabelle 4.3 zeigt die theoretischen und die gemessenen Steigungsraten. Man erkennt, daß die effektiven relativen Steigungsraten gut mit den theoretisch zu erwartenden übereinstimmen.

Tab. 4.3. Relative Steigungsraten des Aufwandes pro Bildpunkt für die Rescale-and--Add Funktion normiert auf die kleinste Auflösung (statisch)

Auflösung	RAA				FFT			
	2D		3D		2D		3D	
	FLOPS	CPU	FLOPS	CPU	FLOPS	CPU	FLOPS	CPU
32	1.0	1.0	1.0	1.0	1.0	1.0	1.0	1.0
64	1.2	1.16	1.2	1.21	1.2	0.9	1.2	1.17
128	1.4	1.31	1.4	1.34	1.4	1.14	1.4	1.66
256	1.6	1.49	1.6	-	1.6	1.6	-	-

4.4.3.2 Generierung beweglicher Wolken Bei der Generierung animierter Textur bleibt der für die spektrale Synthese benötigte Aufwand unverändert: Wie im Abs. 4.2.2 bereits erwähnt wurde, erfordert eine Animation nur die Addition einer Phasenverschiebung auf alle Koeffizienten des Spektrums. Da diese Phasenverschiebungen vorberechnet und in einer Tabelle gespeichert sind, bleibt der erwartete Aufwand in FLOPS im wesentlichen der gleiche wie bei dem statischen Fall (siehe Tabelle 4.3).

Für die Darstellung animierter Sequenzen jedoch ändern sich die Zeiten signifikant. Dies resultiert daraus, daß zur Generierung n-dimensionaler turbulenter, stochastischer Fraktale mit Hilfe der funktionalen Methode auf ein (n+1)-dimensionales Zufallsgitter zurückgegriffen wird. Somit muß zur Berechnung der Werte eine (n+1)-dimensionale bikubische Interpolation durchgeführt werden, was mehr als eine Verdopplung der auszuführenden Operationen ergibt. In Tabelle 4.4 sind wiederum die theoretisch zu erwartenden Ergebnisse pro Bildpunkt für beide Methoden dargestellt, während Tabelle 4.5 die gemessenen Rechenzeiten gegenüberstellt.

Tabelle 4.6 zeigt wiederum die relativen Steigungsraten für den theoretisch zu erwartenden Berechnungsaufwand sowie für die effektiv gemessenen Ausführungszeiten für die Rescale-and-Add Funktion (der Aufwand für die spektrale Methode ist identisch mit dem für den statischen Fall, siehe Tabelle 4.3). Somit ist ein direkter Vergleich möglich, wodurch wiederum eine Über-

Tab. 4.4. Aufwandsabschätzung in FLOPS pro Bildpunkt (animiert)

Auflösung	RAA 2D	RAA 3D	FFT 2D	FFT 3D
32	165	380	25	75
64	200	455	30	90
128	230	530	35	105
256	265	610	40	120
512	300	685	45	135

Tab. 4.5. CPU-Sekunden pro Bild für SUN-4 (animiert)

Auflösung	RAA 2D	RAA 3D	FFT 2D	FFT 3D
32	0.3	16.2	0.05	3.2
64	1.43	152.0	0.18	30
128	6.0	1200.0	0.8	340
256	27.3	-	4.4	-

einstimmung zwischen Theorie und Experiment für beide Methoden festgestellt werden kann.

Tab. 4.6. Relative Steigungsraten des Aufwandes pro Bildpunkt für die Rescale-and-Add Methode normiert auf die kleinste Auflösung (animiert)

Auflösung	FLOPS 2D	CPU-sec 2D	FLOPS 3D	CPU-sec 3D
32	1.0	1.0	1.0	1.0
64	1.2	1.19	1.2	1.15
128	1.4	1.25	1.4	1.6
256	1.6	-	1.6	-

Aus dem Vergleich der Tabellen für beide Methoden kann man feststellen, daß bei der jetztigen Implementierung für die Generierung turbulenter animierter Sequenzen im 2D und im 3D Fall die spektrale Methode je nach Auflösung und Dimension im Durchschnitt fünfmal schneller als die Rescale-and-Add Funktion ist.

4.4.4 Zusammenfassung und Vergleich beider Methoden

In der Tabelle 4.7 werden die in diesem Kapitel diskutierten Methoden zusammengefaßt und miteinander verglichen. Für den Vergleich wurden sechzehn unterschiedliche Kriterien verwendet. Die ersten acht werden primär für die Beurteilung der jeweiligen Methode aus der Sicht des Benutzers angewendet, wie z.B. den Einsatz für computergraphische Zwecke, ihre Flexibilität, Intuitivität etc., wohingegen die letzten acht die rechnerische Implementierung der Methode beurteilen aus der Sicht des Systemprogammierers, z.B. *aliasing*, Parallelisierung etc.

Tab. 4.7. Ein qualitativer Vergleich der spektralen und der funktionalen Methode

Kriterium	Spektrale Synthese	Funktionale Methode
Rechengeschwindigkeit	++	0
Interaktivität	++	–
Parametersatz	+	++
Intuitivität	++	+
Formgebung	– –	–
Umgebungsinteraktion	– –	+
Realität	++	+
Effektenvielfalt	+	++
Speicheraufwand	– –	++
Skalierung	– –	++
Rechnerische Lokalität	– –	++
Strukturelle Lokalität	– –	++
Abtastfehler	–	++
Auflösungsabhängigkeit	– –	++
Turbulente Animation	++	++
Parallelisierung	+	++

Bei der Rechengeschwindigkeit liegt die spektrale Methode klar vorn, da sie gegenüber der funktionalen Methode ca. fünfmal schneller ist. Diese Geschwindigkeit ermöglicht bei den heutigen verfügbaren Arbeitsstationen ein interaktives Arbeiten, was ein wesentlicher Vorteil ist. Diese Geschwindigkeit kann mit Hilfe von Spezialprozessoren, die bereits auf dem Markt verfügbar sind, noch weit gesteigert werden. Allerdings wird dies bei der ständig steigenden Leistung der Rechner in der nächsten Zukunft nicht so ausschlaggebend sein, wie es heute der Fall ist. Somit werden andere Kriterien als die Rechengeschwindigkeit maßgebend für die Wahl des einen oder anderen Verfahrens sein. Mit heutigen Parallelprozessoren wurde bereits eine Geschwindigkeitssteigerung der RAA Methode erzielt, welche ebenfalls eine interaktive Modellierung ermöglicht (siehe Abs. 6.3 und 6.4.2). Diese Tendenz wird sich in der Zukunft rapid fortsetzen.

Die Parametersätze beider Verfahren sind weitgehend gleich. Bis auf die Lakunarität und Anisotropie sind alle restlichen Parameter sowie ihre optische Wirkung beiden Verfahren gemeinsam. Der Parametersatz hat sich als ausreichend erwiesen, um eine große Anzahl unterschiedlicher optischer Effekte zu erzielen. Darüber hinaus sind die Parameter bezüglich ihrer optischen Auswirkung intuitiv verständlich, d.h. man kann jedem Parameter mehr oder weniger einen Effekt zuordnen, der aus der alltäglichen Erfahrung intuitiv bekannt ist. Das erleichtert die Bedienung des Modells durch Personen, die nicht Experten der Graphischen Datenverarbeitung sind, insbesondere für kreative Berufe wie Designer, Animateure, Architekten etc.

Ein besonderes Problem beider Methoden ist die Formgebung der Textur, d.h. die Abbildung der Textur auf einen geometrischen Körper sowie der Einsatz in einer Szene. Dies betrifft einerseits die Assoziation einer Textur mit einem Körper (*texture mapping*) als auch die Interaktion der Textur mit anderen Objekten innerhalb der Szene. Das Problem der Texturabbildung wird im Abs. 5.4 behandelt. Die RAA Methode ermöglicht eine wesentlich bessere Interaktion der Textur mit der Umgebung aufgrund ihrer lokalen Auswertbarkeit. Die wird in [Reic92] in Detail sowie im Abs. 7.2 kurz erläutert.

Beide Verfahren basieren auf der spektralen Turbulenztheorie, d.h. auf physikalischen Gegebenheiten und Gesetzen, die theoretish begründet und experimentell nachgewiesen wurden. Obwohl die Theorie für die Zwecke der computergraphischen Implementierung stellenweise vereinfacht wurde, verleiht die Anlehnung an die Physik ein hohes Maß an Realität, das mit heuristischen Methoden nicht – oder nicht unbedingt – erreicht werden kann. Lediglich die Modellierung von Anisotropie (nadelförmige Wolken, Flammen etc.) gibt der RAA einen Vorteil gegenüber der spektralen Methode bezüglich der Anzahl der modellierbaren Effekte.

Alle restlichen Kriterien der Tabelle 4.7 hängen direkt oder indirekt mit der rechnerischen und strukturellen Globalität der jeweiligen Methode zusammen. Die funktionale Methode ist sowohl strukturell als auch rechnerisch lokal auswertbar, was einen enormen Vorteil gegenüber der reinen spektralen Synthese bedeutet. Effekte wie Anisotropie, lokal wechselnde Windrichtung (böiger Wind), lokal variierende Dichte, Kontrast, Turbulenzität etc. können bei der funktionalen Methode aufgrund ihrer strukturellen Lokalität fast trivial, bei der spektralen Methode dagegen nur schwer und indirekt (z.B. über Verzerrung bei der Visualisierung), wenn überhaupt, erzielt werden. Durch ihre rechnerische Lokalität ist der Speicheraufwand der funktionalen Methode vernachlässigbar. Ferner kann die Berechnungsauflösung der örtlichen Bildauflösung mühelos angepaßt werden, was Abtastfehler (*aliasing*) wirksam reduziert. Die kontinuierliche Definition der funktionalen Methode garantiert eine Auflösungsunabhängigkeit bei der Berechnung des Fraktals. In so einem Fall müssen bei einer eventuellen Skalierung nur lokal neue feinaufgelöste Details generiert werden, die Grundstruktur und alle anderen Eigenschaften des Fraktals, inklusive des Speicheraufwandes, bleiben dabei unverändert, die Rechenzeit erhöht sich nur gering.

Eine wesentliche Folgerung der Lokalität der funktionalen Methode ist ihre hundertprozentige Parallelisierbarkeit. Da jeder Punkt unabhängig von allen anderen generiert wird, kann die Berechnung asynchron und auf verschiedenen Maschinen erfolgen. Der minimale Speicherbedarf für das Zufallsgitter (ca. 10 KBytes) begünstigt dabei die Verteilung auf ein großes Rechennetz eher kleiner und einfacher Prozessoren, wobei jeder Knoten nur minimalen lokalen Speicher benötigt. Die Anzahl der parallel betriebenen Prozessoren kann theoretisch gleich der Anzahl der Bildpunkte sein. Eine solche verteilte Architektur, wie sie typisch für Transputersysteme oder die *Connection Machine* ist, stellt dabei nicht nur die leistungsstärkste, sondern oft auch die preiswerteste Lösung dar. Die Parallelisierung der RAA Methode wird im Abs. 6.3 diskutiert. Bei der spektralen Methode dagegen wird im Prinzip die gesamte Datenmenge an jedem Knoten des Netzes gebraucht. Im Abs. 6.4.1 wird die Verteilungsarchitektur für die spektrale Methode eingehend diskutiert. Es wird gezeigt, daß der theoretisch erreichbare Parallelisierungsgrad fast 100% ist, allerdings ist der praktisch erreichbare Grad mit steigender Zahl von Prozessoren wesentlich niedriger. Die Ursache dafür liegt in der zentralen Haltung der Daten und dem Zugriff auf dieselben über einen gemeinsamen Bus, dessen Kapazität bei dieser Anzahl von Prozessoren schnell erschöpft wird.

Zusammenfassend kann man feststellen, daß die Hauptvorteile der spektralen Synthese einerseits die enge Anlehnung an die statistische Theorie der Turbulenz, andererseits die verhältnismäßig niedrige Komplexität und die daraus resultierende hohe Rechengeschwindigkeit sind. Hauptvorteile der funktionalen Methode sind die rechnerische und strukturelle Lokalität und die daraus resultierenden Vorteile wie Auflösungsunabhängigkeit, einfache Parallelisierung, optische Anisotropie etc. Obwohl die spektrale Methode aufgrund ihrer günstigen Rechenzeit und der darauf aufbauenden interaktiven Implementierung z.Z. das günstigere Verfahren darstellt, wird man auf längere Sicht mit ständig steigender Leistungsfähigkeit der Hardware der funktionalen Methode aufgrund ihrer lokalen Manipulierbarkeit den Vorzug geben.

5. Visualisierung von Volumentexturen

5.1 Begriffsbildung und Taxonomie

5.1.1 Zum Begriff des Volumenobjektes

Der Begriff des Volumenobjektes ist verhältnismäßig neu in der Graphischen Datenverarbeitung. So wird in [Levo90d] und [SaKe91] als Volumenobjekt ein Objekt definiert, das aus einer geschlossenen 2D Oberfläche und einer dieser Oberfläche zugeordneten 3D Textur (Volumentextur) besteht. Diese 2D Oberfläche wird Hülle genannt und umreißt die Lage und die Ausdehnung des Volumenobjektes im 3D Raum, wobei die Textur die räumliche Verteilung der dem Volumenobjekt zugeordneten Größe (z.B. Materialdichte) angibt.

Ein Volumenobjekt ist nur innerhalb seiner geschlossenen Hülle definiert. Andererseits dient die Hülle zur Selektierung, Positionierung, Skalierung und im allgemeinen für alle üblichen geometrischen Transformationen des Volumenobjektes. Die der Hülle zugeordnete Textur erfährt genau die gleichen Transformationen. Wie man sieht, ist die Textur eines Volumenobjektes im Prinzip unsichtbar und nur indirekt über die Hülle ansprechbar. Somit erfüllt die Hülle hier einen anderen Zweck als bei den üblichen Objekten der Computergraphik: Sie dient zur Berandung und zur Referenzierung des Volumenobjektes, bestimmt aber nicht sein optisches Aussehen. Ein Volumenobjekt besitzt keine Oberfläche oder Normale in dem Sinne, daß die Oberfläche und Normale seiner Hülle für die Auswertung des Beleuchtungsmodells irrelevant sind.

Volumenobjekte werden im wesentlichen in zwei verschiedenen Bereichen angewendet: im Bereich der wissenschaftlichen Visualisierung und im Bereich der Animation. Im Bereich der wissenschaftlichen Visualisierung handelt es sich bei Volumenobjekten um gemessene oder simulierte dreidimensionale Matrizen, die das Ergebnis einer Messung, eines Experimentes, einer Berechnung etc. darstellen. Die Elemente dieser Matrix können skalare Werte oder auch Vektoren sein. Dagegen werden im Animationsbereich ausschließlich skalare Felder als Volumenobjekte benutzt, die für die Modellierung von verschiedenen natürlichen Phänomenen (z.B. Dampf- oder Staubwolken, Nebel, Feuer etc.) eingesetzt werden.

Wie Levoy ([Levo90d]) erwähnt, besitzen Volumenobjekte an sich keine sichtbare Manifestation. Ihre optische Erscheinung erlangen sie durch die Abbildung auf eine geeignete Repräsentation während des Visualisierungsprozesses. Wegen des Unterschiedes der Daten und der unterschiedlichen Zielsetzung bei der Animation und bei der wissenschaftlichen Visualisierung werden in dem jeweiligen Bereich unterschiedliche Visualisierungsmethoden eingesetzt. Ein Überblick über diese Verfahren wurde im Abs. 2.3.2 gegeben. Im Rahmen dieser Arbeit beschränken wir uns auf die Texturvisualisierung als dreidimensionale semi-transparente Wolke.

5.1.2 Taxonomie der Volumenvisualisierungsverfahren

Eine Taxonomie der gängigen Visualisierungsmethoden aus der Sicht der wissenschaftlichen Visualisierung wird in [Levo90d] gegeben und in der Tabelle 5.1 präsentiert.

Tab. 5.1. Taxonomie der Visualisierungsverfahren für Volumendaten nach [Levo90d]

	Oberflächen	Voxel	Dichten
Objektraum	Fuchs et al.	Frieder et al.	Westover
Hybrid	Lorensen & Cline	Herman & Liu	Drebin et al.
Bildraum	Gallagher & Nagtegaal	Tuy & Tuy	Levoy Sabella

Nach Levoy lassen sich die Visualisierungsverfahren nach der Art der optischen Repräsentation und nach dem Raum, wo die Traversierung stattfindet, unterteilen. Wie bereits im vorherigen Abschnitt erwähnt, besitzen Volumenobjekte keine eigene sichtbare Manifestation, sondern ihnen wird eine solche durch das Visualisierungsverfahren zugeordnet. Demnach lassen sich die gängigen Repräsentationen in drei Kategorien unterteilen: Oberflächen, Schwellwerte oder Iso-Flächen, und semi-transparente Wolken. Desweiteren kann man die Verfahren nach dem Raum, wo die Traversierung und die Bearbeitung stattfindet,. gruppieren. Hier kann man grundsätzlich zwischen Objektraum und Bildraum unterscheiden; als Erweiterung kann man auch sog. hybride Verfahren, die bestimmte Teile der Bearbeitung im ersten oder zweiten Raum durchführen, in eine eigene Gruppe ordnen.

Bei den Objektraumverfahren werden die Daten im Objektraum traversiert und bearbeitet, das Ergebnis wird dann auf die entsprechenden Bildelemente im Bildraum projiziert ([West90]). Dabei kommt es üblicherweise vor, daß das Ergebnis der Bearbeitung eines Voxels zwischen mehreren Bildelementen verteilt wird, oder umgekehrt, daß mehrere Voxel innerhalb des gleichen Bildelementes fallen. Das vollständige Bild wird nach Beendigung der Bearbeitung durch die Überlagerung (Summe) aller innerhalb des Bildelementes ermittelten Teilergebnisse errechnet. Die Verfahren dieser Kategorie werden auch Vorwärtsabbildungen (*forward mapping*) genannt. Im zweiten Fall läuft die Bearbeitungsschleife über alle Bildelemente des Bildraums. Demnach werden zuerst Teile des Volumenobjektes gesucht, die durch ein Bildelement sichtbar sind, d.h. auf dieses Einfluß haben. Die so selektierten Voxel werden bearbeitet und das Ergebnis dem entsprechenden Bildelement zugeordnet. Verfahren dieser Kategorie werden auch inverse Abbildungen (*backward oder inverse mapping*) genannt. Die überwiegende Mehrheit der existierenden Verfahren, insbesondere alle im Abs. 2.3.2 diskutierten, gehören dieser Kategorie an.

Wie man leicht erkennen kann, ist diese Taxonomie für die bei der Animation verwendeten Verfahren ungeeignet. Alle uns interessierenden Verfahren visualisieren Texturen als semi-transparente Wolken und fallen allesamt in die dritte Spalte der Tabelle 5.1. Ebenso sind Objektraum- oder hybride Verfahren bisher nicht bekannt, womit man sich auf die rechte untere Ecke der Tabelle konzentriert.

Eine für die Animation geeignete Taxonomie unterteilt dieses rechte untere Feld der Tabelle 5.1 weiter nach Art des verwendeten Renderingverfahrens und nach der Verteilung der zu visualisierenden Textur ([Saka90], [HaSa90]). Unter den Renderingverfahren wird zwischen Ray-Tracing, projektivem Scanline Verfahren und hybriden Verfahren unterschieden. Bezüglich der Texturverteilung wird zwischen konstanter oder einfach variierender Textur einerseits, und zwischen beliebigen Verteilungen andererseits, unterschieden. Die in [NiMN87] vorkommende Unterscheidung in Regionen oder Schichten konstanter Dichte wird der ersten Kategorie zugeordnet, ebenfalls die in [Max86] vorgeschlagene lineare Variation der Dichte entlang der Höhenachse. Somit können die im Abs. 2.3.2 diskutierten Verfahren in der Tabelle 5.2 zusammengefaßt werden. Gemäß dieser Tabelle ist das vom Autor entwickelte Verfahren, das in dem restlichen Teil dieses Kapitels detailliert vorgestellt wird, in die erste Spalte einzuordnen, d.h. projektives Scanline Rendering, das konstante oder beliebig verteilte Textur visualisieren kann.

Tab. 5.2. Taxonomie der bei der Animation verwendeten Verfahren für die Visualisierung von 3D Texturen als Wolken

Renderingverfahren	Scanline	Ray-Tracing	Hybride
Konstante Dichteverteilung	Blinn [Blin82]	Inakage [Inak89]	-
Variable Dichteverteilung	Sakas [Saka90]	Kajiya & Herzen [KaHe84]	Eberts & Parent [EbPa90]

5.2 Das Beleuchtungsmodell

5.2.1 Physikalische Grundlagen

Um das in dieser Arbeit vorgeschlagene Beleuchtungsmodell besser zu erklären, werden hier die wichtigsten physikalischen Gleichungen, die das Verhalten des Lichtes innerhalb eines Volumens beschreiben, zusammengefaßt. In den uns bekannten Beiträgen wurde dieses Problem von zwei verschiedenen Ausgangspunkten aus behandelt: der linearen Transporttheorie und der Diffusionstheorie. Wir werden im weiteren die von den Ingenieuren bevorzugte erste Methode benutzen, da sie bei vielen praktischen Problemen bereits erfolgreich eingesetzt wurde. Da die komplette Ausarbeitung dieser Theorie in vielen Büchern und Veröffentlichungen detailliert beschrieben wird ([SpCe78], [Ishi78] etc.), wollen wir hier nur die für das Verständnis nötigen Grundzüge erwähnen.

Als Dichte ρ wird die Masse pro Volumeneinheit definiert (kg/m^3) und als Partikeldichte N die Anzahl der Partikel pro Einheitsvolumen (m^{-3}). Strahlstärke (Intensität) I_λ wird der Quotient der von einer Strahlungsquelle bei einer Wellenlänge in eine Richtung ausgehenden Strahlungsleistung und dem durchgestrahlten Raumwinkel genannt ($W \dot{s}rad^{-1}$). Als Strahldichte L_λ wird die Energie einer festen Wellenlänge λ definiert, die von einer Oberfläche abgestrahlt wird, pro projizierte Flächeneinheit und Raumwinkel ($W \dot{m}^{-2} \dot{s}rad^{-2}$), siehe auch [Ishi78], [SpCe78], [DIN5030], [DIN5031].

In diesem Beitrag berücksichtigen wir nur die Energie, die innerhalb des sichtbaren Spektrums liegt. Innerhalb des Volumens nimmt die Energie eines Strahlbündels aufgrund von Absorption und Streuung ständig als Funktion der zurückgelegten Strecke des Materials und der Materialdichte ab. *Absorption* wird die Umwandlung von Strahlungsenergie in eine andere, unsichtbare Form, z.B. Wärme, genannt. *Streuung* nennt man die Umlenkung eines Teils des Lichtes von seiner ursprünglichen Bahn: Das gestreute Licht ist zwar immer noch sichtbar, breitet sich aber in eine andere Richtung aus und wird daher nicht mehr zu der Energie des Strahlbündels gezählt. Die beiden Phänomene zusammen werden Volumendämpfung genannt und werden durch das Gesetz von Bougner beschrieben:

$$I_\lambda(x) \;=\; I_\lambda(0)\; e^{-\int_{\dot{x}=0}^{\dot{x}=x} \kappa_\lambda(\dot{x})\, d\dot{x}} \tag{5.1}$$

Gleichung 5.1 gibt die Intensität des Lichtes an der Stelle x innerhalb des Materials als Funktion von κ_λ und x. κ_λ ist eine Materialkonstante und wird Dämpfungskoeffizient (oder Extinktionskoeffizient) genannt. Er hat die Dimension m^{-1} und hängt von der Temperatur, vom Druck, der Zusammensetzung des Materials und der Wellenlänge des einfallenden Lichtes ab. Der Dämpfungskoeffizient wird als die Summe des Absorptionskoeffizienten α_λ und des Streuungskoeffizienten σ_λ ausgedrückt.

$$\kappa_\lambda \;=\; \alpha_\lambda \;+\; \sigma_\lambda \tag{5.2}$$

Der Quotient $\sigma_\lambda/\kappa_\lambda$ wird Albedo (oder seltener Reflektanz) w_λ genannt. Das Albedo kann Werte im Bereich 0-1 annehmen und charakterisiert die Reflexionseigenschaften des Materials, genauer gesagt das Verhältnis der reflektierten zu der Summe der reflektierten und absorbierten Energie. Dadurch bedeutet hohes Albedo, daß der größte Teil der Energie reflektiert wird; im Fall von Albedo gleich Eins wird die gesamte Energie reflektiert, Absorption und Umwandlung in Wärme findet nicht statt. Wasserdampf hat ein recht hohes Albedo von ca. 0,9. Niedriges Albedo bedeutet, daß die Absorption überwiegt, das Medium reflektiert nur schwach. Staub oder Rauchwolken, z.B. Ölverbrennungswolken, haben ein niedriges Albedo.

Die obigen linearen oder volumetrischen Koeffizienten können als Maßkoeffizienten ausgedrückt werden, wenn man sie durch die Dichte ρ dividiert:

$$\frac{\kappa_\lambda}{\rho} = \kappa_{\lambda,m} = \alpha_{\lambda,m} + \sigma_{\lambda,m} = \frac{\alpha_\lambda}{\rho} + \frac{\sigma_\lambda}{\rho} \tag{5.3}$$

Das Integral $\tau(x) = \int\limits_{\dot{x}=0}^{\dot{x}=x} \kappa_\lambda(\dot{x})\, d\dot{x}$ in Gleichung 5.1 wird auch optische Tiefe $\tau(x)$ des Punkts x genannt. Gleichung 5.1 kann dann folgendermaßen formuliert werden:

$$I_\lambda(x) = I_\lambda(0)\, e^{-\tau(x)} \tag{5.4}$$

5.2.2 Vereinfachung und Approximationen

Da die Physik der Lichtausbreitung in inhomogenen Medien recht komplex ist, haben wir für die Zwecke dieses Beitrags die folgenden Approximationen und Annahmen gemacht:

1. Wir berücksichtigen nur Absorption und Streuung, da diese beiden Phänomene das Aussehen von Volumenobjekten im wesentlichen bestimmen. Absorbierte Energie wird als „verschwunden" angenommen; Re-emission in einer anderen sichtbaren Wellenlänge wird ausgeschlossen. Dadurch kann die Berechnung für jede Wellenlänge unabhängig von den anderen durchgeführt werden. Fluoreszenz, Dünnschichteffekte etc. werden nicht berücksichtigt.

2. Wir benutzen eine Streuung erster Ordnung, d.h., Lichtstreuung wird einmal pro Bündel berücksichtigt, Mehrfachreflexionen des gestreuten Lichtes werden vernachlässigt. Die Selbstschattierung des Mediums, d.h. sowohl die Dämpfung des Lichtes von der Lichtquelle bis zur Reflexionsstelle, als auch die Dämpfung des reflektierten Lichtes entlang des Sehstrahls bis zum Auge, bleiben dabei berücksichtigt.

3. Das gestreute Licht als Ergebnis von Mehrfachreflexionen innerhalb des Volumens wirkt als sekundäre Lichtquelle; dies wird nicht explizit gerechnet, sondern nur global durch einen konstanten ambienten Term angenähert. Dadurch werden Volumenobjekte nur direkt von den Lichtquellen beleuchtet. Die obige Annahme ist erlaubt, wenn man dünne, schwach

reflektierende (niedriges Albedo) Materialien bzw. Volumina behandelt (siehe auch [Ishi78], [RuTo87]): Bei niedrigem Albedo schwächt sich das reflektierte Licht bereits nach wenigen Reflektionen fast vollständig ab und erzeugt dadurch keine signifikante Sekundärbeleuchtung. In diesem Punkt folgen wir auch dem Blinn'schen Ansatz ([Blin82]). Die meisten existierenden Anwendungen gehen von dieser Approximation aus, da sie verhältnismäßig einfach zu berechnen ist. Eine vollständige Lösung, die Einfach- und Mehrfachreflexionen berücksichtigt, erfordert die Berechnung aller Sekundärreflexionen sowohl aus allen anderen Elementen des Volumens als auch aus allen reflektierenden Flächen der Szene. Somit erfordert ein solches vollständiges Modell den Einsatz von sog. globalen Beleuchtungsverfahren ([Heck91]), d.h. Ray Tracing oder Radiosity. Tatsächlich wurden solche Beleuchtungsmodelle bereits sowohl für Ray-Tracing ([KaHe84]) als auch für Radiosity ([RuTo87]) präsentiert. Leider wird die genauere Beleuchtungsrechnung durch eine signifikante Erhöhung der erforderlichen Rechenzeit erkauft, siehe auch Abs. 2.4. Da diese Rechenzeit den Einsatz solcher Verfahren im Rahmen der Animation schwierig, oder gar in Echtzeitsystemen unmöglich macht, vernachlässigen wir diese Sekundäreffekte und beschränken uns auf ein sog. lokales Beleuchtungsmodell.

4. Das Licht, das von den Lichtquellen bzw. dem Hintergrund kommt, wird als kohärent angesehen. Seine Intensität wird innerhalb des Volumens zwar gedämpft (reduziert), aber das übrigbleibende Licht ist immer noch kohärent. Das ist besonders wichtig für die Hintergrundintensität (siehe auch letzten Term der Gleichung 5.8). Das Hintergrundlicht I_b wird im Volumen gedämpft, aber beleuchtet das Volumen nicht: Hier wird die Wolke als ein semi-transparentes Objekt behandelt. Die Intensität, die der Beobachter von jeder Richtung registriert, setzt sich zusammen aus der inkohärenten Streuung entlang der Blickstrecke innerhalb des Volumens und aus der kohärenten Hintergrundintensität; beide Anteile werden adäquat gedämpft.

5.2.3 Gleichungen für die Einfachreflektion

Die Geometrie der Lichtausbreitung innerhalb des Volumens wird in Abb. 5.1 gezeigt. Die Lichtintensität I_1 jeder Lichtquelle an einer Stelle $\ddot{x}$ wird wie folgt definiert:

$$I_{1,i} = I_{l,i}\, e^{-\int_{\tilde{x}=\ddot{x}}^{\tilde{x}=x_3} \kappa_{\lambda,m}\, \rho(\tilde{x})\, d\tilde{x}} \tag{5.5}$$

wobei $I_{l,i}$ die Intensität der i-ten Lichtquelle ist. Der Anteil von $I_{l,i}$, der entlang des Weges $d\ddot{x}$ reflektiert wird und das Auge erreicht, ist:

$$dI_{2,i} = I_{1,i}\, \sigma_{\lambda,m}\, \rho(\ddot{x})\, \Phi(\psi)\, e^{-\int_{\dot{x}=\ddot{x}}^{\dot{x}=x_0} \kappa_{\lambda,m}\, \rho(\dot{x})\, d\dot{x}}\, d\ddot{x} \tag{5.6}$$

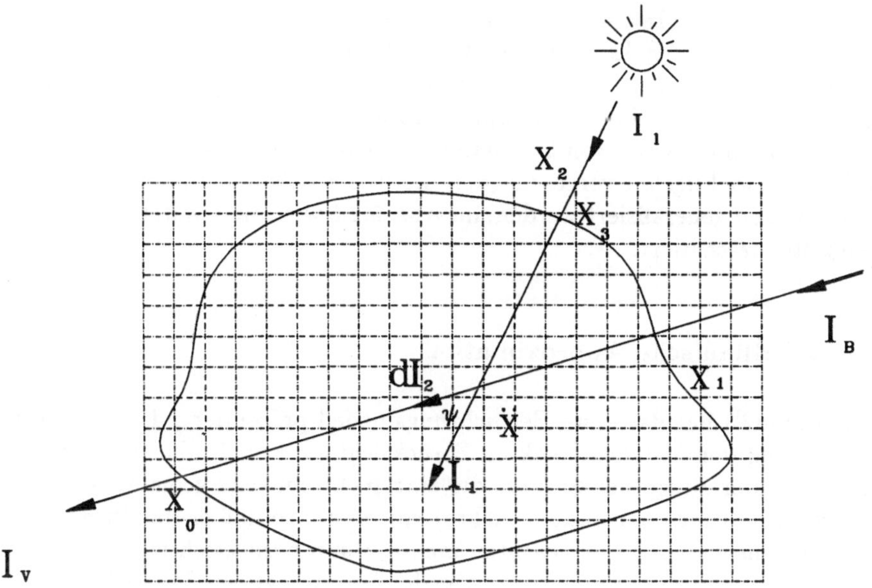

Abb. 5.1. Geometrie der Lichtausbreitung innerhalb eines Volumenobjekts

wobei $d\ddot{x}$ ein infinitesimaler Weg auf der Strecke $\overline{x_0x_1}$, $\rho(\ddot{x})$ die Dichte an der Stelle $\ddot{x}$ und $\Phi(\psi)$ die sog. Phasenfunktion ist. Die totale Intensität I_v, die den Beobachter erreicht, ergibt sich unter Berücksichtigung der im vorigen Abschnitt gestellten Annahmen und Einschränkungen als das Integral über alle $dI_{2,i}$ und über alle Lichtquellen plus den gedämpften Anteil der Hintergrundintensität:

$$I_v \;=\; \sum_{i=1}^{L} \int\limits_{x=x_0}^{x=x_1} dI_{2,i} \;+\; I_b \; e^{-\int\limits_{\overline{x}=x_0}^{\overline{x}=x_1} \kappa_{\lambda,m}\;\rho(\overline{x})\;d\overline{x}} \tag{5.7}$$

wobei L die Anzahl aller Lichtquellen, die den Punkt $\ddot{x}$ beleuchten, ist. Durch Kombination der Gleichungen 5.5, 5.6 und 5.7 kann die Gesamtgleichung wie folgt aufgestellt werden:

$$\begin{aligned} I_v \;=\; & \sum_{i=1}^{L} \int\limits_{\ddot{x}=x_0}^{\ddot{x}=x_1} I_{l,i}\; e^{-\int\limits_{\tilde{x}=\ddot{x}}^{\tilde{x}=x_3} \kappa_{\lambda,m}\;\rho(\tilde{x})\;d\tilde{x}} \;\; \sigma_{\lambda,m}\;\rho(\ddot{x})\;\Phi(\psi)\; e^{-\int\limits_{\dot{x}=\ddot{x}}^{\dot{x}=x_0} \kappa_{\lambda,m}\;\rho(\dot{x})\;d\dot{x}} \;\; d\ddot{x} \\ & + \;\; I_b\; e^{-\int\limits_{\overline{x}=x_0}^{\overline{x}=x_1} \kappa_{\lambda,m}\;\rho(\overline{x})\;d\overline{x}} \end{aligned} \tag{5.8}$$

Das erste Integral obiger Gleichung gibt die Dämpfung des von der Lichtquelle kommenden Lichtes, das zweite Integral die Selbstschattierung, d.h. die

Dämpfung des Lichtes innerhalb des Mediums von der Reflexionsstelle bis zum Auge, und das dritte Integral gibt die Dämpfung des Hintergrundlichtes an. Die gesamte Gleichung 5.8 kann für stochastische Dichteverteilungen $\rho(x)$ analytisch nicht gelöst werden. Eine numerische Auswertung ist sehr zeitintensiv und deshalb oft ungeeignet für die Computergraphik. Durch bestimmte Annahmen können Approximationen von 5.8 analytisch gelöst werden. Blinn und Max haben die zwei wichtigsten vorgeschlagen, die in den folgenden zwei Abschnitten präsentiert und generalisiert werden; im Abs. 5.2.5 wird eine weitere, vom Autor entwickelte, präsentiert.

5.2.4 Die Blinn'sche Approximation

Blinn ([Blin82]) hat das erste Beleuchtungsmodell präsentiert, das Absorption und Streuung von Volumenobjekten berücksichtigt. Sein Problem war die Visualisierung der Ringe des Saturn, die eine recht einfache geometrische Form (konzentrische Ringe konstanter Dichte) vorweisen, so daß er das Problem der Volumendefinition gar nicht beachten mußte. Blinn berücksichtigt nur Einfachreflexionen in Medien mit niedrigem Albedo. Ferner liegt eine Parallelprojektion vor, d.h. Beobachter und Lichtquelle liegen im Unendlichen. Die von ihm behandelte Geometrie ist eine Schicht konstanter Dichte, wie sie in der Abb. 5.2 gezeigt wird. Unter diesen Einschränkungen kann man die Gleichung 5.8 exakt lösen. Es werden drei unterschiedliche Lösungsformeln angegeben, je nachdem, ob Beobachter und Lichtquelle auf der gleichen Seite, auf gegenüberliegenden Seiten oder auf nebeneinander liegenden Seiten des quaderförmigen Volumenobjektes liegen. Im folgenden geben wir die verallgemeinerte Formel für den Fall der nebeneinander liegenden Seiten an; die anderen zwei Fälle können analog berechnet werden. In der folgenden Berechnung liegt die x-y Ebene des Koordinatensystemes parallel zu der Ebene, die durch den Augenvektor und den Lichtvektor definiert wird.

$$\begin{aligned} I_v &= \frac{I_{l,i}\, w_{\lambda,m}\, \Phi(\psi)\, e^{-\kappa_{\lambda,m}\, \rho\, l\, \tan(\psi_1)\, \sin(\psi_2)}}{1 - \frac{\sin(\psi_1)}{\sin(\psi_2)}} \left(1 - e^{-\frac{\kappa_{\lambda,m}\, \rho\, l}{\cos(\psi_1)}\left(1 - \frac{\sin(\psi_1)}{\sin(\psi_2)}\right)}\right) \\ &+ I_b\, e^{-\kappa_{\lambda,m}\, \rho\, \frac{l}{\cos(\psi_2)}} \end{aligned} \tag{5.9}$$

wobei l die Länge des Volumenobjektes ist.

Da eine Auswertung pro Bildpunkt stattfindet, liegt der erforderliche Berechnungsaufwand in der Größenordnung von

$$Berechnung \approx O(N^2) \tag{5.10}$$

wobei N^2 die Anzahl der Bildpunkte ist. Dieses Modell wird im Rest der Arbeit als das „Blinn'sche Modell" referenziert.

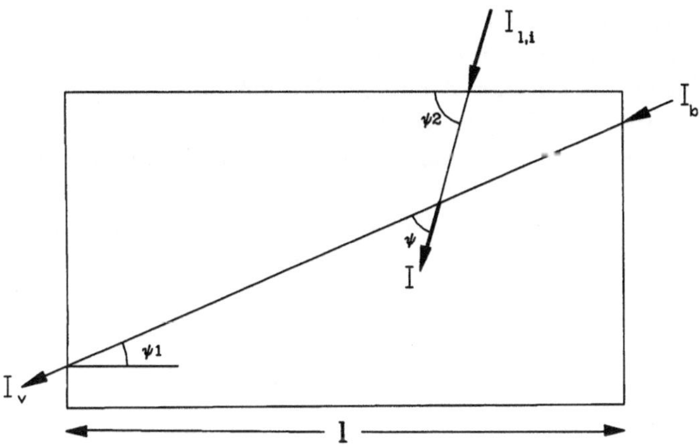

Abb. 5.2. Beleuchtungsgeometrie eines quaderförmigen Volumenobjektes konstanter Dichte. In diesem Fall liegen der Beobachter und die Lichtquelle auf nebeneinanderliegenden Seiten des Quaders

5.2.5 Paralleles Licht, Einfachreflexion, dünnes Medium

Diese Approximation wurde vom Autor ([Saka90]) vorgeschlagen und stellt eine Erweiterung des vorherigen Modelles dar, um beliebige Dichteverteilungen zu berücksichtigen. Es werden ebenfalls paralleles Licht und Einfachreflexion berücksichtigt, allerdings können sowohl die Objektgeometrie als auch die Dichteverteilung beliebig sein. Die Approximation ist anwendbar bei Paralleleinstrahlung und Einfachreflexion in dünnen Medien. Als „dünn“ wird hier ein Volumen bezeichnet, bei dem die optische Tiefe τ zur Lichtquelle hin (Exponentialterm [1] in der Gleichung 5.8) als gering angesehen werden kann im Vergleich zu der optischen Tiefe entlang der Blickrichtung (Exponentialterm [2] in Gleichung 5.8), siehe dazu Abb. 5.1. In diesem Fall kann die Dämpfung des von den Lichtquellen kommenden Lichtes innerhalb des Volumens vernachlässigt werden: Jeder Volumenpunkt wird mit der gleichen Intensität I_l beleuchtet, unabhängig von seiner Entfernung von der Lichtquelle. Die Selbstschattierung des Volumens entlang des Sehstrahls bleibt dabei erhalten. Dies stellt eine zulässige Approximation für Volumina niedriger Dichte, kleiner Dämpfung und kleiner Dicke im Vergleich zur Länge dar. Erfreulicherweise treffen alle diese Voraussetzungen in einer Reihe natürlicher Phänomene zu: dunstige oder verschmutzte Atmosphäre, dünne Wolkenbänder (weiße „Gutwetterwolken“ oder Cirrus), dünner bis mitteldichter Nebel, dünne Rauch- oder Dampfsäulen wie z.B. Zigarettenqualm oder kochendes Wasser etc. Andere Phänomene, wie dicke Cumuluswolken, dicke Rauchsäulen etc. können mit Hilfe dieser Annahmen nur approximativ visualisiert werden.

Um die Integration der Gleichung 5.8 unter diesen vereinfachenden Annahmen durchzuführen, kann man die Strecke x in eine Anzahl von i, nicht unbedingt gleich lange, Substrecken der Länge l_i dividieren, wobei jede Substrecke eine konstante, aber individuelle Dichte ρ_i hat. Somit wird jede Substrecke als eine Region homogener Dichte angesehen. Jede solche homogene Region hat eine Transparenz von $t_i = e^{-\kappa\rho_i l_i}$ und eine Farbe $c_i = I\int_0^{l_i} \sigma\rho_i e^{-\kappa\rho_i x}dx = Iw(1 - e^{-\kappa\rho_i l}) = Iw(1 - t_i)$. Die Gesamtfarbe entlang einer Strecke ist somit gleich der Akkumulation der Farbbeiträge aller Substrecken l_i, adäquat gedämpft entlang der Strecke:

$$
\begin{aligned}
C_i &= c_0 + \sum_{i=1}^{n}(t_0 t_1 \cdots t_{i-1})\, c_i \\
&= I\,w\,(1 - e^{-\kappa\rho_0 l_0}) + \\
&\quad I\,w\,\{e^{-\kappa\rho_0 l_0}(1 - e^{-\kappa\rho_1 l_1}) + \\
&\quad \cdots \qquad + \\
&\quad e^{-\kappa(\rho_0 l_0 + \cdots + \rho_{n-1} l_{n-1})}(1 - e^{-\kappa\rho_n l_n})\} \\
&= I\,w\,(1 - e^{-\kappa(\rho_0 l_0 + \cdots + \rho_n l_n)}) \\
&= I\,w\,(1 - e^{-\tau})
\end{aligned} \tag{5.11}
$$

$$
\tau = \kappa \sum_{i=0}^{n} \rho_i l_i = \kappa\, l \sum_{i=0}^{n} \rho_i \frac{l_i}{l} = \kappa\, l\, \overline{\rho} \tag{5.12}
$$

Die optische Tiefe τ entlang des Sichtstrahls wird durch die zweite Gleichung angegeben. In diesem Fall kann die Gleichung 5.8 in einer vereinfachten Form ausgedrückt werden:

$$
I_v = I_{l,i}\; w_{\lambda,m}\; \Phi(\psi)\; (1 - e^{-\tau}) + I_b\; e^{-\tau} \tag{5.13}
$$

wobei $w_{\lambda,m}$ das Albedo ist. In den Fällen konstanter Dichte wird die optische Tiefe einfach durch $\rho\ l = \rho\ \overline{x_1 x_2}$ ersetzt. In jedem Fall entfällt die Berechnung der Summe in 5.11, und für die Berechnung der Beleuchtung ist nur die Auswertung einer Exponentialfunktion pro Blickstrahl erforderlich; in allen anderen Fällen muß die Summe berechnet werden. Wenn die Textur als diskretes Voxelfeld vorliegt, können die einzelnen Voxel tatsächlich als Elementarregionen konstanter Dichte angesehen werden. In diesem Fall erfordert Gleichung 5.11 eine mit der jeweiligen Länge gewichtete Summe der Dichten aller Voxel zwischen Anfangspunkt und Endpunkt der abzutastenden Strecke. Im nächsten Abschnitt wird gezeigt, daß eine solche Traversierung mit Hilfe von Bresenham oder DDA-Algorithmus recht schnell durchgeführt werden kann, was zu beachtlichen Zeitersparnissen führt.

Man beachte außerdem, daß die Dämpfung zur Lichtquelle hin zwar vernachlässigt, jedoch die Dämpfung des Objektes entlang des Sehstrahls voll berücksichtigt wird. Dadurch erscheinen Objekte, die innerhalb oder hinter dem Volumenobjekt liegen, gedämpft mit der Transparenz des Volumens, wie der letzte Term in der Gleichung 5.13 zeigt.

In diesem Fall muß für jeden Bildpunkt eine Traversierung in die Tiefe vorgenommen werden. Dadurch ist der erforderliche Berechnungsaufwand in der Größenordnung:

$$Berechnung \approx O(N^2 \cdot M) \tag{5.14}$$

wobei N^2 die Bild- und M^3 die Texturauflösung ist. Das Modell wird im Rest der Arbeit als das „vereinfachte Modell“ referenziert.

Abb. 5.3. Frames aus der in Eurographics 90 präsentierten Animation, die zeigt, daß Objekte, Lichtquellen und Kamera innerhalb eines Volumenobjektes liegen können (vereinfachtes Modell). Für Farbbeispiele siehe Abb. 9.7 und 9.11 auf Seiten 238 und 240

5.2.6 Einfachreflexion mit Selbstschattierung

Dieses Modell berücksichtigt die Selbstschattierung des Objektes sowohl entlang des Sichtstrahls als auch zur Lichtquelle hin. Das bedeutet, daß an jeder Stelle innerhalb des Volumens die Dämpfung des aus der Lichtquelle kommenden Lichtes berücksichtigt werden muß.

Bei beliebiger Objektgeometrie und Dichteverteilung erfordert die Berechnung dieser Dämpfung das Entsenden eines Strahls aus der aktuellen Position in die Richtung der Lichtquelle (Schattenfühler oder Ray-Casting). Dieses Verfahren wurde sowohl von den reinen Ray-Tracing Algorithmen ([Levo90c] [KaHe84], [Inak89] etc.) als auch von den Ray-Casting „Mischverfahren" [EbPa90] verwendet. Wenn dieser Strahl undurchsichtige Objekte schneidet, die zwischen der aktuellen Position und der Lichtquelle liegen, so steht die Position im Schatten. Ansonsten ist der erste und einzige Schnitt mit der Hülle des Volumenobjektes selbst, d.h. Position x_2 auf Abb. 5.1. In diesem Fall muß die Dämpfung entlang der Strecke $\overline{xx_2}$ errechnet und gemäß Gleichung 5.5 und 5.8 mit der Intensität der Lichtquelle multipliziert werden. Diese Berechnung muß erfolgen für jede ausgewertete Stelle x entlang der Strecke $\overline{x_0x_1}$. Üblicherweise findet eine Auswertung innerhalb jeden Voxels entlang $\overline{x_0x_1}$ statt (siehe Abb. 5.4), wobei das Integral 5.8 zu einer endlichen Summe umgewandelt wird:

$$\begin{aligned} I_v &= \sum_{i=1}^{L} \sum_{\ddot{x}=x_0}^{\ddot{x}=x_1} I_{l,i}\, e^{-\sum_{\tilde{x}=\ddot{x}}^{\tilde{x}=x_3} \kappa_{\lambda,m}\, \rho(\tilde{x})\, d\tilde{x}}\, \sigma_{\lambda,m}\, \rho(\ddot{x})\, \Phi(\psi)\, e^{-\sum_{\dot{x}=\ddot{x}}^{\dot{x}=x_0} \kappa_{\lambda,m}\, \rho(\dot{x})\, d\dot{x}}\, d\ddot{x} \\ &+ \quad I_b\, e^{-\sum_{\overline{x}=x_0}^{\overline{x}=x_1} \kappa_{\lambda,m}\, \rho(\overline{x})\, d\overline{x}} \end{aligned} \tag{5.15}$$

Dadurch erhöht sich der Berechnungsaufwand gegenüber dem Blinn'schen und dem vereinfachten Modell auf:

$$Berechnung \approx O(N^2 \cdot M^2) \tag{5.16}$$

wobei N^2 die Bild- und M^3 die Texturauflösung sind. Dieses Beleuchtungsmodell wird im Rest der Arbeit als das „komplette Modell" referenziert.

In dem obigen Berechnungsaufwand sind nur die Texturzugriffe beinhaltet, nicht jedoch die erforderlichen Schnittroutinen. Da diese Schnittroutinen einen beträchtlichen Anteil der Berechnung darstellen, wurden vom Autor ([Saka90], [SaHa90], [HaSa90]) zwei unterschiedliche Näherungen zur Reduzierung des Aufwandes vorgeschlagen.

Die erste Näherung versucht die Schnittroutine zur Lichtquelle hin zu vermeiden. Wie bereits erwähnt, ist dieser Schnitt die einzige Stelle, die einen Ray-Tracer oder einen Ray-Caster erforderlich macht. Um das zu umgehen, wollen wir den Schnitt des Strahls mit der Fläche des Umrandungsparallelepipeds berechnen, d.h. Punkt x_3 in Abb. 5.1. Aufgrund der einfachen Geometrie des Objektes ist die Berechnung dieses Schnittes trivial. Dadurch wird die Berechnung wesentlich vereinfacht; der Berechnungsaufwand aber, ausgedrückt durch die Anzahl der Texturzugriffe, bleibt der gleiche. Die Güte der Approximation

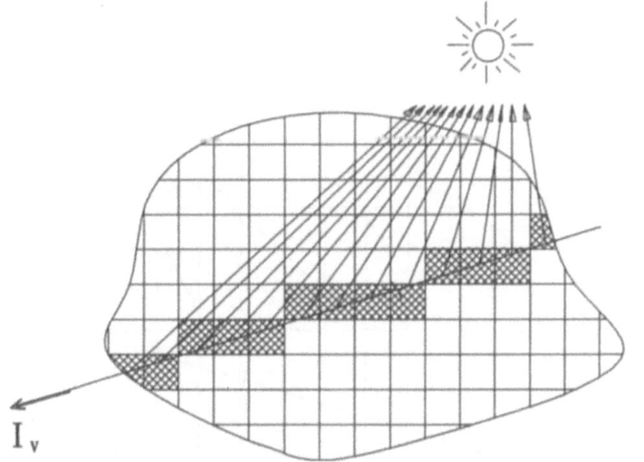

Abb. 5.4. Erste Näherung für die Einfachreflexion mit Selbstschattierung. Die Auswertung findet ein Mal innerhalb jedes Voxels entlang der Strecke statt

ist um so genauer, desto besser das Volumenobjekt durch die Form des Quaders approximiert werden kann. Im Abs. 5.6.2 wird gezeigt, daß diese Näherung in vielen Fällen zulässig ist. Dieses Modell wird im Rest der Arbeit als das „Würfel-komplette Modell“ referenziert.

Die zweite Näherung versucht auch die Anzahl der Texturzugriffe zu reduzieren. Wie man aus Abb. 5.4 erkennen kann, verfolgen Strahlen, die aus benachbarten Positionen entsendet werden, auch ähnliche Wege. Man kann daher annehmen, daß die Texturdichte an benachbarten Positionen sich nur relativ wenig ändert, wodurch auch die zwei Schattenfühler-Strahlen ähnliche Dämpfungen des Lichtquellenlichtes liefern werden. In diesem Sinne wird vor der Auswertung des Beleuchtungmodells die gesamte Strecke $\overline{x_0x_1}$ in eine Anzahl von Substrecken unterteilt. Die Anzahl der Substrecken bzw. die Größe jeder Substrecke wird vom Benutzer als Objektattribut angegeben. Von dem Mittelpunkt jeder Substrecke wird ein Strahl zur Lichtquelle entsandt und die Dämpfung bestimmt, siehe Abb. 5.5. Die errechnete Dämpfung wird für die gesamte Substrecke konstant angenommen. Dadurch reduziert sich der Berechnungsaufwand auf

$$\text{Berechnung} \approx O(N^2 \cdot M^2/Ss) \tag{5.17}$$

wobei N^2 die Bild- und M^3 die Texturauflösung sind und Ss die Länge jeder Substrecke in Voxeln. Es wird im Abs. 5.6.2 gezeigt, daß mit Hilfe dieser Methode signifikante Zeitersparnisse ohne nennenswerte Reduzierung der Bildqualität erzielt werden. Dieses Modell wird im Rest der Arbeit als „Substrecken-komplettes Modell“ referenziert. Auf Abb. 5.6 werden die Unterschiede bei der Beleuchtung eines Würfels homogener Dichte mit Hilfe beider Modelle demon-

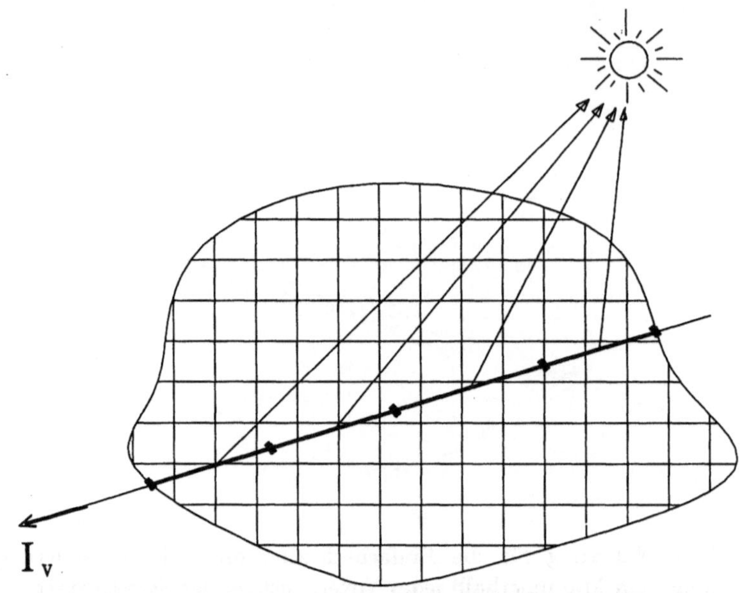

Abb. 5.5. Zweite Näherung für die Einfachreflexion mit Selbstschattierung. Die Auswertung findet ein Mal am Mittelpunkt jeder Substrecke statt

striert. Die Eigenschaften aller fünf oben diskutierten Modelle werden in der Tabelle 5.3 zusammengefaßt.

Tab. 5.3. Eigenschaften der diskutierten Beleuchtungsmodelle

Modell	Blinn	Einfaches	Substrecken-Komplettes	Würfel-Komplettes	Komplettes	Kajiya & Herzen
Konstante Dichte	+	+	+	+	+	+
Beliebige Dichte	−	+	+	+	+	+
Beliebige Form	−	+	+	+	+	+
Selbst-schattierung	+	−	+	+	+	+
Schattenwurf	−	−	−	−	+	+
Mehrfach-reflexionen	−	−	−	−	−	+
Aufwand	N^2	$N^2 * M$	$N^2 * M^2/Ss$	$N^2 * M^2$	$N^2 * M^2$	$N^2 * M^n$

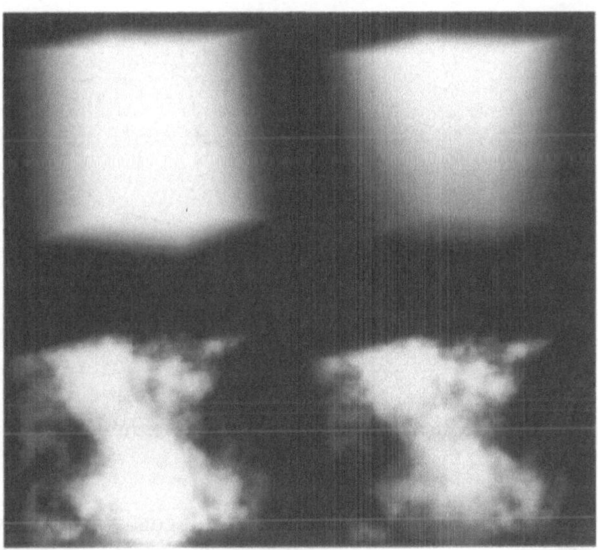

Abb. 5.6. Vergleich beider Modelle bei der Beleuchtung eines homogenen Würfels ohne (links) und mit (rechts) Berücksichtigung der Selbstschattierung für homogene (oben) und texturierte (unten) Volumina

5.2.7 Phasenfunktionen

Die räumliche Intensitätsverteilung und die Farbe des entlang einer Strecke gestreuten und vom Beobachter registrierten Lichtes wird durch die Streufunktion angegeben. Vereinfachend drücken wir die Streufunktion als Produkt eines wellenlängenabhängigen Koeffizienten σ_λ und einer geometrieabhängigen Phasenfunktion $\Phi(\psi)$ aus. Der erste Term wird als die „Farbe" des Volumens angesehen und als RGB-Tripel oder als Vektor über alle relevanten Wellenlängen ausgedrückt. Die Farbe hängt vom Material und von der durchschnittlichen Größe der Streukeime ab. Für Partikel mit kleiner Ausmessung im Vergleich zu der Wellenlänge gilt die Beziehung von Raleigh:

$$\sigma_\lambda = c_d \cdot \lambda^{-4} \tag{5.18}$$

$$\Phi(\psi) = 1 + \cos^2(\psi) \tag{5.19}$$

mit c_d als Materialkonstante. Mit wachsenden Abmessungen werden die Beziehungen komplizierter. Als Kompromiß schlägt Angström [Angs29] vor, σ_λ für atmosphärische Partikel wie folgt auszudrücken:

$$\sigma_\lambda = c_d \cdot \lambda^{-f}, \quad 0 \leq f \leq 4 \tag{5.20}$$

wobei f von der Partikelgröße und c_d von der Partikelanzahl abhängt.

Der Wert der Phasenfunktion $\Phi(\psi)$ hängt nur vom Winkel ψ zwischen Blickstrahl und Lichtquelle ab (siehe Abb. 5.1 und Abb. 5.7). Blinn faßt einige wichtige Phasenfunktionen zusammen, andere können in Fachbüchern, z.B.

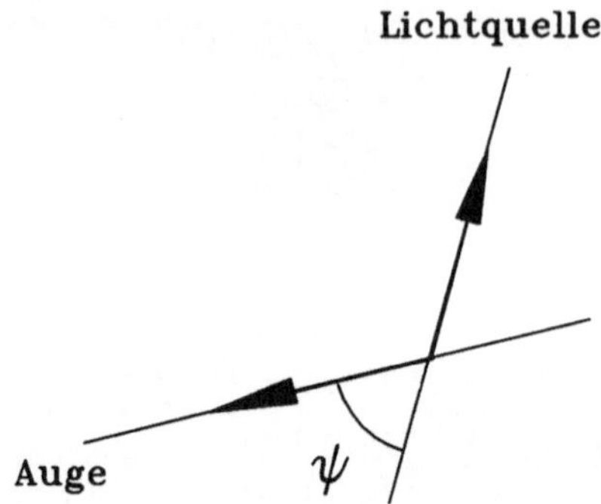

Abb. 5.7. Zu der Definition der Phasenfunktion

[SiHo81], gefunden werden. Darüber hinaus schlagen wir zwei weitere Funktionen vor, die für die Computergraphik günstig erscheinen: eine Gauß'sche Verteilung und eine heuristische Cosinus-Verteilung.

Die Gauß'sche Verteilung kann für Partikel, deren Größe wesentlich größer als die Wellenlänge ist, benutzt werden (z.B. Staub). Das gestreute Licht wird hauptsächlich in die Vorwärtsrichtung fokussiert (siehe dazu [Ishi78], pp. 49):

$$\Phi(\psi) = \frac{\gamma}{\pi} e^{-\gamma \psi^2} \tag{5.21}$$

wobei γ die „Breite" der Streuung angibt. Die heuristische Funktion, die in Anlehnung an den Phong'schen Reflexionsfaktor eingeführt wurde, ist:

$$\Phi(\psi) = 1 + \mid \cos^n(\psi) \mid \tag{5.22}$$

wobei n wiederum die Streubreite bestimmt, siehe Abb. 5.8. Zu beachten ist, daß n=0 der isotropen und n=2 der Raleigh'schen Streuung entspricht.

5.3 Der Visualisierungsalgorithmus

5.3.1 Anforderungen

Bisher wurden die physikalischen Gleichungen beschrieben, die die Licht--Materie-Interaktion innerhalb von Volumenobjekten beschreiben. Als zweiter Schritt wurden unter Berücksichtigung von Randbedingungen durch Vereinfachung und Approximation verschiedene Beleuchtungsmodelle extrahiert. Der nächste Schritt besteht nun darin, einen Algorithmus zu entwerfen, der mit Hilfe dieser Beleuchtungsmodelle Volumenobjekte visualisieren kann. Die Anforderungen an das Visualisierungssystem werden im folgenden aufgelistet.

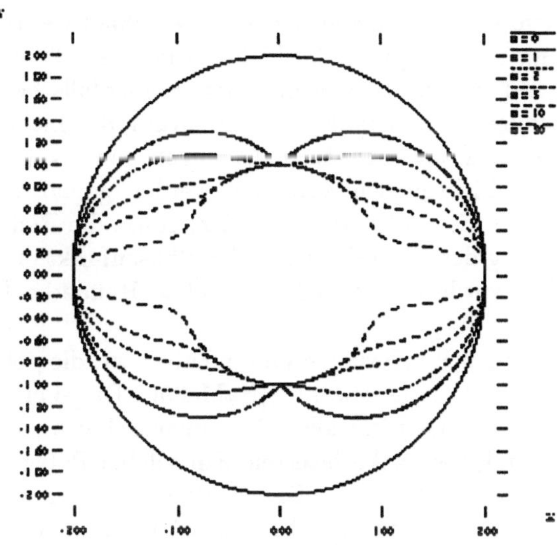

Abb. 5.8. Die Form der heuristischen Phasenfunktion für n=0, 1, 2, 5, 10 und 50

5.3.1.1 Das Renderingsystem Als erste Entscheidung steht die Wahl des Renderingsystems bevor. In der Vergangenheit wurden sowohl Scanline Renderer als auch Ray-Tracer erfolgreich eingesetzt. Dabei wurde die Eigenschaft der Ray-Tracer, durch ein Objekt einen Strahl zu verfolgen, dazu ausgenutzt, um eine beliebig verteilte Volumentextur gleichzeitig zu dem Rendering abzutasten; Scanline Renderer dagegen wurden bisher nur in Verbindung mit konstanter Dichte eingesetzt. Scanline Renderer sind aber im allgemeinen bedeutend schneller als der schnellste Ray-Tracer, da sie durch Ausnutzung der durch die Objekte vorgegebenen Kohärenz das wiederholte Ausrechnen von Schnittroutinen vermeiden. Desweiteren werden Scanline Verfahren durch die Hardware von modernen Arbeitsstationen massiv unterstützt, was eine zusätzliche Geschwindigkeitssteigerung gegenüber von reinen Softwarelösungen von zwei bis drei Zehnerpotenzen bedeutet. Deshalb muß zuerst genau geprüft werden, in welchen Fällen ein Ray-Tracer tatsächlich benötigt wird.

Wie aus Gleichung 5.8 ersichtlich, benötigt man für die Durchführung der Integrationen die Grenzen aller Integrale, d.h., die Positionen des Eintritts und Austritts in dem Volumenobjekt entlang des Sehstrahls x_0 und x_1, die aktuelle Position x und die Position x_3 des Eintritts der Lichtstrahlen in das Volumen. Durch die Analyse der im Abs. 2.3.2 vorgestellten Verfahren wird deutlich, daß ein vollständiger Ray-Tracer nur im Falle der Berücksichtigung von Mehrfachreflexionen ([KaHe84]) wirklich benötigt wird. In allen anderen Verfahren kann die von dem Beleuchtungsmodell benötigte Information entweder von einem reinen Scanline Renderer, oder von einem Ray-Caster ebensogut zur Verfügung gestellt werden. Insbesondere können die Positionen x_0, x_1 und x sowie die Richtung der

Lichtquelle von einem reinen Scanline Renderer berechnet werden. Nur im Falle der Berücksichtigung der Dämpfung der Lichtquelle innerhalb eines beliebig geformten Objektes muß die Position x_3 zu jedem x ebenfalls berechnet werden, was aber das Entsenden eines Strahls in die Richtung der Lichtquelle bedeutet ([EbPa90]). Benutzt man die im Abs. 5.2.5 angegebene Approximation, d.h. Vernachlässigung der Lichtquellendämpfung, werden gemäß der Gleichungen 5.13 und 5.11 nur noch die Positionen x_0 und x_1 sowie die Richtung zur Lichtquelle zur Ausrechnung des Winkels ψ und der Phasenfunktion $\Phi(\psi)$ benötigt. Aus diesen Gründen wurde der schnellere Scanline Renderer dem Ray-Tracer vorgezogen.

Von den existierenden Renderingverfahren haben wir die polygonale Approximation mit z-Tiefe Sortierung gewählt ([HaMa89]). Dabei erstellt der Renderer für jeden Bildpunkt eine Liste aller Polygonausschnitte, die durch diesen Bildpunkt sichtbar sind, sog. Mikrofacetten. Ein solcher Polygonausschnitt hat die auf Abb. 5.4 abgebildete Struktur. Die wichtigsten Informationen sind seine Position (x,y,z) in Auge-Koordinaten, die Texturkoordinaten (u,v,w), der Normalenvektor N, der geometrische Bedeckungsanteil C, der Werte zwischen 0 und 1 annehmen kann, und ein Verweis auf das Objekt, dem die Facette gehört. Nachdem diese Liste für jeden Bildpunkt erstellt ist, werden die Einträge gemäß ihrer z-Tiefe sortiert, so daß nahe dem Betrachter liegende Polygone am Anfang der Liste und weit entfernt liegende am Ende stehen.

Tab. 5.4. Datenstruktur einer Mikrofacette

<table>
<tr><th colspan="2">Mikrofacette–Struktur:</th><th>Bedeutung:</th></tr>
<tr><td colspan="2">Kennzeichnungsflag</td><td>Was ist alles gültig</td></tr>
<tr><td colspan="2">objID, SubID</td><td>Herkunft des Eintrages</td></tr>
<tr><td colspan="2">coverage</td><td>Bedeckungsanteil</td></tr>
<tr><td colspan="2">position</td><td>Lage der Microfacette</td></tr>
<tr><td colspan="2">normal</td><td>Normale der Microfacette</td></tr>
<tr><td>Farbe</td><td>Texturkoordinaten</td><td>Multifunktionsspeicher</td></tr>
</table>

5.3.1.2 Das Beleuchtungsmodell Wir wollten alle drei im vorigen Abschnitt eingeführten Beleuchtungsmodelle einsetzen. Der Benutzer kann frei zwischen den Modellen auswählen. Ferner sollen diese Modelle zusammen mit konvexen oder konkaven Volumenobjekten benutzt werden.

5.3.1.3 Mehrfache Objekte Eine zusätzliche Anforderung betrifft den beliebigen Einsatz und die beliebige Kombination von Volumenobjekten zusammen mit „normalen“ polygonalen Objekten in einer Szene sowie den Einsatz von mehreren Volumenobjekten in der gleichen Szene ([Webe90]). Alle obigen Objekte können einander überlappen bzw. sich gegenseitig einschließen in beliebiger Art. Zusätzlich dazu kann der Augpunkt außerhalb oder innerhalb eines oder mehrerer Volumenobjekte sein, wie das in Abb. 5.9 zu sehen ist. Zu diesem Zweck muß zuerst definiert werden, was in Konfliktsituationen passiert, d.h. wenn Volumenobjekt und normales Objekt, oder auch zwei oder mehrere Volumenobjekte sich überlagern, schneiden etc. Ferner muß das sog. „Flaschenproblem“ beachtet werden: Damit wird gemeint, daß ein Objekt evtl. nur durch seine Umrandungsflächen beschrieben sein kann ([EnSt88]), die eine Dicke von Null aufweisen, anstatt durch sein Volumen. Dadurch entfällt die Information, ob man sich noch innerhalb des fremden Objektes befindet oder ob man es schon verlassen hat. Dieser Zusammenhang entspricht einer offenen oder geschlossenen Flasche, wie es in Abb. 5.10 gezeigt wird: Ist die Flasche geschlossen, so gehört die Strecke AB nicht zum Volumenobjekt, ist die Flasche offen, kann die Wolke in die Flasche eindringen, so daß die Strecke AB ebenfalls zum Volumenobjekt gehört. Da der Renderer selbst diese Information nicht errechnen kann, muß dieser Sachverhalt dem Objekt als besonderes Attribut zugeordnet werden. Wenn zwei Volumenobjekte sich schneiden, ist die Unterscheidung noch schwieriger, da sich nicht ohne weiteres eine Priorität feststellen läßt. Darüber hinaus soll das Verfahren auch dann funktionieren, wenn der Beobachter sich innerhalb von einem oder mehreren Volumenobjekten befindet. Abs. 5.3.5, 5.3.6 und 5.3.7 behandeln alle diese Punkte im einzelnen.

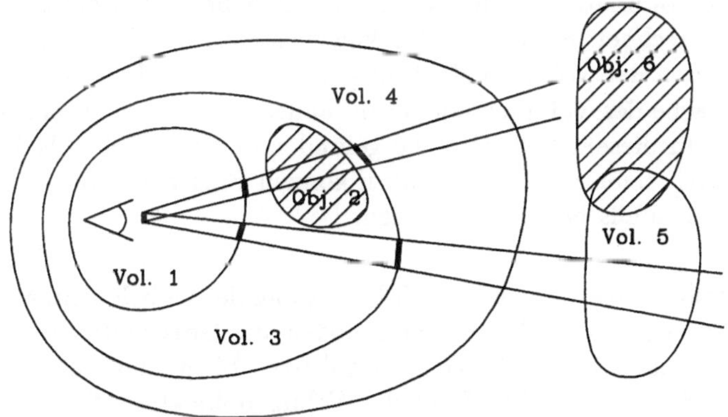

Abb. 5.9. Einsatz von mehreren Volumenobjekten und Normalobjekten

5.3.2 Der Algorithmus

Der Algorithmus läuft für jeden Bildpunkt in vier Schritten ab: Streckenfestlegung, Streckenunterteilung, Traversierung und Abtastung, Beleuchtung und Ausgabe.

5.3.2.1 Streckenfestlegung Als erstes wird die zu beleuchtende Strecke festgelegt. Bei der benutzten Scanline Methode mit Tiefensortierung (*z-sorting*)

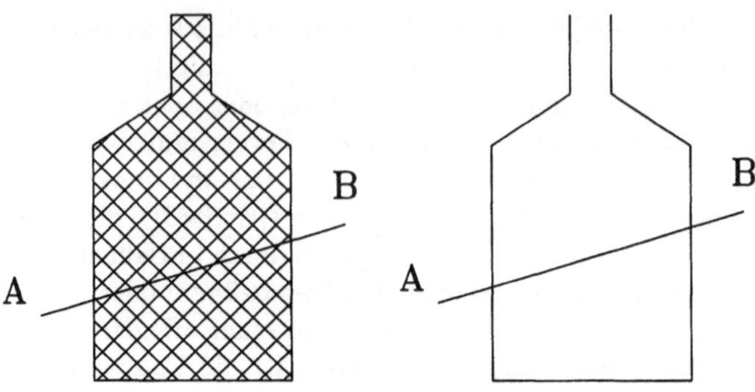

Abb. 5.10. Das „Flaschenproblem“: bei einer geschlossener Flasche (links) verläuft die Strecke AB innerhalb des Volumens, bei einer offenen (rechts) jedoch nicht

wird als erstes geprüft, ob der Beobachter sich bereits im Volumen befindet, oder ob die Frontfläche eines Volumenobjekts vorliegt. Wenn eins von beiden zutrifft, dann wird die entsprechende Rückfläche im Puffer gesucht und die 3D Texturkoordinaten für Rück- und Frontfläche (entsprechend Augposition) werden berechnet. Front- und Rückfläche stellen die Grenzen der Strecke dar, entlang deren der Volumeneffekt ausgewertet wird. Als Erweiterung kann vor der Rückfläche des Volumenobjekts ein anderes im Volumen plaziertes Objekt vorliegen. In diesem Fall wird die gefundene Objektfläche als Rückfläche behandelt. Durch einen rekursiven Aufruf können Einschließungen („Volumen-in-Volumen“) ebenfalls behandelt werden.

5.3.2.2 Streckenunterteilung Nach Festlegung der zu beleuchtenden Fläche wird, je nach verwendetem Beleuchtungsmodell, die Gesamtstrecke in eine Anzahl von Substrecken unterteilt. Die Anzahl bzw. Länge der Substrecken sind vom Benutzer definierbare Attribute des Volumenobjektes. Wenn das vereinfachte Modell benutzt wird, wird die gesamte Strecke als ein Abschnitt behandelt.

5.3.2.3 Traversierung und Abtastung Während dieses Schrittes werden die Dichten der einzelnen Elemente entlang der Strecke bzw. jeder Teilstrecke abgetastet. Das Abtasten jeder Teilstrecke erfordert das Starten eines 3D Bresenham oder DDA Algorithmus, der die Strecke traversiert und gemäß der Gleichung 5.11 die auf der Strecke befindlichen Voxel akkumuliert. Diese Traversierung liefert als Ergebnis die mittlere Dichte der (Teil-)Strecke. Zu beachten ist, daß die Initialisierung vom DDA-Algorithmus einmal pro Gesamtstrecke erfolgt, unabhängig von der Anzahl der Substrecken. Soll die Dämpfung der Lichtquelle berücksichtigt werden, so wird von dem Mittelpunkt jedes Voxels bzw. jedes Abschnittes ein Strahl zur Lichtquelle hin geschickt. Die Behandlung dieses Strahls erfolgt genauso wie die für den Augstrahl, wobei der Voxel- bzw. Substreckenmittelpunkt den Anfang und die Position x_3 in Abb. 5.1 das Ende der Strecke markieren. Schattenstrahlen werden immer als eine einzige Substrecke behandelt.

Die Traversierung des Augstrahles sowie des eventuellen Lichtquellenstrahles erfolgt in Texturkoordinaten und endet an der Stelle, wo der aktuelle Abschnitt verlassen wird. Das kann das Ende einer Substrecke sein, eine Volumenrückfläche, wo das Volumen verlassen wird, oder auch die Fläche eines fremden Objektes. Im ersten Fall wird die Berechnung unverändert für die nächste Substrecke durchgeführt, im zweiten Fall wird die Berechnung beendet. In Falle eines fremden Objektes wird die Beleuchtungsrechnung rekursiv für alle Facetten des fremden Objektes durchgeführt.

5.3.2.4 Beleuchtung und Ausgabe Nach der Bestimmung aller Größen werden Farbe c_i und Transparenz t_i jeder Teilstrecke ermittelt. Die Akkumulation aller dieser Farbbeiträge c_i, gedämpft durch die jeweilige Dämpfung für die Strecke, ergibt die Gesamtfarbe und die Gesamttransparenz der Strecke. Da das Volumen von vorne nach hinten traversiert wird, liegen vorher berechnete Transparenzen bereits vor und müssen nicht neu errechnet werden. Wenn die bereits errechnete Transparenz eine „Null-Schwelle“ unterschreitet, kann die Auswertung abgebrochen werden; in diesem Fall gilt das Volumenobjekt als undurchsichtig, die Traversierung der restlichen Strecke entfällt.

Die Abs. 5.3.3 bis 5.3.8 behandeln den ersten, zweiten und vierten Punkt, d.h. wie aus beliebigen Konstellationen von Volumenobjekten für jeden Sehkegel die zu beleuchtenden Strecken bestimmt werden und wie die Teilergebnisse jeder Strecke akkumuliert werden. Das Problem der schnellen und lückenfreien Abtastung wird detailliert im Abs. 5.5 behandelt.

5.3.3 Transparenz und Akkumulation

Der ein Volumenobjekt traversierende Sehkegel trifft zuerst auf eine sog. Frontfacette, d.h. eine Facette, deren Normale zum Beobachter hin zugewandt ist, und verläßt das Objekt an einer Rückfacette, deren Normale vom Beobachter abgewandt ist (siehe Abb. 5.11). Trifft ein Sehkegel nun ein Volumenobjekt nur teilweise, so muß der durch die Objektgeometrie bestimmte Bedeckungsanteil des Bildpunktes berechnet werden. Dieser Bedeckungsanteil, der Werte zwischen 0 und 1 annehmen kann, wird *geometrischer Bedeckungsanteil (cov)* genannt, da er nicht durch die Durchsichtigkeit des Objektes, sondern nur durch die Objektgeometrie bestimmt wird.

Abgesehen von der Geometrie besitzt das Volumenobjekt eine *Transparenz* t, bzw. jedes einzelne Voxel eine Voxeltransparenz t_i, die durch die Materialeigenschaften des Objektes bestimmt wird und gemäß der Gleichung 5.1 berechnet wird. Diese Transparenz schwächt die Intensität von Strahlen ab, die durch das Volumenobjekt durchwandern (vergleiche letzten Term der Gleichung 5.8 sowie 5.28).

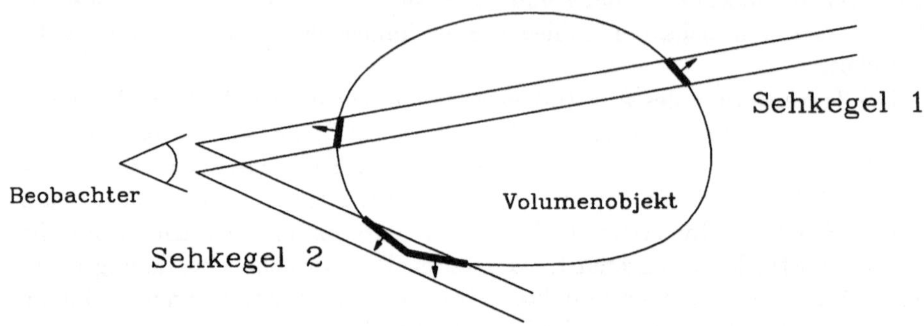

Abb. 5.11. Sehkegel durch ein konvexes Volumen

Wenn ein Bildpunkt nicht vollständig durch das Volumenobjekt bedeckt ist, muß sowohl die Farbe c als auch die Transparenz t des Volumenabschnittes mit dem geometrischen Bedeckungsanteil *cov* gewichtet werden:

$$C = c * cov \tag{5.23}$$

$$\begin{aligned} T &= cov * t_1 * t_2 \cdots * t_n \\ &= cov * e^{-\kappa(\rho_1 l_1 + \rho_2 l_2 + \cdots + \rho_n l_n)} \\ &= cov * t \end{aligned} \tag{5.24}$$

wobei t_i die Transparenz der einzelnen Voxel entlang der Strecke ist; T ist dagegen die mit der geometrischen Bedeckung gewichtete Transparenz einer Strecke, C die sog. effektive Streckenfarbe. T heißt die *effektive Transparenz*, weil sie in die Berechnung der Endfarbe für den Bildpunkt eingesetzt wird (s.u.).

Trifft ein Sehkegel auf mehrere Volumenabschnitte, so müssen die Teilergebnisse akkumuliert werden. Die erste Möglichkeit wäre, Volumenabschnitte als semi-transparente Flächen mit Farbe c_i bzw. C_i und Bedeckung $d_i = cov_i * (1 - t_i) = cov_i - T_i$ zu behandeln, die von vorne nach hinten akkumuliert werden. Die Bildpunktfarbe *color* und der Bedeckungsanteil D des Bildpunktes sind am Anfang Null und erhöhen sich mit jeder neuen Fläche:

$$\begin{aligned} color_{i+1} &= color_i + c_{i+1} * d_{i+1} \\ D &= D + d_{i+1} \end{aligned} \tag{5.25}$$

Diese Akkumulation findet solange statt, bis entweder keine weiteren „Flächen“ vorliegen oder die Gesamtbedeckung D größer Eins wird. Anschließend wird die Bildpunktfarbe durch Division mit der Gesamtbedeckung D ermittelt, wodurch Farbe als Objekteigenschaft ausgedrückt wird, die von der Geometrie bzw. Bedeckung unabhängig ist:

$$color = color_n \ / \ D \tag{5.26}$$

Wenn die Bedeckung D kleiner Eins ist, wird der fehlende Anteil mit Hintergrundfarbe gefüllt:

$$Color = color * D \; + \; background * (1 - D) \tag{5.27}$$

Das obige Verfahren hat einen wichtigen Nachteil: Flächen werden als nebeneinanderliegende Facetten behandelt, wie aus der Akkumulation der Bedeckungen 5.25 ersichtlich wird. Eine intuitiv bessere Alternative behandelt Teilstrecken als überlappende statt nebeneinanderliegende Flächen. Wie man in Abb. 5.12 sieht, kann die Farbe c_i, die hinter einem Volumenobjekt durchscheint, auf zwei Wege zum Bildpunkt beitragen: durch den unblockierten Anteil $c_i * (1 - cov_{i-1})$ sowie durch den durch das Volumen hindurchscheinenden Anteil $c_i * cov_{i-1} * t_{i-1}$. Die akkumulierte Farbe und die akkumulierte Transparenz für die gesamte Strecke ergeben sich zu:

$$\begin{aligned} C_{accu} &= C_{accu} \; + \; c_i * cov_i * T_{accu} = C_{accu} \; + \; C_i * T_{accu} \\ T_{accu} &= T_{accu} \; * \; (1 - c_i + c_i * t_i) = T_{accu} \; * \; (1 - c_i + T_i) \end{aligned} \tag{5.28}$$

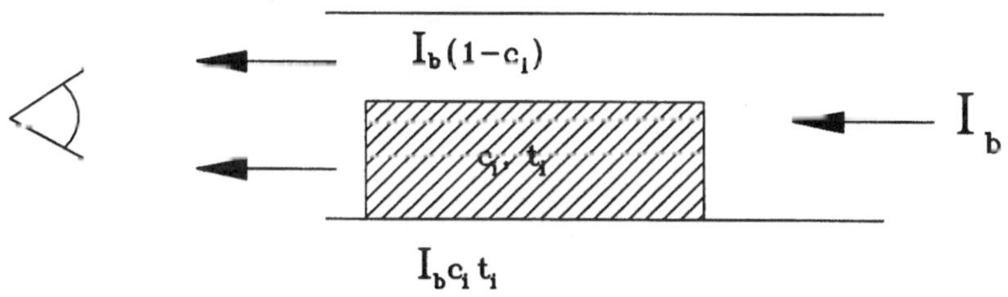

Abb. 5.12. Akkumulation der Teilergebnisse von zwei Strecken

T_{accu} wird am Anfang mit Eins, C_{accu} mit Null initialisiert. Man beachte, daß akkumulierte Transparenz an jeder neuen Substrecke entlang des Sehstrahls errechnet wird, d.h. auch bei Teilstrecken innerhalb eines Volumenobjektes. Ein wichtiger Unterschied zu der Formel 5.25 besteht darin, daß durch die Überlagerung von Volumenabschnitten die Bedeckung niemals Eins wird. Um dennoch die Überlagerung von nicht-signifikanten Volumenabschnitten zu vermeiden und Rechenzeit zu sparen, wird der Bildpunkt nach dem Erreichen eines Schwellwertes als gefüllt angesehen und die weitere Berechnung und Akkumulation abgebrochen. Am Ende der Akkumulation wird die resultierende Farbe und der Bedeckungsanteil für den Bildpunkt berechnet:

$$\begin{aligned} coverage &= 1 - T_{accu} \\ color &\doteq C_{accu} \, / \, coverage \end{aligned} \tag{5.29}$$

Wenn *coverage* kleiner Eins ist, wird die Bildpunktfarbe mit Hintergrundfarbe gemäß Gleichung 5.27 aufgefüllt.

5.3.4 Konvexe und konkave Volumina

Im Abs. 5.1.1 wurde ein Volumenobjekt als ein geschlossenes Objekt definiert. Obwohl man üblicherweise von einem konvexen Objekt ausgeht, schließt die Definition die Verwendung einer konkaven Hülle nicht aus. In diesem Abschnitt soll die Bildung von Volumenstrecken, die beleuchtet werden sollen, sowohl für konvexe als auch für konkave Volumina vorgestellt werden.

Der in den vorigen Abschnitten beschriebene Algorithmus geht davon aus, daß jeder Volumenabschnitt von genau einer Front- und einer Rückfacette begrenzt wird; dann kann eben eine geometrische Bedeckung sowie ein Start- und Endpunkt für die gesamte Strecke errechnet werden. Das ist aber nicht immer der Fall, wie Abb. 5.13 zeigt: Liegen mehrere Facetten vor, kann man weder einen einzigen Start- und Endpunkt noch eine geometrische Bedeckung angeben.

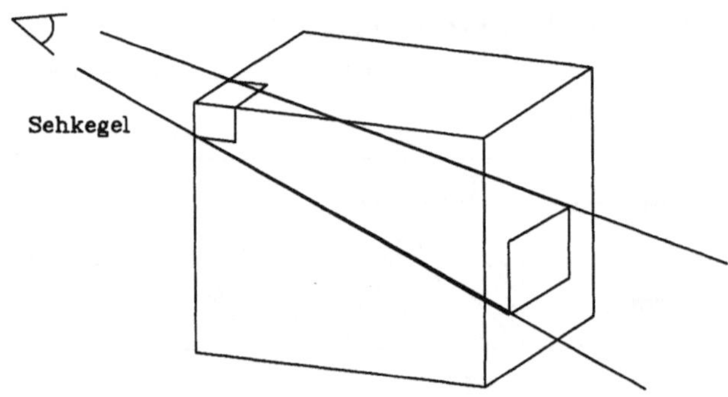

Abb. 5.13. Sehkegel durch mehrere Frontfacetten eines Volumenobjektes

Um diesen Fall zu behandeln, gibt es mehrere Lösungen. Die erste sieht vor, den gesamten Sehkegel in mehrere kleine zu unterteilen, gemäß der vorliegenden Facetten. Diese Zusammenfassung bzw. Unterteilung eines Bildpunktes in mehreren Subpixeln entspricht dem Verfahren, das in [EbPa90] für den A-Buffer angewendet wurde. Durch dieses Verfahren werden Bildfehler vermieden, jedoch ist der Rechenaufwand für eine solche Unterteilung eher groß. Eine grobe Lösung sieht vor, nur die allererste und die allerletzte Facette als Start- und Endpositionen zu berücksichtigen, alle dazwischenliegenden Facetten werden nur durch ihren geometrischen Bedeckungsanteil cov_i berücksichtigt.

Als Kompromiß hinsichtlich der Bildqualität als auch der Rechengeschwindigkeit wurde eine Mittelung der Facetten vorgenommen. Eine gemittelte Facette ergibt sich aus der gewichteten Summe aller aneinanderliegenden Front- oder Rückfacetten eines Volumenobjektes und dient dann der Begrenzung des betreffenden Volumenabschnittes. Dabei werden Position, Normale und Texturkoordinaten mit dem geometrischen Bedeckungsanteil cov_i der jeweiligen Facette multipliziert. Somit dient der geometrische Bedeckungsanteil als Gewichtungsfaktor für die jeweilige Facette. Die geometrische Bedeckung *cov* der gemittelten Facette ergibt sich aus der Summe der Teilbedeckungen. In diesem Fall wird ebenfalls ein Volumenabschnitt durch eine (gemittelte) Front- und eine Rückfacette begrenzt.

Wenn konkave Objekte vorliegen, kann es vorkommen, daß mehrere Volumenabschnitte innerhalb des gleichen Sehstrahls existieren, siehe Abb. 5.14. In einem solchen Fall muß zuerst der *geometrischer Bedeckungsanteil des jeweiligen Abschnittes* errechnet werden, der besagt, welcher (geometrische) Anteil des Bildpunktes im aktuellen Abschnitt durch das Volumenobjekt bedeckt ist. Um das zu berechnen, nutzen wir die Tatsache, daß in geschlossenen Objekten die Summe der geometrischen Bedeckung aller Frontfacetten entlang des Sehkegels gleich der der Rückfacetten sein muß. Eine gemittelte Facette kann dabei gleichzeitig das Ende des aktuellen und den Anfang des nachfolgenden Abschnittes markieren, wie Abb. 5.15 illustriert. Daher ist die geometrische Bedeckung für den Sehkegel außerhalb des Volumens gleich 0, vollständig innerhalb des Volumens gleich 1. Folglich ist die geometrische Bedeckung eines Sehkegels vor dem Betreten eines Volumenobjektes gleich 0; beim Betreten eines neuen Abschnittes wird die geometrische Bedeckung der den Abschnitt berandenden Frontfacette zu dem aktuellen Wert des Sehstrahles addiert, der der Rückfacetten substrahiert. Damit bleibt die geometrische Bildpunktbedeckung des Strahles immer zwischen 0 und 1.

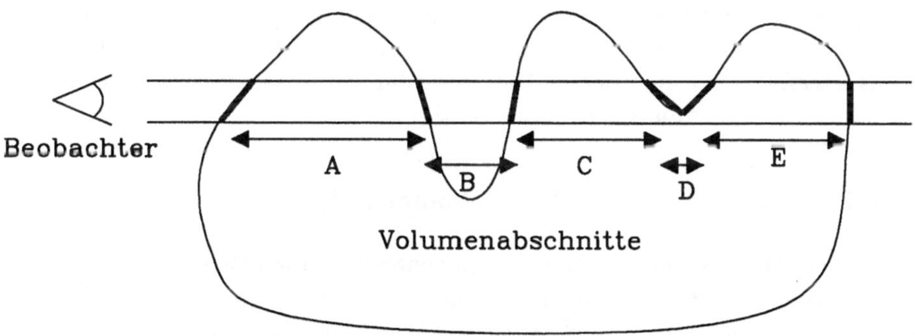

Abb. 5.14. Sehkegel durch ein konkaves Volumenobjekt

Der Algorithmus beleuchtet die aufeinander folgenden Volumenabschnitte separat, multipliziert die Ergebnisse mit der jeweiligen geometrischen Bedeckung und akkumuliert sie entlang des Sehkegels. Dies wird anhand des in Abb. 5.14 und 5.15 illustrierten Beispiels erläutert. Die geometrische Bedeckung für die erste zu beleuchtende Substrecke A ist beim Betreten der Strecke 1.0. Nach verlassen der Substrecke A wird der Wert der Rückfacette substrahiert, so daß die geometrische Bedeckung für die Strecke B gleich 0 ist. Der Beitrag der ersten Substrecke zu der Bildpunktfarbe und Transparenz ist C_A und T_A.

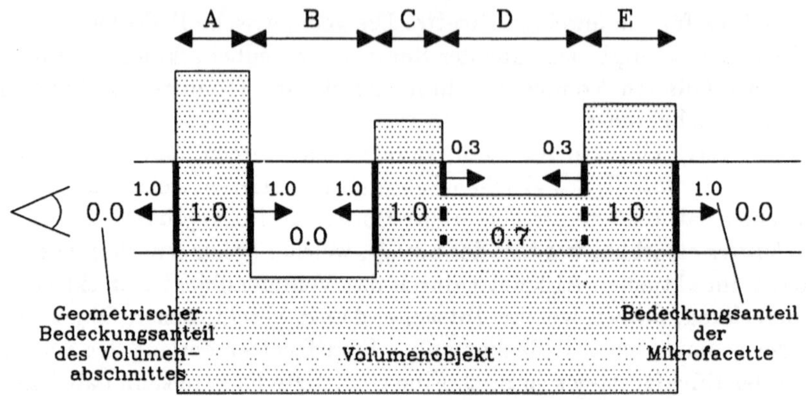

Abb. 5.15. Der geometrische Bedeckungsanteil in konkaven Volumenobjekten

Substrecke B wird übersprungen, da sie eine geometrische Bedeckung von 0 hat. Beim Betreten der Substrecke C erhöht sich die Bedeckung wieder auf 1.0, beim Betreten der Substrecke D reduziert sie sich auf 0.7, beim Betreten der Substrecke E erhöht sie sich auf 1.0, und beim Verlassen der Strecke reduziert sie sich auf 0. Hier wird auch das gesamte Volumenobjekt verlassen. Man beachte, daß die gemittelte Facette zwischen A und B, B und C, C und D, D und E das Ende der jeweils ersten Substrecke und gleichzeitig den Anfang der jeweils nachfolgenden markieren. Die Farbe für den gesamten Sehkegel ergibt sich durch die Anwendung der Formel 5.28.

5.3.5 Fremdkörper innerhalb von Volumenobjekten

Unter einem Fremdkörper in einem Volumenobjekt werden Facetten verstanden, die sich teilweise oder ganz innerhalb eines Volumenabschnittes befinden und ein anderes Beleuchtungsmodell als das für Volumina verwenden. Ein Fremdobjekt kann durch den Sehkegel ganz oder nur teilweise geschnitten werden, siehe Abb. 5.16.

Die Stelle, wo der Sehkegel den Fremdkörper trifft, stellt eine Begrenzung des aktuellen Abschnittes dar. Der Algorithmus sieht weiter vor, daß eine Liste aller Fremdfacetten an dieser Stelle erstellt wird. Nach dieser Erstellung wird das Beleuchtungsmodell rekursiv für alle Fremdfacetten aufgerufen und liefert eine Gesamtfarbe und eine Bedeckung für das Fremdobjekt. Die Bedeckung durch das Fremdobjekt wird zu der Bedeckung des Abschnittes aufaddiert, die Farbe wird auf die Abschnittfarbe akkumuliert. Die Akkumulation für Farbe und Bedeckung erfolgt identisch wie für Volumenobjekten, siehe Gleichung 5.28. Wenn der Bildpunkt voll ist, wird an dieser Stelle die Berechnung beendet und mit dem nächsten Nachbarpixel fortgesetzt, ansonsten wird die Berechnung mit dem hinter dem Objekt liegenden Hintergrund fortgesetzt.

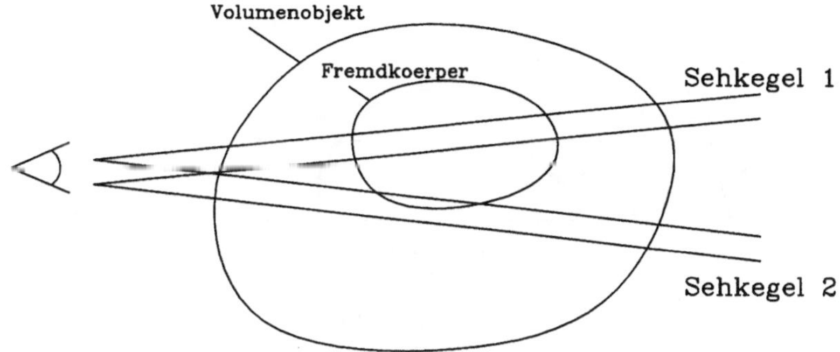

Abb. 5.16. Fremdkörper in einem Volumenobjekt

Die erste Schwierigkeit liegt bei der Festlegung der Segmentgrenze an der Stelle des ersten Durchschneidens des Fremdobjektes. Wie man aus Abb. 5.17 entnehmen kann, können an dieser Stelle mehrere Facetten des Fremdobjektes, ja sogar Facetten aus verschiedenen Objekten nebeneinander vorliegen. Die Schwierigkeit dabei liegt bei der Festlegung einer Grenze für den laufenden Abschnitt, z.B. A. Wir haben uns entschlossen, hier ebenfalls eine gemittelte Facette zu berechnen. Die Zusammenfassung der Facetten des Fremdobjektes erfolgt völlig analog wie im Abs. 5.3.2: Es werden die Facetten zusammengefaßt, die zum gleichen Objekt gehören, die gleiche Normale vorweisen und nicht weiter als eine vorgegebene Distanz ϵ voneinander entfernt sind. Diese Zusammenfassung wird abgebrochen, wenn i) Facetten von einem neuen Fremdobjekt vorliegen, ii) wenn eine Rückfläche des gleichen Fremdobjektes vorliegt oder iii) wenn die Facetten weiter als eine vorgegebene Toleranzschwelle voneinander entfernt liegen. Diese Bedingungen sollen helfen, daß nur Nachbarfacetten des gleichen Objektes, die auch die gleiche Orientierung haben, zusammengefaßt werden.

Dabei soll beachtet werden, daß an der Stelle der Zusammenfassung ein Fremdobjekt und keine Volumenobjektfacette vorliegt. Um den Abschnitt zu begrenzén, braucht man aber gemäß Abs. 5.3.4 eine Rückfacette. Deshalb wird an der Stelle, die durch die zusammengefaßte Facette angegeben wird, eine sog. virtuelle Volumenfacette eingeführt. Diese virtuelle Facette hat die Position und geometrische Bedeckung der zusammengefaßten Fremdfacette, ihre Texturkoordinaten bezüglich des Volumenobjektes müssen explizit berechnet werden. Somit wird der Abschnitt durch eine originale und eine virtuelle Volumenfacette begrenzt und der oben angegebene Algorithmus für die Beleuchtung des Abschnittes kann unverändert übernommen werden.

Nach der Zusammenfassung und Berandung des aktuellen Volumenobjektabschnittes wird das Beleuchtungsmodell rekursiv mit der Liste aller Fremdfacetten aufgerufen. Dieser Aufruf liefert eine Gesamtfarbe und eine Bedeckung für die o.g. Liste. Die Farbe wird mit Hilfe der Gleichung 5.28 zu der Farbe des

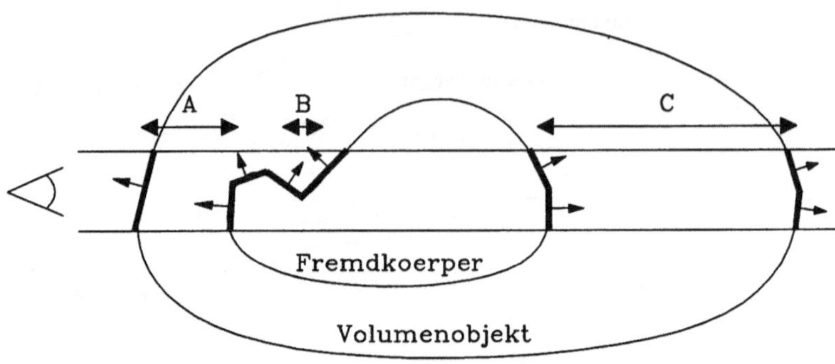

Abb. 5.17. Abschnitte bei der Beleuchtung eines Fremdkörpers in einem Volumenobjekt

vorherigen Abschnittes berechnet und die Bedeckung wird zu der momentanen Bedeckung für das Volumenobjekt akkumuliert. Wenn die Gesamtbedeckung größer als 1.0 wird, so ist der Bildpunkt vollständig bedeckt und die Berechnung wird abgebrochen. Im anderen Fall wird aus der virtuellen Facette eine Frontfacette gemacht, und ein neuer Abschnitt wird gestartet.

Der rekursive Beleuchtungsalgorithmus muß die Farbwerte aller Fremdfacetten, die in oder hinter einem Volumenobjekt liegen, mit der akkumulierten Transparenz gewichten, da diese der Abschwächung der Strahlen zum Beobachter hin entspricht. Abb. 5.18 zeigt, daß dies sowohl für Objekte innerhalb des Volumens als auch für solche hinter dem Volumenobjekt gilt. Der rekursive Aufruf sorgt dafür, daß alles mit der (akkumulierten) Transparenz des Volumenobjektes gewichtet wird. Anders ausgedrückt bedeutet dies, daß, nachdem ein Volumenobjekt getroffen wird, die Kontrolle bei dem Beleuchtungsmodell des Volumenobjektes bleibt, bis die Abarbeitung für den Bildpunkt abgeschlossen wird; alle anderen benötigten Aktionen werden rekursiv vom Volumenobjekt her aufgerufen. Das gilt nicht nur für Fremdkörper innerhalb des Volumens, sondern auch für solche, die dahinter liegen, da sie ebenfalls durch das Volumen hindurch gesehen werden müssen. Man soll dabei beachten, daß Fremdobjekte ihrerseits auch Volumenobjekte sein können. Auch dieser Fall wird mit dem gleichen Algorithmus bearbeitet, wie im nächsten Abschnitt gezeigt wird.

5.3.6 Mehrfache Volumenobjekte

Diese Erweiterung soll ermöglichen, daß mehrere unterschiedliche Volumenobjekte in einer Szene visualisiert werden. Hierbei ist zu beachten, daß für mehrere Volumenobjekte mehrere räumliche Konstellationen existieren können:

1. Neben- oder Hintereinanderliegen ohne gemeinsame Bereiche (Abb. 5.19 a)

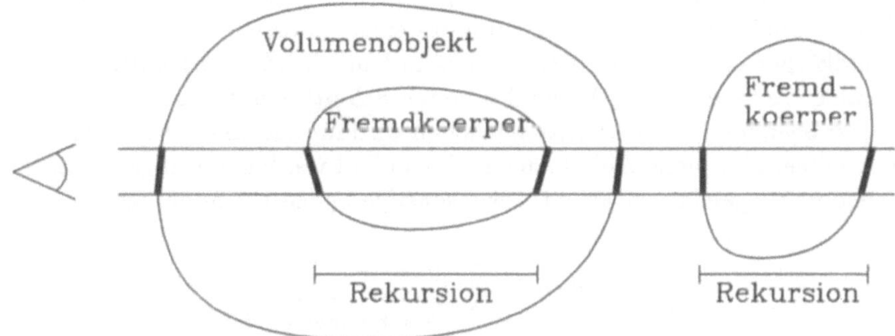

Abb. 5.18. Rekursiver Aufruf von Fremdkörperabschnitten

2. vollständige Einschließung, so daß das interne Objekt eine echte Teilmenge des umgebenden bildet (Abb. 5.19 b)
3. sich teilweise schneidende Objekte in dem Sinne, daß eine echte Schnittmenge zwischen zwei oder mehreren Volumenobjekten existiert.

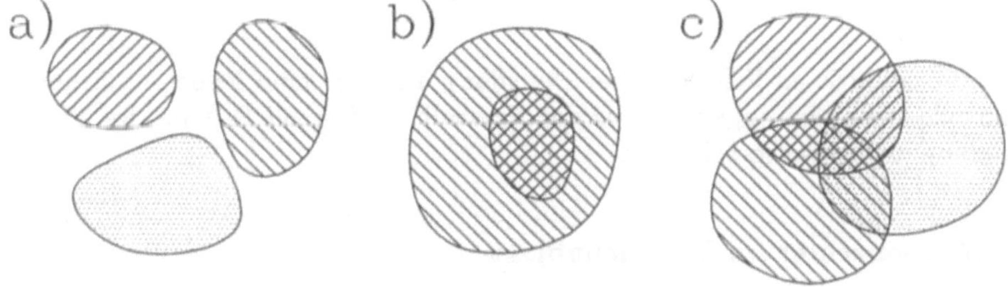

Abb. 5.19. Mehrfache Volumenobjekte in einer Szene

Der erste Fall bereitet keine Probleme. Im Fall, wo die Objekte nebeneinander liegen, werden sie an unterschiedlichen Bildpunkten sichtbar und deshalb korrelieren sie nicht miteinander. Wenn sie hintereinander liegen, wird der hintere gemäß Abs. 5.3.5 als Fremdobjekt nach Beenden des Abschnittes des Volumenobjektes behandelt.

Im zweiten Fall der vollständigen Einschließung wird definiert, daß der innere Körper den äußeren „verdrängt", d.h., an der Stelle des inneren Körpers gelten nur seine eigenen Eigenschaften, wobei die Eigenschaften des äußeren temporär außer Kraft gesetzt werden. Das scheint eine sinnvolle Definition zu sein, da sie die einfache Visualisierung z.B. von Zigarettenqualm im Nebel ermöglicht. Unter dieser Annahme kann das eingeschlossene Volumen ebenfalls als Fremdkörper behandelt werden. In diesem Fall wird der Abschnitt des äußeren Volumenobjektes an der Stelle des ersten Schnittes mit dem inneren Volumenobjekt beendet. Das Beleuchtungsmodell wird für das innere Volumenobjekt rekursiv aufgerufen, siehe Abb. 5.20. In diesem Fall werden die eingeschlossenen Volumenobjekte genauso bearbeitet wie sonstige opake Fremdobjekte.

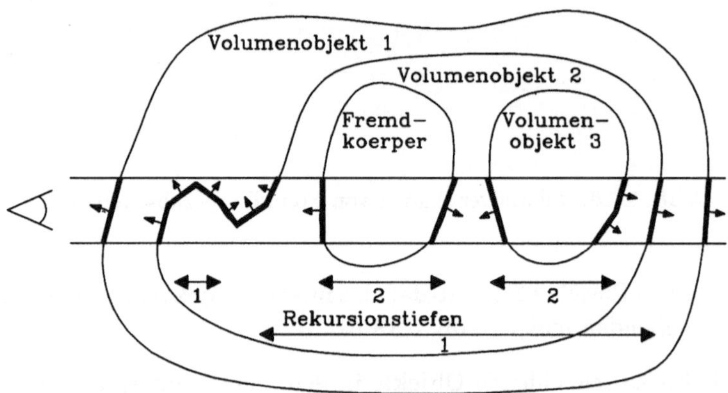

Abb. 5.20. Rekursive Abarbeitung mehrerer eingeschlossener Volumenobjekte

Für den dritten Fall der Überschneidung dagegen kann keine „natürliche" sinnvolle Definition angegeben werden. Deshalb wird dieser Fall aus der Visualisierung explizit ausgeschlossen.

5.3.7 Beobachter im Volumenobjekt

Bisher wurde angenommen, daß der Beobachter sich außerhalb des Volumenobjektes befindet. Um aber Volumentexturen in Animation sowie bei der Sichtsimulation einzusetzen, ist die Möglichkeit der Bewegung des Beobachters durch das Objekt erforderlich. Liegt der Beobachter innerhalb eines Volumenobjektes, so kann es vorkommen, daß er dies nach der Abarbeitung von mehreren Abschnitten bemerkt, wie Abb. 5.21 verdeutlicht: Für den abgebildeten Sehkegel wird die Einschließung des Augpunktes erst dann entdeckt, wenn nach Abarbeitung des Volumenobjektes 3 die Rückfacette des Volumenobjektes 2 entdeckt wird. Eine wiederholte Suche nach solchen Rückfacetten in jedem Bildpunkt kommt aus Effizienzgründen nicht in Frage.

Um eine rekursive Beleuchtung der Szene im Sinne des bisher vorgestellten Algorithmus zu ermöglichen, ist es erforderlich, daß das den Augpunkt umschließende Objekt rechtzeitig und mit möglichst geringem Aufwand erkannt wird. Vor der eigentlichen Beleuchtung muß deshalb festgestellt werden, ob sich

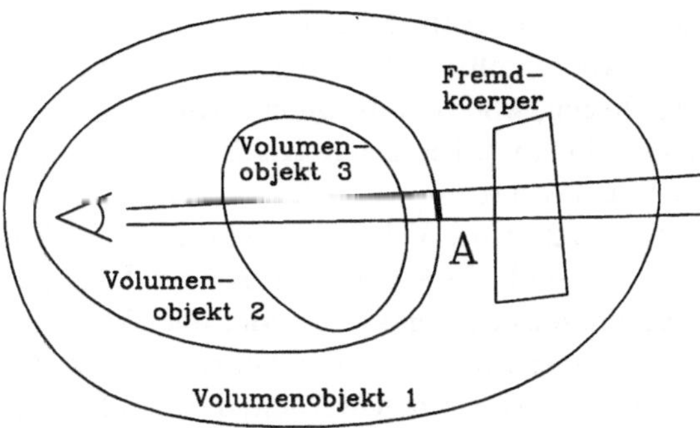

Abb. 5.21. Der Augpunkt innerhalb von Volumenobjekten

der Beobachter bereits in einem oder mehreren Volumenobjekten befindet und wenn ja, in welchen. In Abb. 5.21 beispielsweise umschließen die Volumenobjekte 2 und 1 den Beobachter in dieser Reihenfolge.

Die Feststellung, ob und in welchen Volumenobjekten sich der Beobachter befindet, kann schnell, zuverlässig und einfach beantwortet werden, wenn man bedenkt, daß Volumenobjekte per Definition löcherlos sind. Das bedeutet, daß sich der Augpunkt genau dann in einem Volumenobjekt befindet, wenn entlang eines beliebigen Sehkegels die erste gefundene Facette eines eventuellen Volumenobjektes eine Rückfacette ist; bei löcherlosen Objekten kann so etwas nicht vorkommen. Eine weitere Konsequenz der Löcherlosigkeit ist, daß eine Einschließung zwangsläufig für alle Bildpunkte der Szene gleichermaßen gilt. Deshalb genügt die Untersuchung eines einzigen beliebigen Bildpunktes oder Sehkegels für die Szene. Üblicherweise wird die Facettenliste des allerersten Bildpunktes eines neuen Bildes während der Initialisierung untersucht. Der Algorithmus speichert alle neu auftretenden Objektidentifikationen von Volumenobjekten in einer Liste. Wird eine Rückfacette für ein Volumenobjekt gefunden, das in der Liste nicht vorkommt, so handelt es sich um ein umschließendes Objekt. Auf diese Weise kann eine Liste aller umschließenden Objekte sowie ihre Identifikationen, Reihenfolge und Anzahl bei der Untersuchung eines einzigen Bildpunktes für die gesamte Szene ermittelt werden. Für das Beispiel aus Abb. 5.21 ergibt sich eine Anzahl von zwei und eine Liste mit den Elementen: (2,1).

Bei einer Umschließungstiefe größer Null befindet sich der Augpunkt an dem Anfang eines Volumenabschnittes und das Beleuchtungsmodell wird mit der entsprechenden Tiefe aufgerufen. Da an dieser Stelle eine Frontfacette natürlich fehlt, muß hier ebenfalls eine virtuelle Frontfacette eingefügt werden, die quasi den Ersatz für die fehlende Facette bildet. Ihre Objektidentifikation entspricht dem Volumenobjekt aus der Liste an der Stelle der höchsten Einschließungstiefe, ihre Position ist die des Augpunktes, d.h. der Nullpunkt des Koordinatensystems, da der normalisierte Beobachter immer an dieser Stelle liegt ([FDFH90]), ihre Normale ist dementsprechend entlang der negativen z-Achse, da es sich um eine Frontfacette handelt, siehe Abb. 5.21. Da Volumenobjekte löcherlos sind, kann der Augpunkt entweder vollständig innerhalb oder vollständig außerhalb eines solchen Objektes liegen, wodurch die geometrische Bedeckung der virtuellen Facette immer gleich Eins ist. Die geometrische Bedeckung des Abschnittes wird ebenfalls gleich Eins gesetzt.

Im Beispiel der Abb. 5.21 wird Volumenobjekt 2 an der Stelle A verlassen und gleichzeitig das Volumenobjekt 1 betreten. An der Übergangsstelle A wird die Einschließungstiefe um eins dekrementiert und der aktuelle Abschnitt beendet. Da man sich aber immer noch in einem Volumenobjekt befindet, muß an der Stelle A ein neuer Abschnitt geöffnet werden, diesmal für das Objekt 1. Hier muß ebenfalls eine virtuelle Facette eingefügt werden, da an der Stelle A keine Frontfacette des Volumens 1 existiert. Diese Facette hat die Position der Rückfacette des Objektes 2 und eine Bedeckung von Eins. Ihre Objektidentifikation kann ebenfalls der Liste aller umschließenden Objekte für die aktuelle Tiefe entnommen werden. Gleichermaßen müssen ihre Texturkoordinaten bezüglich des Objektes 1 explizit berechnet werden.

Zusammenfassend kann man konstatieren, daß die Behandlung des Beobachters innerhalb eines oder mehrerer Volumenobjekte gleichzeitig mit Hilfe des in den vorherigen Abschnitten vorgestellten Algorithmus geringe bzw. keine Probleme bereitet. Die Anzahl, Identifikation und Reihenfolge aller umschließenden Volumina kann schnell, einfach und zuverlässig durch die Prüfung der Facettenliste des ersten Bildpunktes eines Frame während der Initialisierung festgestellt werden. Im Falle einer einfachen Einschließung wird eine virtuelle Facette an der Augposition benötigt, im Falle einer mehrfachen Einschließung wird zusätzlich eine zweite für die Markierung der Übergänge benötigt. Da die Augfacette nach der Initialisierung nicht mehr verändert wird, kann sie statisch gespeichert werden.

Zum Abschluß dieses Abschnittes soll nur eine Laufzeitoptimierung erwähnt werden ([Webe90]): Da für jedes umschließende Volumenobjekt die Texturkoordinaten an der Austrittfacette bekannt sind und jeder Sehkegel für eine Szene und für alle Objekte an der Augposition beginnt, können die Texturkoordinaten an der Übergangsstelle durch lineare Interpolation zwischen den Texturkoordinaten des Augpunktes und der Austrittsfacette berechnet werden (siehe dazu Abb. 5.22). Dazu wird nur eine einmalige Berechnung der Texturkoordinaten im Augpunkt bezüglich aller umschließender Volumina benötigt, welche ebenfalls während der Initialisierung erfolgt und für das gesamte Bild gültig ist. Eine solche Interpolation ist wesentlich schneller als die explizite Koordinatenberechnung und kann dadurch Rechenzeit sparen.

5.3.8 Berücksichtigung der Selbstschattierung

Wie bereits im Abs. 5.2.6 dargelegt, erfordert die Berücksichtigung der Selbstschattierung die Berechnung der Dämpfung des Lichtes innerhalb des Volumenobjektes. Die Selbstschattierung ist wichtig, wenn die optische Tiefe groß wird, wie z.B. bei Regenwolken oder dichtem Rauch. Zu diesem Zweck muß an der

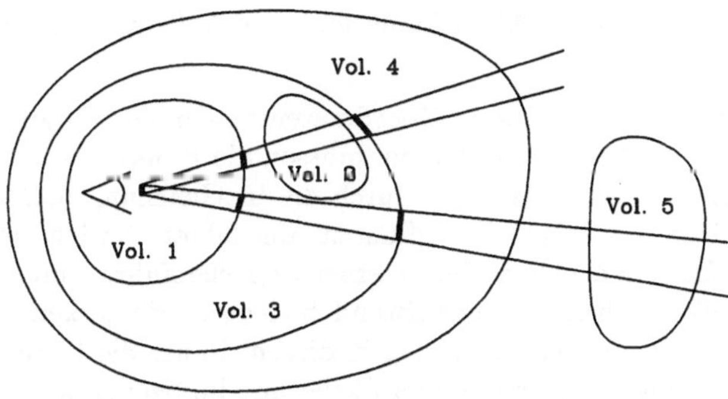

Abb. 5.22. Interpolation von Texturkoordinaten

interessierenden Stelle P_2 die Dämpfung der Strecke $\overline{P_1P_2}$ kalkuliert werden, siehe Abb. 5.23. Gemäß Gleichung 5.8 und 5.15 erfordert dies die Berechnung der Länge der Strecke $\overline{P_1P_2}$.

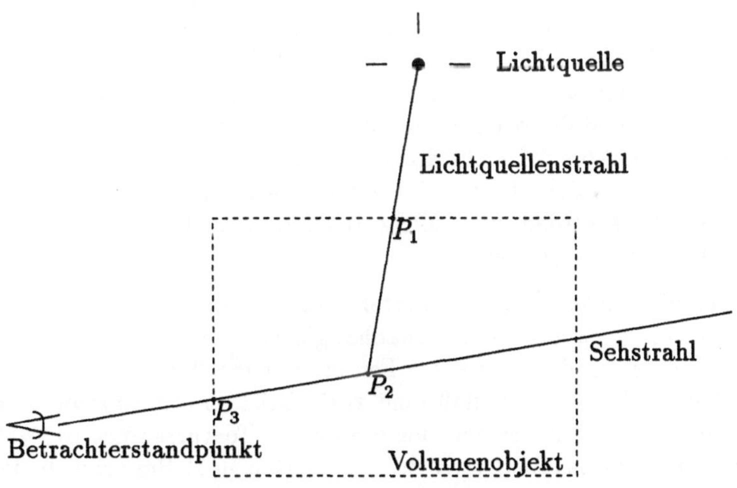

Abb. 5.23. Mehrfachstreuung erster Ordnung: Die Lichtintensität wird zuerst von der Lichtquelle entlang der Strecke $\overline{P_1P_2}$ abgeschwächt. Diese Lichtintensität wird im Punkt P_2 für alle Lichtquellen akkumuliert und entlang der Strecke $\overline{P_2P_3}$ im Volumenobjekt gestreut

Die Berechnung dieser Länge kann in verschiedenen Auswertungsräumen durchgeführt werden. Diese Räume sind der *Objektraum*, der *Szenenraum* und der *Texturraum*. Jeder der drei Räume bringt bestimmte Vor- und Nachteile, die hier kurz besprochen werden. Alle Räume sind jedoch durch affine Abbildungen ineinander überführbar.

Der *Objektraum* ist das lokale Koordinatensystem des Objektes. Um die Berechnung hier durchführen zu können, müssen die Punkte P_1, P_2, P_3 etc., die in Szenenkoordinaten vorliegen, erst durch die in Gleichung 5.31 angegebene Rücktransformation auf lokale Koordinaten abgebildet werden. Diese Transformation muß für jeden neuen Punkt erneut durchgeführt werden und kann daher einen relativ großen Rechenaufwand bedeuten. Bemerkenswert bei der Rechnung in Objektkoordinaten ist, daß in diesem Raum die Länge des Objektes konstant und unabhängig von seiner Skalierung im Szenenraum ist. Das hat zur Folge, daß Volumenobjekte unterschiedlicher Größe in einer Szene das gleiche Aussehen, d.h. gleiche Farbe und Transparenz aufweisen. Somit hängen die optischen Eigenschaften eines Objektes nur von seiner Ausdehnung in (normierten) Objektkoordinaten sowie von den Materialparametern und seiner mittleren Dichte, jedoch nicht von seiner aktuellen Größe innerhalb der Szene ab. Diese Eigenschaft kann, je nach Art der Aufgabe, von Vorteil oder auch Nachteil sein.

Der *Szenenraum* ist das eigentliche Koordinatensystem, in dem die Beleuchtungs- und Visibilitätsrechnungen stattfinden. Das hat den Vorteil, daß alle Längen und Positionen bereits bekannt sind und ohne weitere Transformation angewendet werden können. Desweiteren weisen Objekte aus dem gleichen Material und der gleichen Dichte, aber unterschiedlicher Ausdehnung, auch verschiedene optische Eigenschaften auf, da die Längen explizit in die Gleichung 5.8 eingehen. Leider sind die Koordinaten des Punktes P_1 in Abb. 5.23 oder der Punkte x_2 oder x_3 in Abb. 5.1 nicht direkt bekannt und müssen mit Hilfe eines Schattenfühlers, dessen Schnitt mit der entsprechenden Geometrie berechnet werden muß, ermittelt werden. Eine solche Schnittroutine kann die Auswertung ebenfalls erheblich verlangsamen.

Der *Texturraum* ist ein [0,1] normierter Raum, so daß auch hier, wie beim Objektraum, die Längenberechnung unabhängig von der tatsächlichen Größe des Volumenobjektes in der Szene ist. Ferner sind die Texturkoordinaten an jeder Stelle bereits bekannt, so daß eine zusätzliche Transformation unnötig wird. Ein wichtiger Vorteil bei der Benutzung des Texturraumes ist, daß die Stelle P_1 in Abb. 5.23 das Verlassen des normierten [0,1] Bereiches bedeutet. Die Position dieser Stelle sowie die Abtastung der Dichten entlang $\overline{P_1P_2}$ kann deshalb durch einen schnellen Bresenham-Algorithmus berechnet werden (vergleiche Abs. 5.3.2). Dies kann zu einer wichtigen Zeitersparnis führen, wenn das Umrandungsparallelepiped als Begrenzung für die Selbstschattierung benutzt wird. Andere mögliche Begrenzungsobjekte werden im Abs. 5.2.6 diskutiert.

Für die Auswertung der Selbstschattierung wurde der Szenenraum vorgezogen. Um die für die Schnittroutinen benötigte Zeit zu minimieren, wurde als Begrenzung für das Volumenobjekt das Umrandungsparallelepiped gewählt. Dadurch wird die geometrische Ausdehnung des Objektes innerhalb der Szene berücksichtigt und die Rechenzeit innerhalb eines vertretbaren Rahmens gehalten (für Rechenzeiten siehe Abs. 5.6.2).

Die genaue Auswertung der Selbstschattierung erfordert einen Schattenfühler pro Abtastpunkt, d.h. im diskreten Fall einen Strahl pro Voxel entlang des Augstrahles, siehe Abb. 5.4 ([KaHe84], [Inak89], [EbPa90] etc.). Mit steigender Texturauflösung steigt dabei die Rechenzeit überproportional zu dem erzielten Ergebnis. Eine alternative Methode, um diesen Aufwand zu senken, wurde versucht, indem die gesamte Strecke in eine Anzahl von *Sektionen* unterteilt wurde, wie es im Abs. 5.2.6 bei der Diskussion des Substrecken-kompletten Beleuchtungsmodells dargelegt wurde. Von dem Mittelpunkt jeder Sektion wird ein Schattenfühler zu der Lichtquelle geschickt und die berechnete Lichtintensität wird für die gesamte Sektion als konstant angesehen.

Die Wahl der Anzahl der Sektionen ist ein frei wählbarer Benutzerparameter. Die eingestellte Anzahl der Unterteilungen bestimmt die Länge eines Segmentes bezogen auf die längste Kantenlänge des Umrandungsparallelepipedes. Dadurch haben Sektionen an unterschiedlichen Stellen des Volumenobjektes die gleiche Länge, so daß unnötige Unterteilungen von kurzen Strecken unterhalb der Größe eines Voxels vermieden werden. Solche unnötigen Unterteilungen können sogar kürzer als eine Voxellänge werden, wie dies in Abb. 5.24 links gezeigt wird. Erfahrungsgemäß liefert eine Sektionslänge gleich 10% der Texturauflösung das beste Verhältnis zwischen Bildqualität und Rechenzeit.

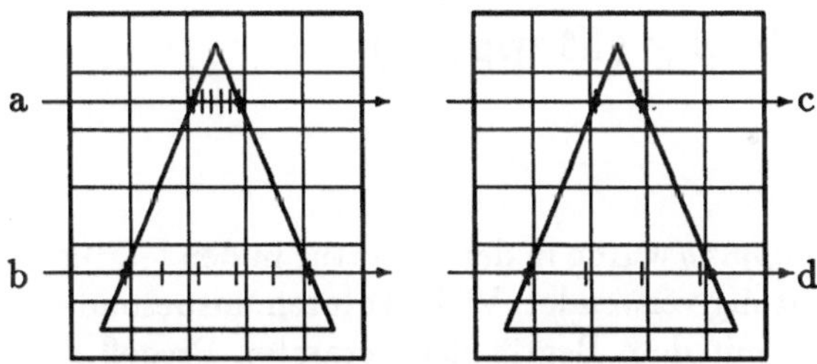

Abb. 5.24. Vergleich der unterschiedlichen Unterteilungsstrategien: Die Abbildung zeigt zwei Objekte (Dreiecke) mit dem dazugehörenden Texturraum (Rechteck), a, b, c und d sind Augstrahlen. Der Sehstrahl wird links in gleich viele Sektionen unterteilt, was bei den Strahlen a und b unnötige Abtastungen bedeutet

Eine besondere Situation liegt bei der Berechnung der Lichtabschwächung bei ineinanderliegenden Objekten vor, siehe Abb. 5.25. Bei solchen Einschließungen ist per Definition (siehe Abs. 5.3.6) an Stellen, an denen beide Objekte definiert sind, immer das eingeschlossene Volumenobjekt gültig. In diesem Fall muß die Gesamtstrecke $\overline{P_1P_3}$ in die Teilstrecken $\overline{P_1P_2}$ innerhalb des Volumenobjektes 1 und $\overline{P_2P_3}$ innerhalb des Volumenobjektes 2 unterteilt werden.

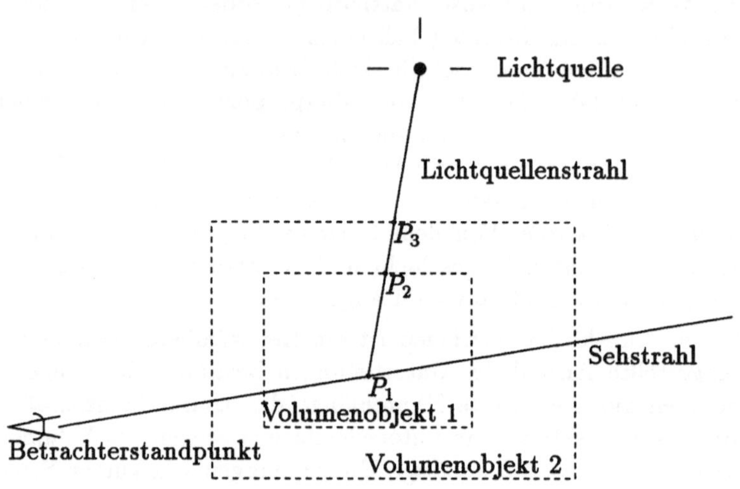

Abb. 5.25. Berechnung der Lichtabschwächung bei ineinanderliegenden Volumenobjekten: Die Abschwächung wird zuerst entlang der Strecke $\overline{P_1P_2}$ im Volumenobjekt 1, dann entlang der Strecke $\overline{P_2P_3}$ im Volumenobjekt 2 berechnet

5.4 Texturabbildung (Mapping)

5.4.1 Definition

Der Begriff *texture mapping* wurde in der Literatur in den letzten Jahren mit unterschiedlicher Bedeutung verwendet. Viele Autoren, insbesondere in den frühen 80-er Jahren, meinen mit dem Begriff den gesamten Prozeß der Texturierung eines geometrischen Objektes, d.h. von der Texturerzeugung über die Texturzuordnung bis hin zu der Texturabtastung. Andere wieder unterscheiden zwar die Texturerzeugung oder -gewinnung als separaten Vorgang des Texturierungprozesses, machen aber keine Unterschiede zwischen Texturzuordnung (*mapping*) und -abtastung (*sampling*). Diese Diskrepanz zwingt uns an dieser Stelle, die verwendeten Begriffe zu präzisieren.

Als *Texturerzeugung oder -gewinnung* verstehen wir den Vorgang, mit dessen Hilfe eine Textur in dem Sinne der im Abs. 2.1 und Abs. 2.1.2 gegebenen Definition festgelegt wird. Diese Gewinnung kann auf vielen Wegen erfolgen, z.B. Rasterisierung einer Photographie, algorithmische oder funktionale Erzeugung, formale Definition, hierarchische Zusammensetzung etc., siehe dazu auch [Enca92].

Unter *Texturabbildung (mapping)* verstehen wir die Zuordnung einer Textur zu einem geometrischen Objekt. Im allgemeinen wird eine solche Abbildung über eine beliebige Transformation definiert, welche zu einem frei wählbaren Punkt des Objektes, ausgedrückt in Welt- oder Szenenkoordinaten, einen Punkt im Texturdefinitionsbereich liefert:

$$(x_w, y_w, z_w) \rightarrow (u, v, w) \tag{5.30}$$

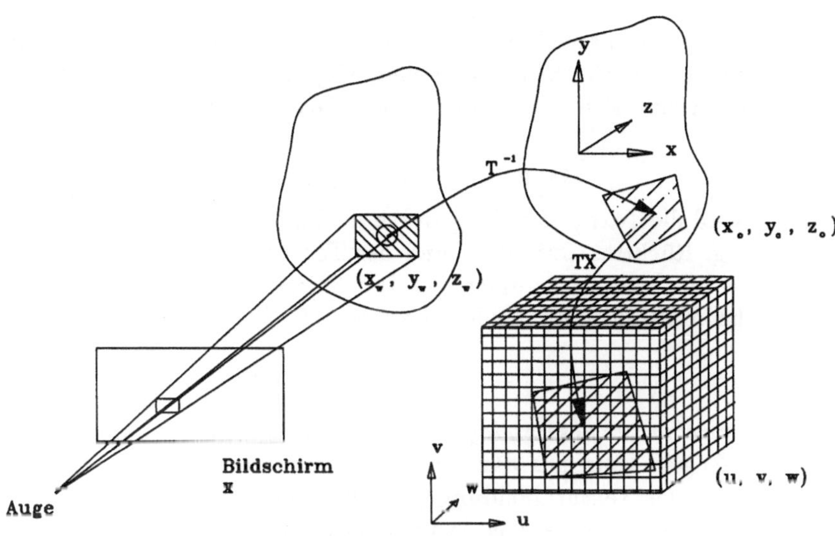

Abb. 5.26. Die Texturabbildung (mapping) und -abtastung (sampling)

Dieser Vorgang wird in Abb. 5.26 gezeigt. Ausgehend von einem Bildpunkt mit den Bildschirmkoordinaten (x_s, y_s) wird zuerst der Schnitt des Strahles, der von dem Auge und diesem Punkt definiert wird, mit dem betreffenden Objekt gefunden. Der Schnittpunkt (x_w, y_w, z_w) liegt in Welt- oder Szenenkoordinaten vor und wird während der geometrischen Konvertierung z.B. durch einen Scankonverter oder Ray-Tracer berechnet. Die Berechnung dieses Schnittes ist deshalb nicht Teil des Texturierungprozesses. Danach muß zuerst der Schnittpunkt von Weltkoordinaten auf Objektkoordinaten umgerechnet werden. Wie in Abb. 5.26 gezeigt wird, bedeutet dies eine Transformation mit der inversen Matrix $[T]^{-1}$. Die Matrix [T] definiert dabei die Transformation des Objektes von seinen lokalen Koordinaten in Szenenkoordinaten und wird während der Szenendefinition für jedes Objekt erstellt ([EnSt88], [FDFH90]). Diese erste Abbildung wird *Rücktransformation* genannt:

$$\begin{aligned}(x_w, y_w, z_w) &\rightarrow (x, y, z)\\ (x, y, z) &= (x_w, y_w, z_w)[T]^{-1}\end{aligned} \tag{5.31}$$

Nach der Rücktransformation muß der Punkt (x, y, z) von lokalen Objektkoordinaten auf Texturkoordinaten abgebildet werden. Diese Operation wird

Texturtransformation genannt. In der Literatur werden mehrere unterschiedliche Texturtransformationen berichtet, eine exzellente Zusammenfassung findet man in [Heck86a], [Heck86b], [Heck89]. Die meisten dieser Methoden gehen von einer zweidimensionalen Textur aus und definieren eine Abbildung vom Typ:

$$(x, y, z) \rightarrow (u, v) \tag{5.32}$$

wobei (u, v) die Koordinaten der Textur sind. Alle diese Methoden wurden entwickelt, um die Oberflächen von soliden Objekten mit einem Muster zu bedecken. Jedoch läßt sich die Definition auf Texturen beliebiger Dimension erweitern:

$$(x, y, z) \rightarrow (u_1, \cdots, u_n) \tag{5.33}$$

Dadurch wird die Texturabbildung durch die hintereinandererfolgende Ausführung der o.g. Rücktransformation und der Texturtransformation realisiert. In dem Fall, wo die letztere als Matrix [TX] definiert wird, kann die Texturabbildung als die Multiplikation beider Matrizen $[T]^{-1}$ und $[TX]^{-1}$ angegeben werden:

$$(u_1, \cdots, u_n) = (x_w, y_w, z_w)[T]^{-1}[TX]^{-1} \tag{5.34}$$

Unter *Texturabtastung* (*sampling*) verstehen wir den Zugriff auf die Texturdaten. Dieser Zugriff kann nur dann erfolgen, wenn vorher die Texturkoordinaten mit Hilfe einer Texturabbildung (*mapping*) berechnet worden sind. Die einfachste Zugriffsart ist dabei das Auslesen des Texturwertes an dem gegebenen Punkt, was auch zu der Verwirrung und Verwechselung der beiden Begriffe in der Vergangenheit geführt hat. Jedoch ist eine solche triviale Punktabtastung in der Regel unzureichend und führt sehr oft zu Abtastfehlern (*aliasing*). Aufgabe der Texturabtastung ist, dafür zu sorgen, daß die Textur nach Möglichkeit fehlerfrei ausgelesen wird. Wie Abb. 5.26 verdeutlicht, bedeutet dies eine Gewichtung oder Filterung einer bestimmten Region um den Mittelpunkt des Bildpunktes. In der o.g. Literatur sowie in allen Standardwerken für graphische Datenverarbeitung ([FDFH90], [EnSt88], [Roge85] etc.), wird das Problem der Abtastung zweidimensionaler Texturen ausführlich beschrieben. Mit den Abtastproblemen in Verbindung mit Volumenobjekten beschäftigt sich der Abs. 5.5.

5.4.2 Verwendete Abbildungsmethode

Für die Zuordnung einer dreidimensionalen Textur zu der Hülle eines Volumenobjektes haben wir eine affine Transformation [TX] benutzt, welche 3D Koordinaten auf 3D Koordinaten abbildet:

$$(u, v, w) = (x_w, y_w, z_w)[T]^{-1}[TX]^{-1} \tag{5.35}$$

Diese Abbildung ist in der Literatur als *solid texturing* bekannt ([Perl85], [Peac85], [Peac88]). Bildlich gesprochen wird durch solid texturing das geometrische Objekt in dem Texturblock plaziert, oder anders ausgedrückt, das Objekt wird aus dem soliden 3D Texturblock „geschnitzt". Solid texturing wurde ursprünglich für die Texturierung der Oberfläche opaker Objekte eingeführt, kann aber unverändert für die Texturierung von Volumenobjekten angewendet werden ([Saka90]).

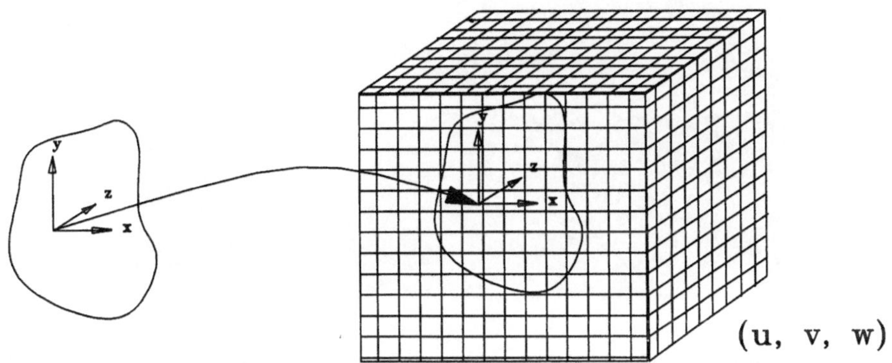

Abb. 5.27. *Solid texturing* für die Texturierung von Volumenobjekten

Durch die verwendete Abbildung wird jedem Punkt des Volumenobjektes, sowohl auf der Oberfläche als auch überall im Inneren, ein Tuppel von Texturkoordinaten zugeordnet. Da affine Abbildungen gerade Strecken ebenfalls auf Geraden abbilden ([BrSe87]), kann man die Koordinaten entlang einer geraden Strecke durch lineare Interpolation der Anfangs- und Endwerte berechnen. Diese Interpolation, die mit Hilfe von DDA sehr schnell durchgeführt werden kann, liegt dem Algorithmus in Abs. 5.3.2 zugrunde. Da Interpolation wesentlich schneller als eine affine Abbildung berechnet wird, trägt dies signifikant zu der Schnelligkeit der Methode bei.

Bei der verwendeten Abbildungsmethode tritt der auf Abb. 5.28 abgebildete Effekt auf: Die Kanten des Volumenobjektes sind scharf vor dem Hintergrund unterscheidbar. Dieser Effekt liegt darin, daß das Volumenobjekt von einer polygonalen Hülle begrenzt wird, welche eine wohldefinierte 2D Oberfläche aufweist. Ähnliches wird bei natürlichen Volumenobjekten nicht beobachtet und wirkt deshalb unrealistisch[1]. Solche Effekte liegen an der gewählten Definition des Volumenobjektes und können deshalb nicht gänzlich eliminiert werden. Eine Milderung der sichtbaren Artefakte wird erreicht durch eine Skalierung der Textur vom Mittelpunkt zum Rand des Volumenobjektes. Durch die Skalierung nimmt die Dichte der Textur zum Rand hin ständig ab, so daß die scharfe Kontur verschwommen wird.

[1]Eine Ausnahme bilden Fälle, wo Volumenobjekte durch Flächen begrenzt werden, wie z.B. Rauch, der durch die Wände eines Zimmers eingeschlossen wird. Solche Fälle können mit Hilfe der bisher vorgestellten Methoden behandelt werden, siehe Abb. 9.7 auf Seite 238

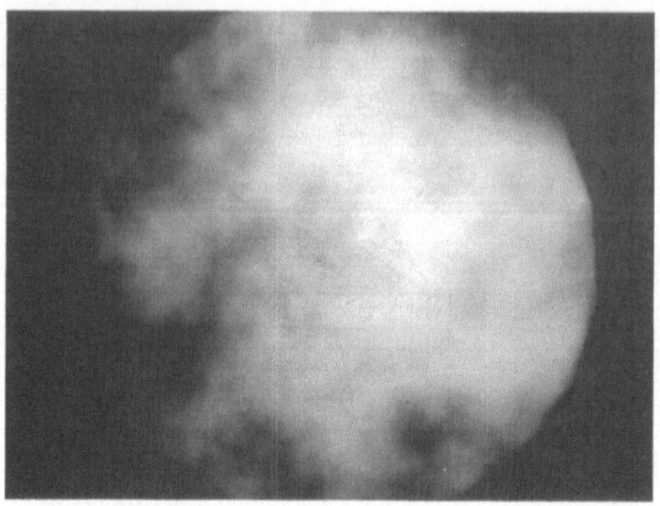

Abb. 5.28. Sichtbare Kanten bei der Texturierung einer Kugel mit Hilfe einer Wolke

Als Skalierungsfunktion wird eine Exponentialfunktion in Kombination mit veschiedenen Referenzkörpern verwendet. Alle hier vorgestellten Filterfunktionen benutzen den Abstand eines Punktes im Texturraum vom Mittelpunkt des Referenzobjektes, um daraus einen Skalierungsfaktor für den Texturwert zu gewinnen. Um die Filterfunktionen einheitlich beschreiben zu können, werden im folgenden die Abstände in x, y und z Richtung mit δx, δy und δz, der Euklidische Abstand $\sqrt{\delta x^2 + \delta y^2 + \delta z^2}$ mit δd und der Skalierungsfaktor mit m bezeichnet. Der Exponent der Skalierungsfunktion ω ist frei wählbar und gibt an, wie weit die Filterung einsetzt: Werte von ω kleiner Eins heben nur die Mittelregion des Volumenobjektes hervor, wobei Werte größer Eins den Rand immer deutlicher erscheinen lassen. Für ω gleich Eins liegt eine lineare Skalierung vom Mittelpunkt zum Rand hin vor. Die verschiedenen Kurvenformen kann man in Abb. 5.29 sehen.

Es werden z.Z. vier verschiedene Filterfunktionen angeboten. Alle hier vorgestellten Filter sind mittelpunktzentriert und symmetrisch.

1. Kugelförmig:

$$m = \frac{1}{\delta d^{\omega}}$$

2. Zylindrisch:

$$m = \frac{1}{(\sqrt{a^2 + b^2})^{\omega}}$$

   Hierbei sind a, b beliebig aus der Menge $(\delta x, \delta y, \delta z)$ wählbar, mit $a \neq b$.

3. Würfelförmig:

$$m = \frac{1}{\min(\delta x, \delta y, \delta z)^{\omega}}$$

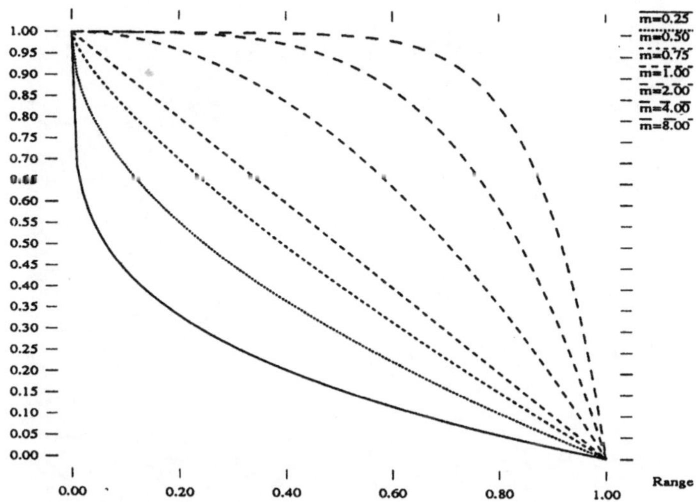

Abb. 5.29. Die Skalierungsfunktion für verschiedene Werte des Exponenten ω

4. Prismenartig:

$$m = \frac{1}{\min(a,b)^{\omega}}$$

Hierbei sind a, b beliebig aus der Menge $(\delta x, \delta y, \delta z)$ wählbar, mit $a \neq b$.

Für alle hier beschriebenen Filter gilt außerdem, daß außerhalb des Filtervolumens alle Dichten zu 0 werden. Dies stellt einen erwünschten Effekt dar, da mit diesen Filtern einerseits (einfache) Volumen von der Gestalt des Filters exakt gefüllt werden können, andererseits komplexe und unregelmäßige Formen von Volumenobjekten durch ein einfaches Filter approximiert werden können.

5.5 Abtastung von Volumentexturen (Sampling)

5.5.1 Probleme der punktuellen Abtastung

Im Abs. 5.4.1 wurde die *Texturabtastung (sampling)* als der Zugriff auf die Texturdaten definiert, der nur dann erfolgen kann, wenn vorher die Texturkoordinaten mit Hilfe einer Texturabbildung (*mapping*) berechnet worden sind. Die einfachste Zugriffsart ist dabei das Auslesen des Texturwertes an dem gegebenen Punkt (*point sampling*). Eine Studie der Literatur hat gezeigt, daß alle bekannten Abtasttechniken für Volumenobjekte punktuelle Abtasttechniken sind ([KaHe84], [Inak89], [EbPa90], [Levo88] etc.). Solche Techniken wurden ursprünglich für zweidimensionale Texturen entwickelt und für Volumentexturen unverändert übernommen. Die Idee, die hinter einer solchen Abtastung steckt, ist, daß der tatsächliche Wert einer Textur innerhalb einer bestimmten Nachbarschaft durch die Auswertung einer adäquaten Anzahl von diskreten Punkten um die interessierende Stelle herum hinreichend genau approximiert werden kann.

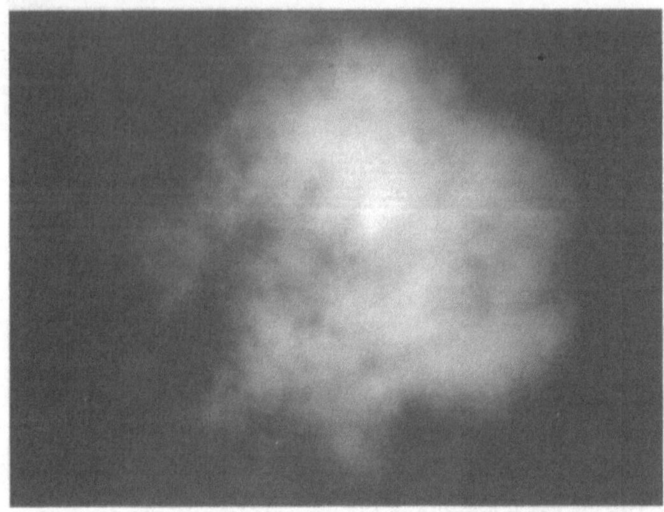

Abb. 5.30. Wolkentextur, die vom Mittelpunkt zum Rand skaliert wurde. Die Kanten sind weniger sichtbar

Um bessere Ergebnisse zu erzielen, werden die Positionen mit Hilfe eines stochastischen Verfahrens zufällig um den Mittelpunkt gestreut (*stochastic sampling*, [Cook84], [Cook86]). An diesen Stellen wird der Texturwert errechnet, das Beleuchtungsmodell ausgewertet und die einzelnen Ergebnisse aufsummiert. Bei entsprechender Anwendung stellt diese Methode ein sog. *Monte Carlo* Verfahren ([BrSe87]) dar, das zu dem tatsächlichen Wert konvergiert. Im zweidimensionalen Fall ist die benötigte Berechnungskomplexität :

$$Berechnung_{2D} \approx O(N^2 \cdot SP) \tag{5.36}$$

wobei N^2 die Bildauflösung und SP die mittlere Anzahl der Zugriffe pro Bildpunkt ist. Folglich hängt die Abtastrate von der Variation der Textur (Ortsfrequenz der Textur oder einfacher Texturfrequenz genannt) entlang von zwei Richtungen, die parallel zu der x- und der y-Achse des Bildschirms verlaufen, ab. In diesem Fall kann man von einer Komplexität von $O(N^2)$ ausgehen.

Das Verfahren wurde in der Literatur im Prinzip unverändert für Volumina übernommen. Im dreidimensionalen Fall hängt die Abtastrate von drei Richtungen ab: zwei parallel zu der „frontalen Ebene", die die Projektion des Volumenobjektes auf die Bildschirmebene darstellen und die ebenfalls entlang der x- und der y-Achse des Bildschirms verlaufen, und eine dritte in die „Tiefe" des Bildes, die entlang der Blickrichtung parallel zur z-Achse des Auge-Koordinatensystems verläuft ([SaGe91]). Diese Geometrie kann in Abb. 5.31 gesehen werden. In diesem Fall müssen die diskreten Abtastpunkte nicht nur innerhalb eines Bildpunktes, sondern auch entlang jedes Augstrahles evaluiert werden: An jeder Position wird das Beleuchtungsmodell ausgewertet und die Teilergebnisse werden entlang jedes Strahls akkumuliert ([KaHe84], [Levo88]). Dadurch werden die Elemente der Textur als kleine homogene Regionen behandelt; Abtastpunkte, die keine ganzzahlige Koordinaten besitzen, werden entweder auf die nächsten Texturkoordinaten gerundet oder durch Interpolation der Nachbarwerte berechnet. Die Anzahl der Abtastungen wird üblicherweise analog zu der Texturfrequenz entlang jeder der drei Richtungen gewählt:

$$Berechnung_{3D} \approx O(N^2 \cdot SP \cdot M) \tag{5.37}$$

wobei M die Texturfrequenz entlang der z-Achse ist. Im 3D Fall kann man von einer Komplexität von $O(N^3)$ ausgehen, was eine wesentliche Steigerung gegenüber dem 2D Fall darstellt.

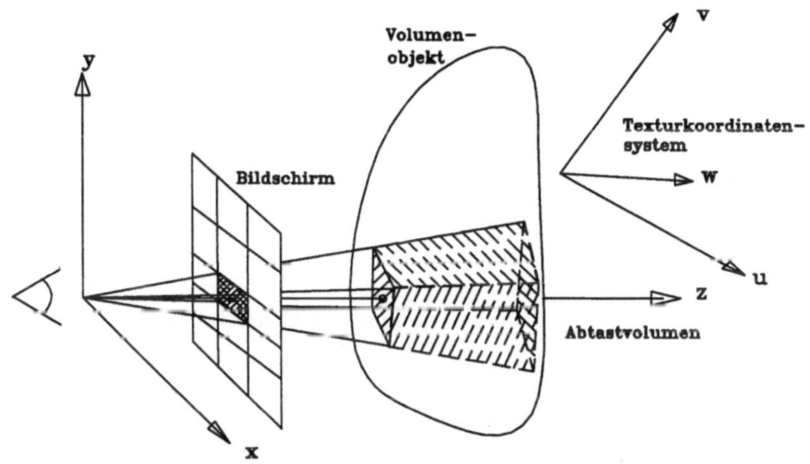

Abb. 5.31. Abtastungsgeometrie für 3D Textur

Die Abtastprobleme, die mit der frontalen Fläche des Volumenobjektes zusammenhängen, sind identisch zu jenen im 2D Fall. Da die Texturabtastung mit der Bildpunktrate des Bildschirms erfolgt, wird jede Differenz zwischen Textur- und Bildauflösung zu sichtbaren Artefakte führen: Falls die Texturauflösung niedriger als die Bildauflösung ist, werden mehrere benachbarte Bildpunkte auf den gleichen Texturwert zugreifen (Vergrößerungsbereich der Abb. 5.32). Dabei entstehen homogene Blöcke mit sichtbaren Kanten dazwischen, die Textur und das Bild erscheinen körnig und unrealistisch, siehe Abb. 5.33 und Vergrößerungsbereich der Abb. 5.32. Die Lösung kann analog zu dem 2D Fall erfolgen: Die Texturwerte zwischen zwei Voxels einer zu groben Textur müssen mit Hilfe von (linearen, kubischen oder sonstigen) Interpolationen ermittelt werden. Falls die Texturauflösung höher als die Bildauflösung ist, werden zwangsläufig zwischen den Abtastpunkten Texturwerte bleiben, die nicht berücksichtigt werden (Unterabtastung, Kompressionsbereich der Abb. 5.32). Bei einer Bewegung des Volumenobjektes während einer Animation wird auf diese Werte in einer mehr oder weniger zufälligen Reihenfolge zugegriffen, so daß das Volumenobjekt ein „Flimmern" und ein „Springen" seiner Feinstruktur aufweist. In diesem Fall müssen alle innerhalb eines Bildpunktes fallenden Texturwerte mit Hilfe von Filterung gemittelt werden.

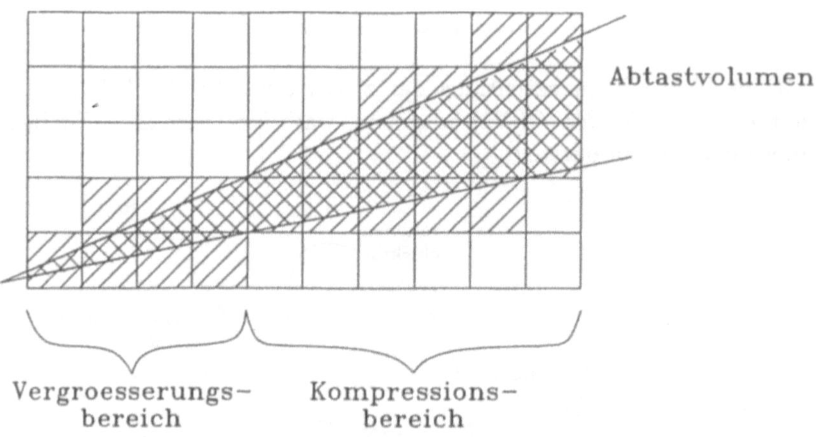

Abb. 5.32. Der Vergrößerungs- und der Kompressionsbereich bei einer Texturabtastung

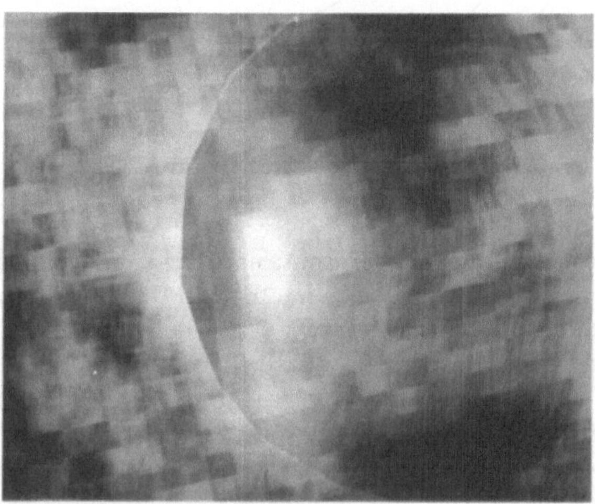

Abb. 5.33. Abtastfehler bei einer Texturauflösung kleiner als die Bildauflösung

Die Abtastung eines Volumenobjektes entlang der Tiefe kann zusätzliche Probleme hervorrufen. Während einer Studie ([SaGe91]) wurden drei verschiedene solche Probleme identifiziert: Unterabtastung, fehlerhafte Berechnung der optischen Tiefe und perspektivische Verzerrungsfehler. Zusammenfassend existieren bei der Abtastung dreidimensionaler Texturen vier verschiedene Fehlerquellen, die in den folgenden Abschnitten diskutiert werden:

1. Fehlerhafte Abtastung senkrecht zu der Blickrichtung
2. Unterabtastung parallel zu der Blickrichtung
3. Fehlerhafte Berechnung der optischen Tiefe
4. Perspektivische Verzerrungsfehler.

5.5.2 Unterabtastung entlang der Blickrichtung

Unterabtastung ist ein häufiges Problem aller Punktabtasttechniken, sowohl im 2D als auch im 3D Fall. Falls die Abtaststellen entlang der Tiefe im Verhältnis zu der Texturfrequenz relativ weit auseinander liegen, bleiben Texturwerte zwischen den Abtaststellen unberücksichtigt, wie dies in Abb. 5.34 veranschaulicht wird. Während einer Bewegung des Augpunktes und/oder des Objektes können verschiedene Werte, die beim ersten Bild nicht detektiert wurden, jetzt adressiert werden. Das Ergebnis ist ein Flimmern der Feinstruktur des Volumenobjektes. Falls die Abtastpunkte enger beieinander plaziert werden, kann Unterabtastung minimiert oder gar eliminiert werden. Üblicherweise wird bei der Verwendung diskreter Texturen eine Abtastung pro Voxel durchgeführt. Im Sinne der stochastischen Abtastung ([Cook86]) benutzt man mehr Abtastpunkte als minimal erforderlich und streut sie stochastisch entlang des Strahls; dadurch wird einerseits die Abtastrate erhöht, andererseits werden Effekte, die durch das reguläre Abtastmuster hervorgerufen werden (z.B. Moire), reduziert. Leider hat die Anzahl der benutzten Abtastpunkte nicht nur Einfluß auf die Bildqualität, sondern auch bei der Rechenzeit, die sich gemäß der Formel 5.37 ändert: Die Verwendung von mehr Abtastpunkten als notwendig wird die ohnehin langsame Auswertung $O(N^3)$ weiterhin verlangsamen. Leider wird in der erwähnten Literatur die „korrekte" Anzahl der Abtastungen entlang eines Strahles empirisch durch Probieren-und-Verwerfen ermittelt.

Eine einfache Weiterentwicklung der reinen punktuellen Abtastung ist die Umgebungsabtastung (*dotsampling*, [SaHa90], [HaSa90]). Diese Technik behandelt die Elemente der diskreten Textur als abgetastete Werte einer stetigen Funktion statt als Regionen homogener Dichte. Der Texturwert für Punkte, die keine ganzzahligen Koordinaten aufweisen, wird durch lineare Interpolation der acht benachbarten Texturwerte ermittelt. Abb. 5.35 gibt ein Beispiel für den 2D Fall.

Der Gewichtungsfaktor für jeden Wert ergibt sich aus der gegenüberliegenden Fläche
F_1, F_2, F_3, F_4. So wird z.B. der Texturwert α mit der Fläche F_1 gewichtet:

$$texturwert = \sum_{i,j,k} d_{u_i} d_{v_j} d_{w_k} \cdot textur[u_i][v_j][w_k] \tag{5.38}$$

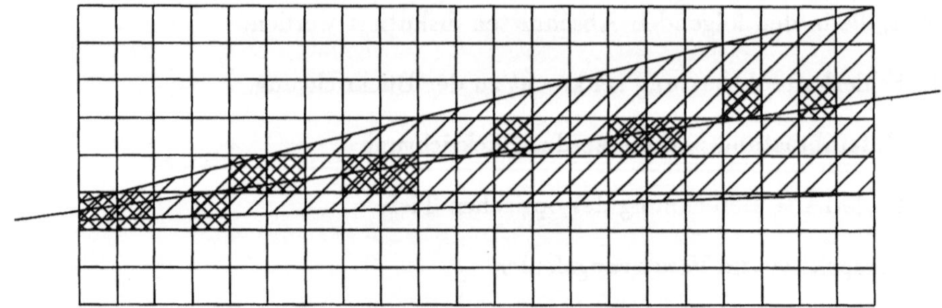

Abb. 5.34. Abtastfehler durch Unterabtastung entlang der z-Achse

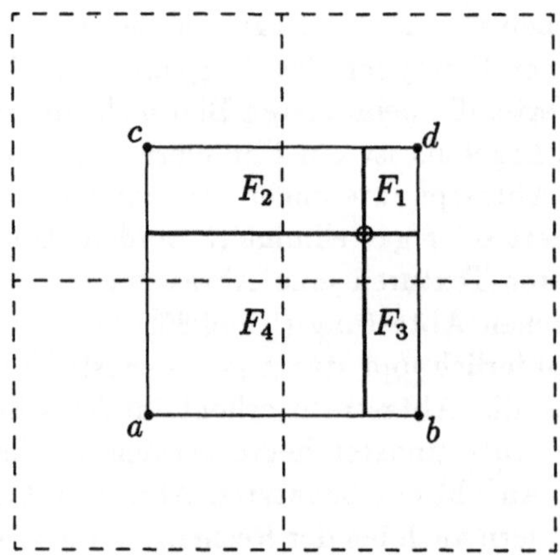

Abb. 5.35. Umgebungsabtastung (*dot sampling*), hier für 2D Textur dargestellt

mit

$$\begin{aligned} d_{u_i} &= 1.0 - |txc_u - u_i| \\ d_{v_j} &= 1.0 - |txc_v - v_j| \\ d_{w_k} &= 1.0 - |txc_w - w_k| \end{aligned} \tag{5.39}$$

und

$$\sum_{i,j,k} d_{u_i} d_{v_j} d_{w_k} = 1.0 \tag{5.40}$$

wobei (u_i, v_i, w_i) die Adressen der nächstliegenden Texturelemente und $d_{u_i}, d_{v_j}, d_{w_k}$ den Abstand der Texturkoordinate (txc) zum gegenüberliegenden Texturelement darstellen, siehe Abb. 5.35. Abgesehen von der Interpolation weist Umgebungsabtastung keine Unterschiede zu der reinen punktuellen Abtastung auf und besitzt deshalb die gleichen prinzipiellen Schwächen.

5.5.3 Fehlerhafte Berechnung der optischen Tiefe

Die Probleme, die mit der Berechnung der optischen Tiefe zusammenhängen, sind charakteristisch für die Volumenabtastung und haben kein Analogon im 2D Fall. Wie aus den Gleichungen 5.4, 5.8 und 5.13 ersichtlich ist, wird die optische Tiefe τ für die Berechnung sowohl der Transparenz als auch der Selbstschattierung benötigt. Da optische Tiefe das Integral von Dichte mal Länge ist, wird zu jedem Texturpunkt mit Dichte ρ die entsprechende Strecke Δl benötigt, für die diese Dichte als konstant angesehen werden kann. Dies ist ein anderes Problem als die Berechnung der Dichte selbst für eine bestimmte Stelle.

Als Beispiel zeigt Abb. 5.36 eine eher niederfrequente diskrete Textur, die abgetastet werden muß. Um Unterabtastung zu vermeiden, wurde eine Abtastrate gleich der Texturauflösung gewählt, so daß alle (besser: die meisten) interessanten Voxels abgetastet werden. Falls man die gleiche Länge Δl für alle Voxels zugrunde legt, wird dies bei der Berechnung der optischen Tiefe zu Fehlern führen: Bestimmte Teile des Strahls verlaufen in Voxeln, die nicht adressiert wurden; für die Berechnung der optischen Tiefe dieser Strahlteile wird fälschlicherweise die Dichte des Nachbarvoxels benutzt.

Eine Lösung zu diesem Problem wäre, den Schnitt des Strahles mit allen Flächen des Voxels analytisch zu berechnen und die tatsächliche Strecke, die innerhalb eines jeden Voxels traversiert wurde, zu berechnen. Diese Möglichkeit wird tatsächlich von Ray-Tracern unterstützt. Auf der anderen Seite erfordert die analytische Berechnung von Schnitten sowie die Berechnung der Segmentlänge durch Quadratur, Addition und Wurzelziehen relativ viel Rechenaufwand, der mit der Texturauflösung linear steigt.

5.5.4 Perspektivische Verzerrungsfehler

Die Fehler dieser Kategorie sind ebenfalls Unterabtastungen, die aber mit der räumlichen Ausdehnung und perspektivischen Verzerrung der Textur zusammenhängen. Die Bildpunkte auf dem Schirm sind nämlich keine ausdehnungslosen Punkte, sondern repräsentieren kleine Flächen; die Projektion einer solchen Fläche vom Auge in die Szene ergibt einen Pyramidenstumpf, dessen Spitze an der Augposition liegt. Um das Volumenobjekt richtig abzutasten, muß man das komplette Volumen, das durch die Schnittmenge der Pyramide und des Objektes definiert wird, berücksichtigen (siehe Abb. 5.31). Im folgenden werden wir diese Schnittmenge als *Abtastvolumen* referenzieren. Punktuelle Abtasttechniken, die entlang eines Strahls abtasten, können diese Anforderung nicht erfüllen, auch dann nicht, wenn Unterabtastung und Fehler der optischen Tiefe vorgebeugt werden (siehe Abb. 5.37 oben). Die perspektivische Verzerrung entlang der z-Achse verschlimmert das Problem: Mit wachsender Tiefe wächst die Breite

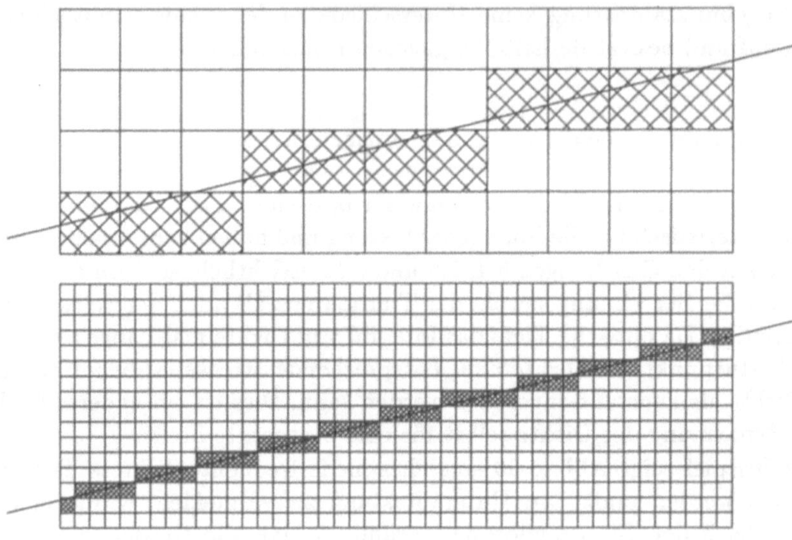

Abb. 5.36. Fehlerhafte Berechnung der optischen Tiefe bei einer niedrig aufgelösten (oben) und einer hochaufgelösten Textur

der Pyramide und damit auch die Anzahl der nebeneinanderliegenden Texturpunkte (Voxel). Als Ergebnis wird auch eine leichte Rotation des Objektes dazu führen, daß Strahlen entlang unterschiedlicher Strecken abgetastet werden, so daß wiederum die Feinstruktur des Objektes flimmern wird.

Stochastische Abtastung und verteiltes Ray-Tracing versuchen dieses Problem zu umgehen, indem pro Bildpunkt mehrere nicht-überlappende Strahlen benutzt werden. Die höhere Anzahl von Strahlen wird mehrere nicht-überlappende Pfade abtasten, so daß insgesamt eine bessere Abdeckung des Abtastvolumens erreicht wird. Eine vorsichtige Untersuchung zeigt aber, daß diese Strahlen im Vergrößerungsbereich überlappen, wobei im Kompressionsbereich immer noch Unterabtastungen eintreten können (siehe Abb. 5.37 unten). Auf der anderen Seite erhöhen mehrere Strahlen pro Bildpunkt ebenfalls den Berechnungsaufwand gemäß Gleichung 5.37.

Zusammenfassend kann man feststellen, daß bei allen vier Problemen bei der Volumenabtastung andere Lösungen als die für den 2D Fall erarbeitetet werden müssen. Punktuelle Abtastung kann keins der vier o.g. Probleme zufriedenstellend lösen. Obwohl stochastische Überabtastung manche Fälle mildern kann, wird diese Bildverbesserung durch einen bedeutenden Anstieg der Rechenzeit erkauft. In der Tat, alle diese Techniken wurden in Verbindung mit punktuell abtastenden Ray-Tracer entwickelt. In den folgenden zwei Abschnitten werden zwei neue Methoden, die speziell auf Volumina Anwendung finden, beschrieben und bezüglich aller vier Probleme bewertet.

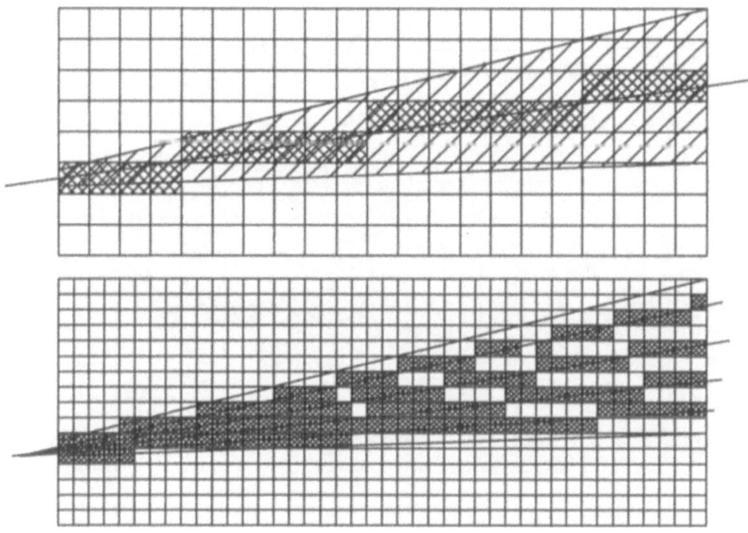

Abb. 5.37. Abtastfehler durch perspektivische Verzerrung bei einem Strahl oder mehreren Strahlen pro Bildpunkt

5.5.5 Streckenorientierte Abtastung

Diese Methode reduziert die Fehler der Unterabtatsung entlang der z-Achse und der Kalkulation der optischen Tiefe ([Saka90], [HaSa90], [SaHa90]). Die Methode wurde entwickelt in Kombination mit dem im Abs. 5.2.5 vorgestellten Beleuchtungsmodell, kann aber modifiziert auch mit anderen Modellen benutzt werden. Das Beleuchtungsmodell sieht wie folgt aus:

$$I_v \;=\; I_{l,i}\; w_{\lambda,m}\; \Phi(\psi)\;(1\;-\;e^{-\tau})\;+\;I_b\; e^{-\,\tau} \tag{5.41}$$

wobei $w_{\lambda,m}$ das Albedo ist. Wenn dieses Modell mit diskreten Texturfeldern benutzt wird, wird die optische Tiefe l_T entlang des Sichtstrahls durch die folgende Summe angegeben:

$$\tau \;=\; \kappa \sum \rho_i\; l_i = \kappa\; l \sum \frac{\rho_i\; l_i}{l} \;=\; \kappa\; l\; \bar{\rho} \tag{5.42}$$

Dies bedeutet, daß für die Beleuchtung des Bildpunktes nur die Berechnung der optischen Tiefe von Wichtigkeit ist. Aus der obigen Gleichung kann man entnehmen, daß τ gleich der Materialkonstante κ mal die Streckenlänge l mal die mittlere Dichte $\bar{\rho}$ ist. Mit Hilfe der Streckenastung kann diese mittlere Dichte schnell errechnet werden. Die Strecke wird in Texturkoordinaten traversiert mit Hilfe eines 3D Bresenham-Algorithmusses. Dadurch werden *alle* Voxel zwischen Anfangs- und Endpunkt der Strecke adressiert, so daß Unterabtastung unterdrückt wird. Die mittlere Dichte wird wie folgt berechnet (siehe Abb. 5.38):

$$\bar{\rho} = \frac{1}{|txc_{end} - txc_{start}|} \sum_{txc_{start}}^{txc_{end}} texture[u][v][w] \qquad (5.43)$$

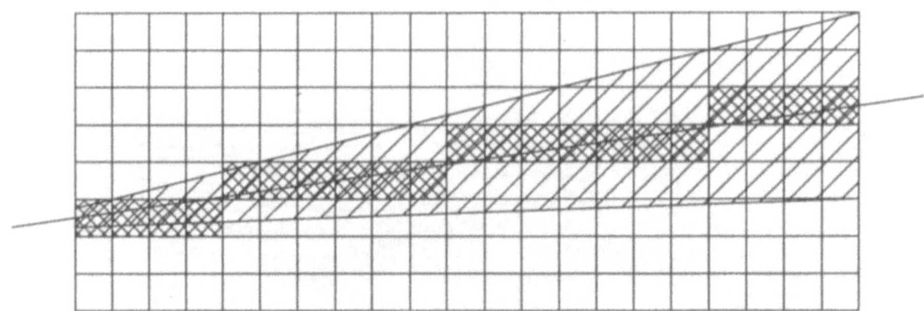

Abb. 5.38. Streckenorientierte Abtastung. Die Strecke wird lückenlos abgetastet

Bei obiger Gleichung werden alle Voxel gleich gewichtet, was eine identische Länge l_i des Strahles innerhalb jedes Voxels voraussetzt. Da dies im allgemeinen Fall nicht zutrifft, werden dabei Abtastfehler auftreten. Auf der anderen Seite kann man in Abb. 5.36 beobachten, daß mit steigender Texturauflösung die Abtastdichte zunimmt und die Länge der Strecke l_i abnimmt, so daß der Fehler der optischen Tiefe, der durch die falsche Gewichtung eines individuellen Voxels entsteht, ebenfalls abnimmt. In diesem Fall setzen wir alle Segmente l_i auf die gleiche Länge $l \ / \ N$, wobei N die Anzahl der Schritte durch das Volumen ist, und gewichten dadurch alle Texturwerte identisch. Unsere Untersuchungen haben gezeigt, daß dies eine zulässige Approximation mit Texturen der Auflösung 64^3 oder mehr ist. Auf Abb. 5.47 wird eine Wolke variierender Auflösung, die mit Hilfe dieser Approximation gerechnet wurde, gezeigt.

Die Gewichtungsstrecke l_i wird wichtig, wenn die Texturauflösung niedriger als 64^3 wird (Abb. 5.47 erste und zweite Spalte). Um die zeitaufwendige analytische Längenbestimmung zu umgehen, haben wir einen anderen Weg verfolgt: Wenn die Auflösung, und damit auch die Anzahl der Abtastschritte entlang der Tiefe, unterhalb einer bestimmten Schwelle liegt, erhöhen wir adaptiv die Anzahl der Schritte, indem wir die „Vorwärtslänge" jedes Schrittes dementsprechend reduzieren (dies wird jedoch nicht mehr durch den Bresenham, sondern durch einen unsymmetrischen DDA Algorithmus ausgeführt, der aber in diesem einfachen Fall genauso schnell ist). Bei längeren Strecken l_i werden dadurch aneinanderfolgende Schritte auf das gleiche Voxel wiederholt zugreifen, weswegen dieses Voxel in der Gesamtsumme stärker gewichtet wird. Jeder ausgelesene Texturwert wird dabei temporär in ein Register gespeichert, so daß die Anzahl der Zugriffe auf die eigentlichen Texturdaten gleich bleibt. Dieser Überabtastungsfaktor muß nur ein Mal pro Textur und Bild errechnet werden.

Zusammenfassend kann man feststellen, daß die streckenorientierte Abtastung an sich eine punktuelle Abtastung bleibt, da sie nicht das gesamte Volumen, sondern nur den mittleren Strahl berücksichtigt. Jedoch werden mit Hilfe dieser Methode wichtige Bildfehlerquellen, d.h. Unterabtastung entlang der Blickrichtung und Fehler bei der Berechnung der optischen Tiefe, signifikant reduziert. Obwohl die Methode für die Generierung hochqualitativer Bilder sicherlich nicht immer geeignet ist, findet sie aufgrund ihrer Schnelligkeit immer Anwendung bei der schnellen Inspizierung von Volumenobjekten (*previewing*).

5.5.6 Volumenorientierte Abtastung

Um die ganze Abtastpyramide zu erfassen, muß man alle Voxel, die innerhalb der Pyramide anfallen, adressieren. Um Effektivität und Geschwindigkeit zu steigern, will man die Pyramide mit der kleinsten möglichen Anzahl von Schritten abdecken. Die volumenorientierte pyramidale Abtastungstechnik (*pyramidal volume sampling* [SaGe91]) löst dieses Problem sehr schnell und effektiv. Die Idee besteht darin, die Strecke zwischen Start- und Endpunkt zu traversieren und dabei das gesamte Volumen mit einer Kette von Würfeln wachsender Größe zu bedecken (siehe Abb. 5.39). Die Größe jedes Würfels gibt die Region um den Würfelmittelpunkt an, die abgetastet werden muß. Die Größe dieser Region ändert sich mit der Tiefe des Volumens.

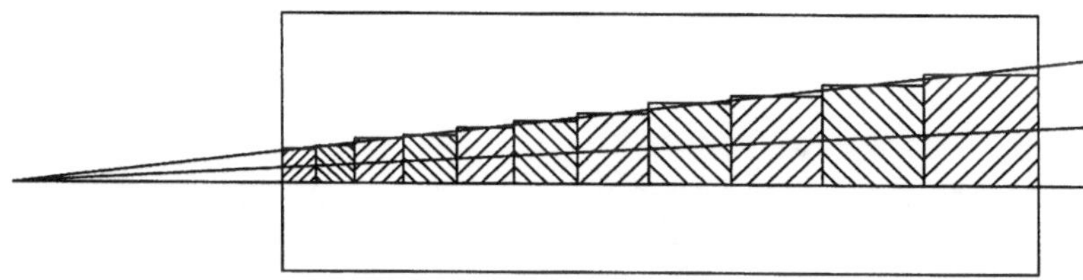

Abb. 5.39. Volumenorientierte Abtastung *pyramidal volume sampling*

Der Algorithmus besteht aus folgenden Schritten:

1. Während der Initialisierung werden zu einem gegebenen Paar von Start- und Endpunkten die zugehörigen Start- und Endabtastwürfel bestimmt.

2. Die Strecke wird mit Hilfe eines unsymmetrischen DDA Algorithmus traversiert, dessen Schrittweite entlang der Traversierungsrichtung mit der Kantenlänge des vorderen Würfels initialisiert wird.

3. Wegen der perspektivischen Verzerrung wird der hintere Würfel immer größer sein als der vordere. Die Differenz zwischen den Würfeln wird entlang der Strecke interpoliert, um mit jedem neuen Schritt die aktuelle Würfelgröße zu ermitteln. Die gleiche Interpolation wird benutzt, um

auch die Schrittweite des benutzten DDA nach jedem Schritt zu aktualisieren. D.h., die Strecke wird mit Hilfe eines DDA Algorithmusses traversiert, dessen Schrittweite nach jedem Schritt inkrementel vergrößert wird.

4. An der Stelle jedes Schrittes wird aus den Texturdaten ein Mittelwert von allen Texturwerten, die innerhalb des Abtastwürfels liegen, extrahiert, und das Beleuchtungsmodell wird evaluiert.

Diese Prozedur wird wiederholt, bis das Ende der Strecke erreicht wird.

5.5.7 Berechnung des Abtastwürfels

Das erste Problem, das gelöst werden muß, ist die schnelle und nach Möglichkeit exakte Berechnung der Würfelgrößen für den Start- und Endpunkt einer Strecke. Dieses Problem erfordert eine andere Lösung als in dem 2D Fall ([Peac88]). Im Falle einer diskreten Textur liegen die Voxels parallel zu den Achsen des Texturkoordinatensystems **u**, **v** und **w**, so daß auch die Abtastwürfel relativ zu diesen Achsen berechnet werden müssen, siehe Abb. 5.40 α. Neben der Richtung muß auch die Größe des Würfels richtig gewählt werden. Ein kleiner Würfel wird sowohl Unterabtastungsfehler aufweisen als auch unnötige zusätzliche Schritte erfordern, wobei ein zu großer Würfel die Feinstruktur der Textur unterdrückt und somit die Textur verschwommen erscheinen läßt (*over-averaging*, siehe Abb. 5.40 β oben).

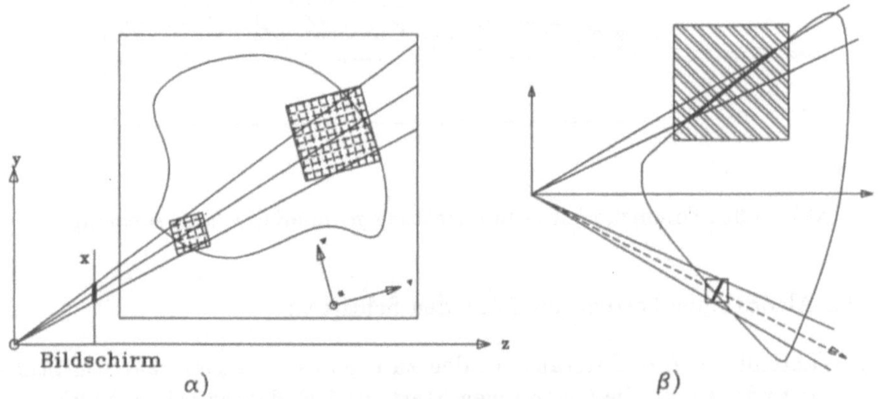

Abb. 5.40. Über die Bestimmung der korrekten Größe und Orientierung des Abtastwürfels

In Analogie zu dem 2D Fall ist die erste (falsche) Idee, die vier Eckpunkte des Bildpunktes auf die Oberfläche des Volumenobjektes zu projizieren, die Texturkoordinaten für diese vier Eckpunkte zu berechnen und aus dem resultierenden

Quader einen Würfel zu berechnen. Dies scheint auch eine bequeme Lösung zu sein, da viele existierende Renderer die Texturkoordinaten an den Eckpunkten eines Bildpunktes ohnehin berechnen. Ähnliche Methoden funktionieren sehr gut im 2D Fall ([Will83], [Crow84], [Heck86a], [Peac88] etc.). Wie man aber in Abb. 5.40 β oben sehen kann, wird diese Bestimmung in der Regel zu einem viel zu großen Würfel führen; genau genommen, wenn der Winkel zwischen dem Augstrahl und der Oberflächennormale gegen 90^0 strebt, geht die Würfelgröße gegen unendlich. Eine bessere Idee ist, diese Größe mit dem Cosinus des Winkels zwischen Augstrahl und Oberflächennormale zu multiplizieren, wie es in Abb. 5.40 β unten gezeigt wird. Abgesehen von numerischen Ungenauigkeiten für den Grenzfall von 90^0 wird diese Methode zu besseren Ergebnissen führen und ist tatsächlich eine praktische Kompromißlösung für bereits existierende Systeme. Leider liegt die so berechnete Größe immer senkrecht zum Augstrahl, so daß die Orientierung des Texturkoordinatensystems nicht berücksichtigt wird. Als Ergebnis ist der Würfel immer kleiner als tatsächlich benötigt.

Um eine schnelle und ausreichend genaue Berechnung zu erreichen, muß die Geometrie beider Koordinatensysteme berücksichtigt werden. Für jede Bildpunktposition wird die Fläche T_ϕ der Textur, die durch den Raumwinkel des Bildpunktes gesehen wird, zuerst ermittelt. Dies enspricht der Fläche, in Texturkoordinaten gemessen, die an der Bildpunktposition senkrecht zum Augstrahl liegt, siehe Abb. 5.41. Diese Fläche wird dann auf die Position der Oberfläche des Volumenobjektes umgerechnet und auf alle drei Ebenen des Texturkoordinatensystems projiziert. Die kleinste dieser drei Projektionen entspricht der Ebene, die am meisten senkrecht auf dem Augstrahl steht. Die Wurzel dieser Fläche wird benutzt als Kantenlänge für den Abtastwürfel an dieser Stelle.

Wie man aus Abb. 5.41 rechts entnehmen kann, kann die Fläche T_ϕ (in Texturkoordinaten) an der Stelle der Bildschirmposition $P_1 = (x_1, y_1, 1)$ mit Hilfe der Fläche (in Texturkoordinaten) T_0 an der Bildschirmposition $P_0 = (0,0,1)$ und des Winkels ϕ zwischen $\overline{EP_0}$ und $\overline{EP_1}$ berechnet werden:

$$
\begin{aligned}
T_\phi &= T_0 \cos(\phi) \qquad (5.44)\\
\cos(\phi) &= \frac{\overline{EP_0} * \overline{EP_1}}{\|\overline{EP_0}\|\|\overline{EP_1}\|} = \frac{(0,0,1) * (x_1, y_1, 1)}{\sqrt{x_1^2 + y_1^2 + 1}} = \frac{1}{\sqrt{x_1^2 + y_1^2 + 1}}
\end{aligned}
$$

Die Projektion dieser Fläche auf die Ebenen des Texturkoordinatensystems muß durch den jeweiligen Kosinus des Winkels ψ_i dividiert werden; der Winkel ψ_i wird definiert durch den Augstrahl $\overline{EP_1}$ und die Normale $\mathbf{N}_i$ der jeweiligen Texturebene in Augekoordinaten. Unter der Voraussetzung, daß $\mathbf{N}_i$ normierte Vektoren sind, ergibt sich die Fläche $T_{\phi,i}$ aus:

$$
\begin{aligned}
T_{\phi,i} &= \frac{T_1}{\cos(\psi_i)} \qquad (5.45)\\
\cos(\psi_i) &= \left|\frac{\overline{EP_1} * \mathbf{N_i}}{\|\overline{EP_1}\|}\right| = \left|\frac{(x_1, y_1, 1) * (N_{i,x}, N_{i,y}, N_{i,z})}{\sqrt{x_1^2 + y_1^2 + 1}}\right|, \quad i \in (uv, vw, uw)
\end{aligned}
$$

Hier ist $\mathbf{N}_i$ ein normalisierter Vektor in Augekoordinaten, der senkrecht auf der jeweiligen Ebene des Texturkoordinatensystems steht. Diese Normalen wer-

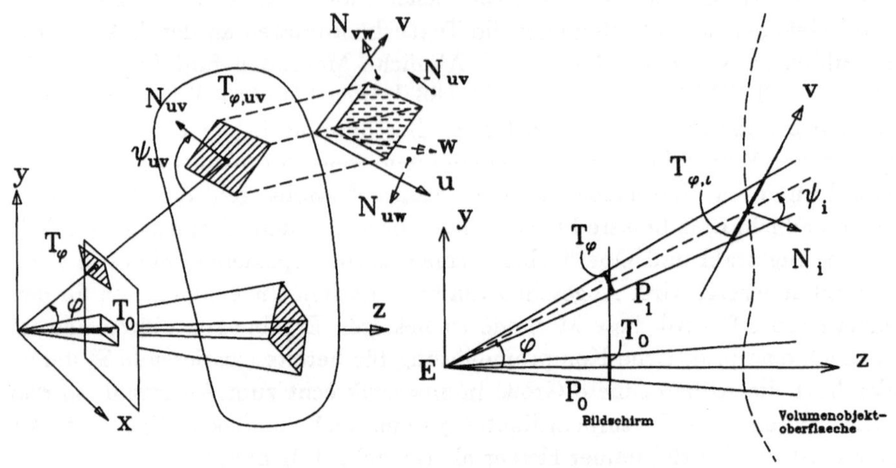

Abb. 5.41. Bestimmung des Abtastwürfels an einer beliebigen Stelle des Volumenobjektes

den während eines Initialisiererungsschrittes ein Mal pro Volumentextur und Bild berechnet. Für ihre Kalkulation werden zuerst die drei Einheitsvektoren **u**, **v** und **w** entlang der Achsen des Texturkoordinatensystems in Augekoordinaten transformiert. Jedes Paar dieser Vektoren definiert eine Texturebene, ausgedrückt in Augekoordinaten, für welche die Normale N_i leicht gefunden werden kann.

Die Kantengröße $c_{x,y,z}$ des Abtastwürfels an der Stelle (x, y, z) ergibt sich somit aus der Wurzel des Minimums der Fläche $T_{\phi,i}$:

$$c_{x,y,z} = \min(\sqrt{T_{\phi,i}})\ \ z, \quad i \in (uv, vw, uw) \tag{5.46}$$

Das Minimum der Fläche ergibt sich aus dem Maximum des Kosinus des Winkels ψ_i, wodurch sich durch Einsetzen von Gleichung 5.44 und 5.45 in Gleichung 5.46 folgendes ergibt:

$$\begin{aligned} c_{x,y,z} &= \min\left(\sqrt{T_{\phi,i}}\right) z = \sqrt{\frac{T_\phi}{\max(\cos(\psi_i))}}\ z \\ &= \sqrt{\frac{T_0 \frac{1}{\sqrt{x_1^2+y_1^2+1}}}{\max\left(\left|\frac{(x_1,y_1,1)*(N_{i,x},N_{i,y},N_{i,z})}{\sqrt{x_1^2+y_1^2+1}}\right|\right)}}\ z \\ &= \sqrt{\frac{T_0}{\max|(x_1,y_1,1)*(N_{i,x},N_{i,y},N_{i,z})|}}\ z, \quad i \in (u,v,w) \end{aligned} \tag{5.47}$$

Durch Multiplikation mit der z-Position der Microfacette kann durch Gleichung 5.47 die Würfelgröße für Start- und Endpunkt effizient bestimmt werden (Strahlensatz).

Ein wichtiger Vorteil dieser Methode besteht darin, daß sowohl die drei Normalvektoren N_{uv}, N_{vw} und N_{uw}, als auch die Fläche T_0 während der Initialisierung, die ein Mal pro Volumenobjekt und Bild erfolgt, berechnet werden können. Um T_0 zu berechnen, müssen die vier Eckpunkte des mittleren Bildpunktes, d.h. die Punkte (-0.5, 0.5, 1), (0.5, 0.5, 1), (0.5, -0.5, 1) und (- 0.5, 0.5, 1), von Weltkoordinaten auf Texturkoordinaten bezüglich des jeweiligen Volumenobjektes[2] explizit transformiert werden. Die Fläche in Texturkoordinaten läßt sich dann einfach errechnen. Beachtenswert bei der ganzen Prozedur ist, daß die Größe C_{xyz} des Abtastwürfels weder von der Texturauflösung noch von der Orientierung der Oberfläche des Volumenobjektes abhängt, sondern nur von der relativen Lage des Welt- und des Texturkoordinatensystems. Dies stellt *einen signifikanten Unterschied zwischen 2D bzw. solid textures einerseits und Volumentexturen andererseits dar.*

Da die Abtastung mit Hilfe von Würfeln erfolgt, kann ein pyramidales Volumen nicht hundertprozentig genau bedeckt werden. Bei der vorgeschlagenen Approximation wird versucht, einerseits den Bedeckungsanteil des abzutastenden Raumes zu maximieren, ohne mehr als notwendig zu mitteln (*over-averaging*), andererseits die Anzahl der Traversierungsschritte minimal zu halten. Der größte Fehler tritt bei einer Traversierung entlang einer der vier Hauptdiagonalen des Würfels auf; Abb. 5.42 verdeutlicht diesen Zusammenhang für den 2D Fall. In jedem Fall sind das abgetastete und das abzutastende Volumen gleich groß, auch wenn nicht 100% deckungsgleich. Ferner ist das Volumen der abgetasteten Region, die außerhalb der Pyramide (auf der Abbildung: Quader) liegt, gleich groß mit der Region, die innerhalb der Pyramide nicht abgetastet wurde. Obwohl andere Würfelgrößen genausogut benutzt werden können, wird dieser Vorschlag als der beste Mittelweg zwischen Abtastungsgenauigkeit und Anzahl der Zugriffe bzw. Traversierungsschritte gewertet.

5.5.8 Die DDA Initialisierung

Die Initialisierung der DDA Routine erfordert einerseits die Anzahl der durchzuführenden Schritte, andererseits das Inkrement, um das der Abtastwürfel mit jedem Schritt wächst.

Das Inkrement $\tilde{d}$ läßt sich folgendermaßen berechnen (siehe Abb. 5.43): sei c_i die Würfelgröße am Zugriffspunkt P_i und c_{i+1} am Punkt P_{i+1}, so ergibt sich die neue Würfelgröße c_{i+1} aus:

[2] In der Regel kommt es vor, daß diese vier Punkte außerhalb des Volumenobjektes liegen und deshalb Texturkoordinaten bekommen, die außerhalb des normierten (0-1) Raumes liegen. Dies stellt aber weder Inkompatibilität noch Einschränkung bezogen auf die bisher beschriebenen Methoden dar, da nicht die absoluten Koordinaten, sondern nur die eingeschlossene Fläche und somit ihre Differenz von Interesse ist.

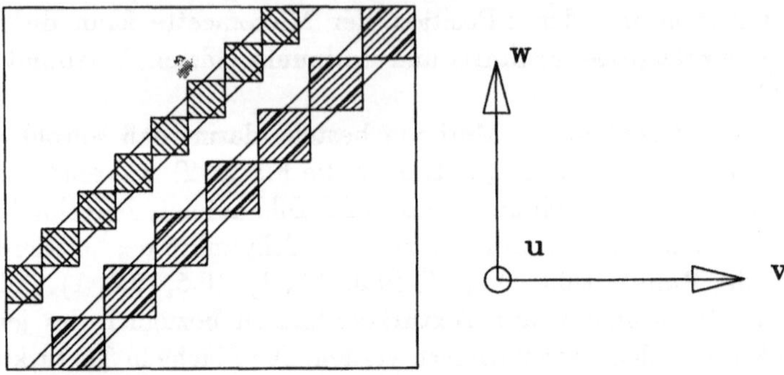

Abb. 5.42. Bedeckung eines Pfades durch Würfel unterschiedlicher Größe

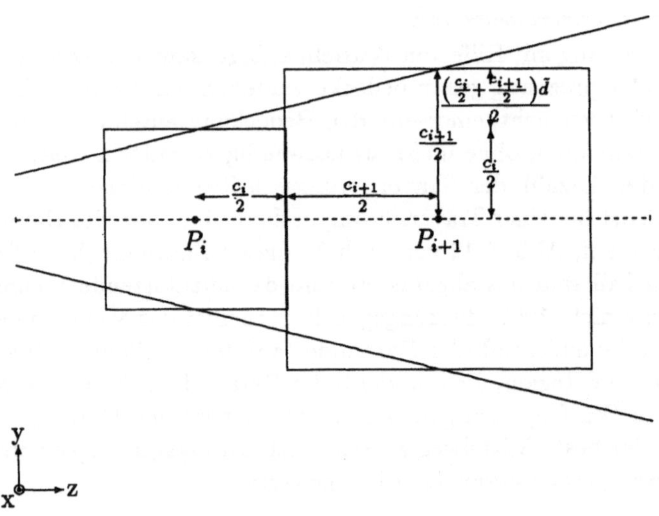

Abb. 5.43. Berechnung der Gr"0ße des aktuellen Abtastwürfels

$$\frac{c_{i+1}}{2} = \frac{c_i}{2} + \frac{\tilde{d}\left(\frac{c_i}{2} + \frac{c_{i+1}}{2}\right)}{2} \Rightarrow c_{i+1} = \frac{1+\frac{\tilde{d}}{2}}{1-\frac{\tilde{d}}{2}} c_i = \tilde{d}\ c_i \tag{5.48}$$

wobei $\tilde{d}$ der Quotient der Differenz aus Start- und Endpunktwürfelgröße (Δc) und dem maximalen Differenzbetrag der Texturkoordinaten ($\max|\Delta|$) ist:

$$\tilde{d} = \frac{\Delta c}{\max|\Delta|} = \frac{c_n - c_0}{\max|\Delta|}. \tag{5.49}$$

Dadurch kann man an dem Zugriffswürfel c_{i+1} an der Stelle $i+1$ durch Multiplikation des Würfels an der Stelle i mit $\tilde{d}$ errechnen; nach n Schritten ist die gesuchte Größe:

$$c_n = c_0 \, \tilde{d}^n \tag{5.50}$$

Die neue Zugriffsposition P_{i+1} ergibt sich aus:

$$P_{i+1} = P_i + \left(\frac{c_i + c_{i+1}}{2} \right) \tag{5.51}$$

Dadurch wird die gesamte Strecke Δl durch eine „Kette" von Würfeln bedeckt, die eine geometrische Reihe bilden. Die Anzahl der Traversierungsschritte läßt sich berechnen als:

$$\begin{aligned} |\Delta l| &= \sum_n c_i = c_0 \sum_n (1 + \tilde{d} + \tilde{d}^2 + \ldots + \tilde{d}^{n-1}) \\ &\Rightarrow \\ n &= \frac{log\left(|\Delta l| \, \frac{\tilde{d}-1}{c_0} + 1\right)}{log\,(\tilde{d})} \end{aligned} \tag{5.52}$$

wobei Δl die Länge in Texturkoordinaten der zu traversierenden Strecke entlang der Traversierungsachse ist.

Der erste Würfel wird „linksbündig" am Anfang der Strecke plaziert, so daß er innerhalb des Volumenobjektes liegt, siehe Abb. 5.44. Zu diesem Zweck wird die Position P_0 des ersten Zugriffes um einen halben Schritt $c_0/2$ „vorwärtsbewegt". Problematischer wird es mit dem letzten Schritt, da die Strecke in der Regel durch keine ganzzahlige Anzahl von Würfeln teilbar ist, so daß der letzte Würfel über den hinteren Rand hinausragen wird. Um diesen Sonderfall abzufangen, wird die Größe des letzten Schrittes auf die Länge der übriggebliebenen Strecke reduziert. Dieser letzte Würfel wird dann „rechtsbündig" an dem Ende der Strecke positioniert, siehe Abb. 5.44.

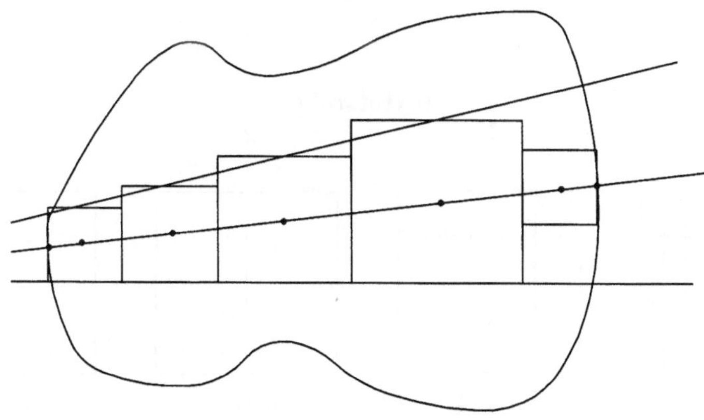

Abb. 5.44. Traversierung des Abtastvolumens

Verschiedene andere Sonderfälle müssen ebenfalls abgefangen werden, wie z.B. zu kleine Strecke Δl oder Würfelgröße c_0 größer als Streckenlänge. Die Behandlung solcher Sonderfälle wird in [Gert90] ausführlich beschrieben und wird deshalb hier nicht wiederholt.

5.5.9 Datenorganisation und -zugriff

Wenn volumenorientierte Abtastung mit diskreten Datenfeldern angewendet wird, muß der Zugriff auf die Texturdaten effizient gestaltet werden. Um während der Bildgenerierung Zeit zu sparen, werden dabei die Daten oft während einer Vorbearbeitungsstufe (*pre-filtering*) vorgefiltert. Eine solche effiziente Vorfilterungs- und Zugriffsstrategie wurde von Williams ([Will83]) für zweidimensionale Texturen vorgestellt. Seine *pyramidal parametrics* oder auch *mip-map* Methode operiert auf verschiedenen Auflösungsstufen der Originaldaten. Während der Vorverarbeitung werden aus der Originaltextur durch sukzessive Zusammenfassung jeweils vier benachbarte Bildpunkte zu einer neuen Auflösungsstufe generiert, die auf Abb. 5.45 als Ebenen einer Pyramide dargestellt wird. Mit jedem Zusammenfassungsschritt, der ursprünglich nur auf quadratische, zweierpotente Texturen anwendbar war, reduziert sich die Texturauflösung um die Hälfte und die Anzahl der Bildpunkte auf ein Viertel. Während des Texturzugriffs findet man erst die Ebene der Pyramide, deren Auflösung der Abtastungsfläche entspricht. In der Regel liegt diese Fläche zwischen zwei Pyramidenebenen, so daß jeweils ein Texturwert auf der oberen und der unteren Ebene durch bi-lineare Interpolation zwischen vier Nachbarpixeln ermittelt wird. Der gesuchte Wert ergibt sich durch die lineare Interpolation des oberen und des unteren Wertes. Dadurch wird ein diskretes Feld in eine stetige Funktion umgewandelt: Die diskreten Bildpunkte werden als Stützstellen oder punktuelle Abtastungen angesehen, Zwischenwerte werden linear interpoliert.

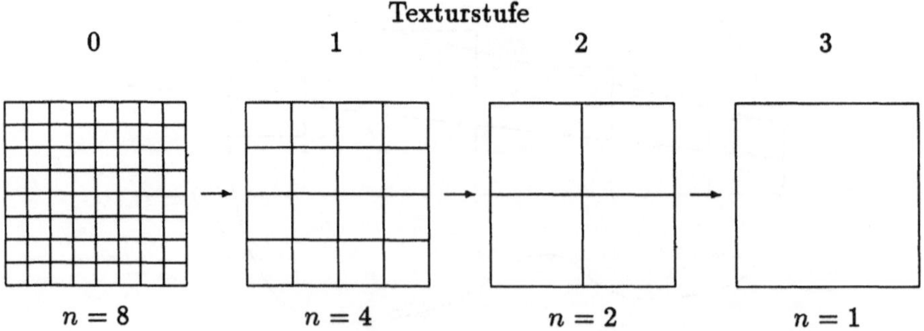

Abb. 5.45. Die Organsation der zweidimensionalen Speicherpyramide *mip-map*

Peachy ([Peac88]) erweiterte diese Methode auf drei Dimensionen, um *solid textures* abzutasten. Obwohl solche Texturen ebenfalls dreidimensional sind (vgl. Abs. 5.4.2), existiert ein wichtiger Unterschied zu den hier behandelten Volumentexturen: *solid textures* werden genauso wie 2D Texturen auf der Oberfläche eines Objektes ausgewertet, wobei Volumentexturen entlang einer Strecke bzw. innerhalb eines Volumens abgetastet werden.

Im Fall der volumenorientierten Abtastung wurde die Organisationsform von *mip-maps* beibehalten, aber mit einer gänzlich unterschiedlichen Adressierungs- und Auswertungsmethode. Die Textur wird vorgefiltert durch die Zusammenfassung von jeweils acht benachbarten Voxeln zu einem. Dabei wird mit jeder Ebene die Auflösung um die Hälfte und die Anzahl der Voxel auf ein Achtel reduziert; die Pyramide belegt dadurch nur ca. 14% mehr Speicher als die Originaltextur, siehe Abb. 5.46.

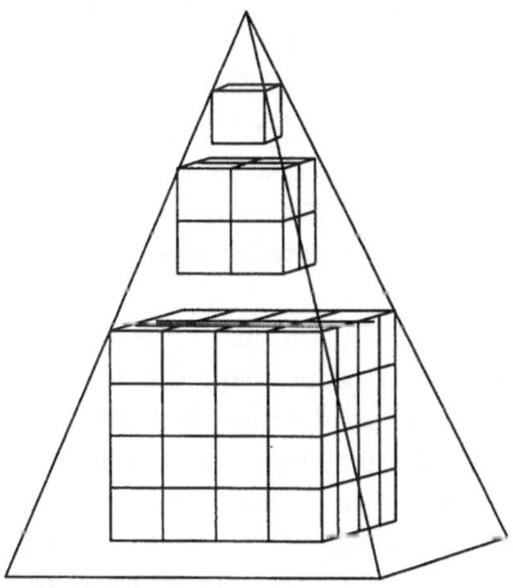

Abb. 5.46. Die Organisation der dreidimensionalen Speicherpyramide

Der Datenzugriff erfolgt genauso wie bei den 2D *mip-maps*, nur daß jetzt jeweils eine tri-lineare Interpolation auf jeder Ebene stattfindet. Die Ebenen der Pyramide, auf die zugegriffen wird, werden wie folgt berechnet:

$$2^x = c_i \quad \Rightarrow \quad x = \frac{\ln(c_i)}{\ln(2)}, \tag{5.53}$$

wobei x die gesuchte Texturstufe und c_i die aktuelle Würfelgröße ist. Die gesuchten Texturstufen ergeben sich aus $x_o = \lfloor x \rfloor$ und $x_u = \lceil x \rceil$, wobei x_o die obere und x_u die untere Texturstufe ist.

Für die anschließende lineare Interpolation werden die Gewichtungsfaktoren für den oberen und den unteren Wert berechnet als:

$$\begin{aligned} f_o &= x - x_0 \\ f_u &= x_1 - x \\ &= 1.0 - f_0. \end{aligned} \tag{5.54}$$

wobei f_o der Gewichtungsfaktor für die obere und f_u für die untere Texturstufe ist.

5.5.10 Abtastung funktionaler Texturen

Bisher wurden die Methoden für die Abtastung von Volumentexturen primär für diskrete Voxelfelder vorgestellt. Solche Felder können z.B. das Ergebnis der Generierung zeitvarianter Turbulenz im Frequenzbereich sein, wie es im Abs. 4.2 dargelegt wird, oder auch das Ergebnis einer Simulation oder Messung einer wissenschaftlichen Größe, siehe Abs. 6.6. Das Prinzip der entwickelten Methode besteht einerseits in der Bestimmung der Position und Größe der Abtastumgebungen (Würfel), die für Abdeckung des Sehkegels notwendig sind (Abs. 5.5.6, 5.5.7 und 5.5.8), andererseits in der Berechnung des Texturwertes mittels Interpolation aus benachbarten „level-of-details" aus der 3D Speicherpyramide (Abs. 5.5.9).

Wenn man die im Abs. 4.3 vorgestellte Funktionale Methode zur Generierung turbulenter Bewegung anwendet, liegt die mit Hilfe der Gleichung 4.16 generierte Textur nicht diskret, sondern als kontinuierliche Funktion vor. Gleichung 4.21 zeigt, daß die Größe der kleinsten generierten Details über die obere Summationsgrenze k_1 einstellbar ist. Gleichzeitig kann man sehen, daß nicht beliebige Detailgrößen generiert werden können, sondern nur bestimmte diskrete Größen, die durch die „Stauchung" des Definitionsbereiches der Funktion um r^k mit jeder neuen Summationsstufe hervorgebracht werden. Dieser Vorgang der Generierung von Details in bestimmten diskreten Größenordnungen wird in Abb. 3.5 bildlich gezeigt.

Bei der volumenorientierten Abtastung einer funktionalen Textur bleibt das Prinzip der für die diskreten Texturen entwickelten Methode voll erhalten, allerdings wird jetzt keine vorgerechnete, diskrete Speicherpyramide generiert, sondern es wird die für die kleinsten Details geforderte Größe bei der Generierung des Texturwertes berücksichtigt. Da die Abtastgröße an jeder Stelle durch den Abtastwürfel bestimmt wird, sollen keine Details generiert werden, die kleiner als die Würfelkante sind, da sie zu Abtastfehlern führen werden. Diese Größenbegrenzung erfolgt durch eine Einstellung der oberen Summationsgrenze k_1 durch Einsetzen der Würfelgröße c_x in die Gleichung 4.21:

$$r^{k_1 \mu_i} * c = 1 \Rightarrow k_1 = \frac{\log(1/c)}{\mu_i \log r} \tag{5.55}$$

Dies entspricht der durch Gleichung 5.53 errechneten Pyramidenstufe. Die wie oben berechnete Grenze k_1 ist im allgemeinen keine ganze Zahl und kann deshalb nicht direkt als Summationsgrenze benutzt werden, was der o.g. Generierung von diskreten Auflösungsstufen seitens der RAA Funktion entspricht. Statt dessen werden die RAA Texturwerte für $k_u = \lfloor k_1 \rfloor$ und $k_o = \lceil k_1 \rceil$ berechnet, was der nächst höheren und der nächst niedrigeren Texturauflösung enspricht, und das Endergebnis wird durch Interpolation zwischen diesen zwei Werten bestimmt. Dies enspricht der in Gleichung 5.54 angegebenen Interpolation. Eine ähnliche Methode wird in [Peac88] für 2D Texturen vorgestellt.

5.6 Ergebnisse

In diesem Abschnitt werden die Ergebnisse der entwickelten und eingesetzen Verfahren für die Visualisierung von Volumenobjekten präsentiert. Die Bewertung findet anhand von drei Kriterien statt:

- Abtastfehler und (technische) Bildqualität
- Rechenzeit
- Realitätseindruck.

Der nächste Abschnitt 5.6.1 vergleicht die Abtastfehler der unterschiedlichen Abtasttechniken. Die Qualität der Abtastung wollen wir technische Bildqualität nennen. Der Abschnitt 5.6.2 präsentiert und vergleicht die Rechenzeiten, die mit dem im Abs. 5.2.5 beschriebenen „vereinfachten Beleuchtungsmodell" erzielt werden, sowie die Ergebnisse für das im Abs. 5.2.6 behandelte „komplette Beleuchtungsmodell". Der Vergleich bezüglich des Realitätseindruckes wird im Abs. 5.7 anhand von ausgewählten Bildbeispielen diskutiert.

5.6.1 Vergleich der Abtasttechniken

Die Probleme der existierenden Abtasttechniken wurden bereits im Abs. 5.5 detailliert besprochen, und in den Abs. 5.5.5 und 5.5.6 wurden die zwei Abtasttechniken „Streckenorientierte Abtastung" und „Volumenorientierte Abtastung" eingeführt. In diesem Abschnitt werden die mit der jeweiligen Methode erzielten Ergebnisse mit Photographien von Testszenen präsentiert.

Auf Abb. 5.47 wird ein mit Volumentextur gefüllter Würfel präsentiert. Die Auflösung der Textur beträgt von links nach rechts $8^3, 32^3, 64^3$ und 128^3. Die Textur der oberen Reihe ist ein reguläres Muster bestehend aus abwechselnden Zonen mit Dichte Null und Eins (eine Art „dreidimensionales Schachbrett"), wobei die Textur der unteren Reihe eine stochastische fraktale Wolke ist. Dadurch repräsentieren die zwei gewählten Muster die Extremfälle des total regulären und des stochastisch variierenden Musters. Für Abb. 5.47 wurde das vereinfachte Beleuchtungsmodell und die streckenorientierte Abtastung verwendet. Die Auflösung des Bildes beträgt 720 x 576 Bildpunkte.

Wie man auf dem Bild leicht erkennt, weist die streckenorientierte Abtastung bei niedrigaufgelösten Texturen gravierende Bildfehler auf. An der unteren Reihe ist die wiederholte Abtastung des gleichen Voxels, was zu einer blockförmigen Erscheinung der Textur führt, deutlich sichtbar. Fehler bei der Berechnung der optischen Tiefe, die zur sprunghaften Änderung der mittleren Dichte führen, sind als Streifen an der oberen Reihe sichtbar. Abb. 5.48 zeigt eine Vergrößerung der Randzonen der Abb. 5.47. Wie man beobachten kann, nehmen diese Bildfehler mit wachsender Texturauflösung ab, jedoch eliminiert werden sie nie.

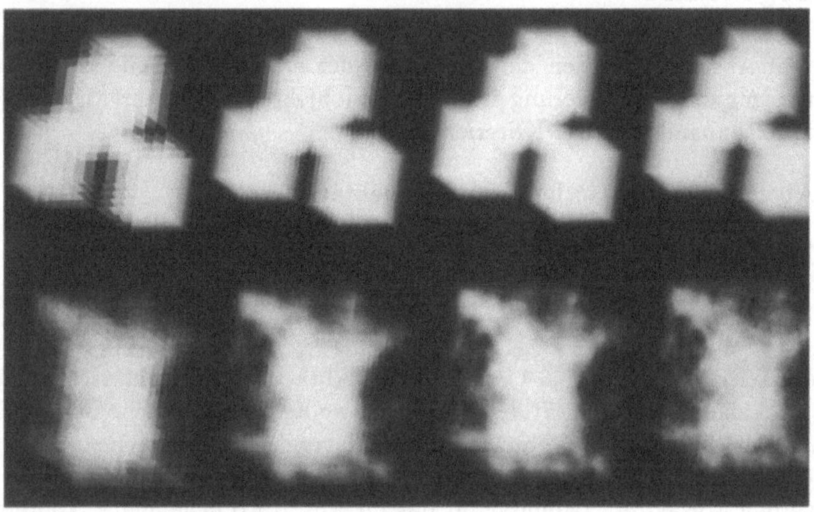

Abb. 5.47. Streckenorientierte Abtastung von Volumentextur. Die Texturauflösung beträgt (von links nach rechts) $8^3, 32^3, 64^3$ und 128^3. Die Textur der oberen Reihe ist ein reguläres Muster, die Textur der unteren Reihe ist eine stochastische fraktale Wolke. Vereinfachtes Beleuchtungsmodell, Bildauflösung 720 x 576 Bildpunkte

Die Bildfehler, die mit der Bewegung des Volumenobjektes zusammenhängen, können mit Hilfe von einzelnen Bildern leider nicht im vollen Umfang präsentiert werden. Diese Fehler werden in zwei speziellen Videosequenzen ([Saka90a] und [Saka91a]), welche gerade für diesen Zweck erstellt wurden, zusammengefaßt. Insbesondere zeigt [Saka90a] die perspektivischen Verzerrungsfehler, die bei einem großen Öffnungswinkel entstehen. Abb. 5.51 oben zeigt einen Ausschnitt aus dieser Videosequenz; man beachte den Abtastfehler im rechten oberen Bereich des Bildes. Dieser Bereich springt während der Animation bei der Kameradrehung. In der Sequenz [Saka91a] werden zwei identische nebeneinander rotierende Würfel gezeigt. Für den linken Würfel wurde streckenorientierte Abtastung und für den rechten volumenorientierte Abtastung gewählt, so daß die Ergebnisse der beiden Methoden direkt miteinander vergleichbar sind.

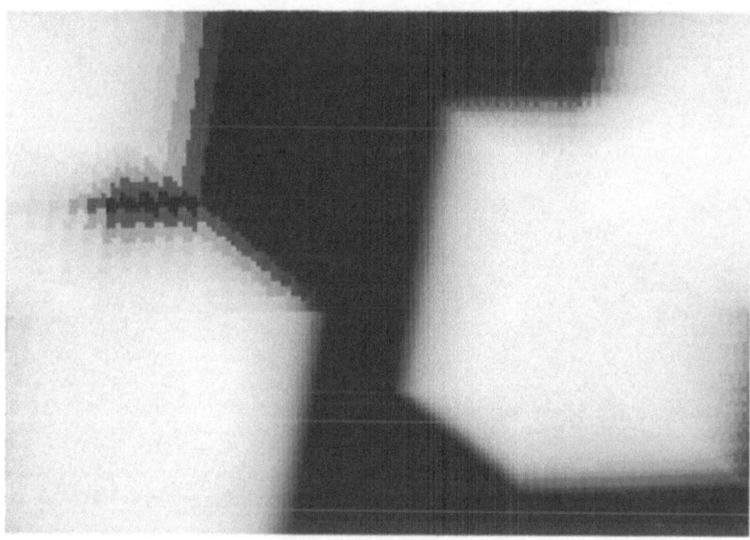

Abb. 5.48. Vergrößerung der Randzonen der Abb. 5.47

Die gleiche Testszene wie auf Abb. 5.47 und 5.48 wird für volumenorientierte Abtastung auf Abb. 5.49 und 5.50 präsentiert. Wie man gleich erkennen kann, werden die durch die streckenorientierte Abtastung hervorgerufenen Fehler beseitigt. Auf der Vergrößerung (Abb. 5.50) erkennt man, daß auch bei niedrigen Auflösungen durch die Texturinterpolation weder blockförmige Bereiche noch Streifen in Erscheinung treten. Lediglich erscheint die Textur glatt und ohne hochfrequente Information, was an der verwendeten niedrigen Auflösung der Originaldaten liegt. Durch die erreichte Glättung können wesentlich niedriger aufgelöste Texturen bei animierten Szenen verwendet werden, ohne daß Abtastfehler sichtbar werden, was zu einer wesentlichen Speicherplatzersparnis führen kann. Abb. 5.51 unten zeigt eine Szene aus der Videosequenz [Saka90a] mit einer Texturauflösung von 32^3; für das obere Bild wurde die streckenorientierte und für das untere Bild die volumenorientierte Abtastung verwendet. Wie man leicht sehen kann, genügt die durch das untere Bild angebotene Qualität für viele praktische Zwecke, ohne daß eine hochaufgelöste speicherintensive Textur verwendet werden muß.

Auf Tabelle 5.5 werden die Rechenzeiten für die verschiedenen Abtasttechniken angegeben. Die Zahlen repräsentieren die absoluten CPU-Sekunden auf einer SUN-4 Workstation. Als Referenzbild wurde ein Würfel verwendet. Für die punktuelle und Umgebungsabtastung wurde bei der Berechnung der Rechenzeit eine Sektionsanzahl von 1 gewählt, so daß pro Bildpunkt einmal auf die Textur zugegriffen wird. Für alle Bilder wurde das vereinfachte Beleuchtungsmodell verwendet. Die hier angegebenen Zeiten beziehen sich auf das Animationssystem DESIRe, welches zur Zeit der Messungen eine unoptimierte, allein durch Software implementierte Visualisierung ermöglichte. Die Ausnutzung der Hardware-Eigenschaften von modernen Arbeitsstationen läßt die hier angegebenen Zeiten

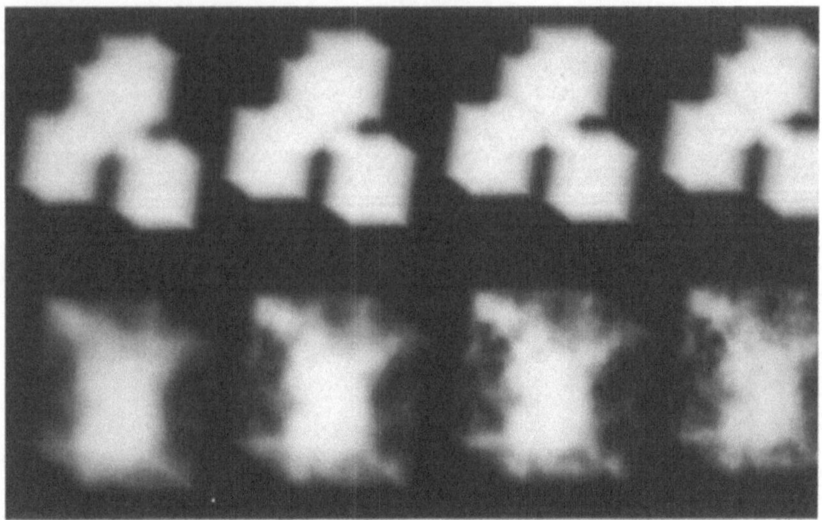

Abb. 5.49. Volumenorientierte Abtastung von Volumentextur. Die Texturauflösung beträgt (von links nach rechts) $8^3, 32^3, 64^3$ und 128^3. Die Textur der oberen Reihe ist ein reguläres Muster, die Textur der unteren Reihe ist eine stochastische fraktale Wolke. Vereinfachtes Beleuchtungsmodell, Bildauflösung 720 x 576 Bildpunkte

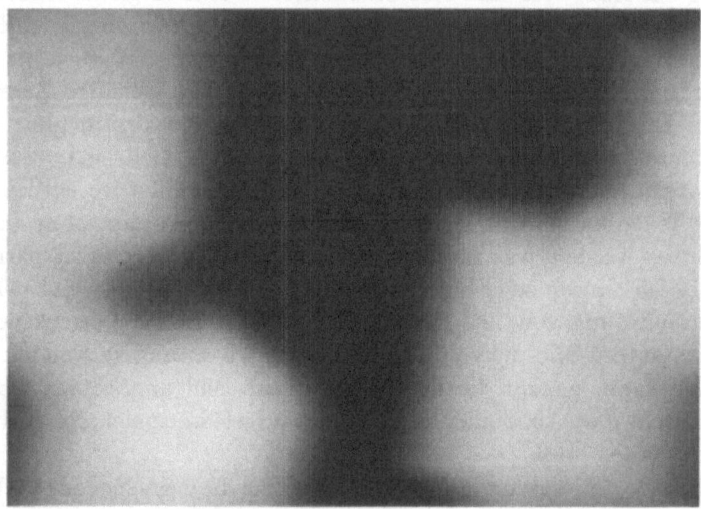

Abb. 5.50. Vergrößerung der Randzonen der Abb. 5.49

ca. um den Faktor 100 oder mehr sinken, wie es im Abs. 6.6.8 ausführlich beschrieben wird. Deshalb sollen die hier angegebenen Zeiten nur als Vergleich der Verfahren relativ zueinander dienen.

Die Vorteile der volumenorientierten Abtastung werden im folgenden zusammengefaßt:

1. Durch die Methode erfolgt automatisch eine Anpassung der Abtastauflösung an die Bildschirmauflösung. Diese Anpassung erfolgt sowohl für alle Größenordnungen sowohl in dem Kompressions- als auch in dem Vergrößerungsbereich (siehe Abb. 5.32) und ermöglicht einen glatten Übergang dazwischen.

2. Die Traversierung des Volumens erfolgt immer mit der korrekten Abtastfrequenz: Der Sehkegel wird durch die kleinste mögliche Anzahl von Abtastwürfeln bedeckt, die sowohl eine Über- als auch eine Unterabtastung verhindert. Das resultiert in die kleinste mögliche Anzahl von Schritten für die Traversierung und in die kleinste mögliche Anzahl von Texturzugriffen und -auswertungen, wodurch die benötigte Rechenzeit ebenfalls minimiert wird.

3. Die meisten Kalkulationen während der Traversierung erfolgen durch inkrementele Methoden, was ebenfalls zu Rechenzeitersparnis beiträgt.

4. Die erreichte Unterdrückung von Abtastfehlern (*anti-aliasing*) ist zufriedenstellend für die meisten Anwendungen, wie die Bildbeispiele belegen.

5. Die Visualisierung hängt von der Bildschirmauflösung, jedoch nicht von der Volumenauflösung ab, wodurch die Visualisierung von im Prinzip beliebig großen Datenmengen in TV-Auflösung und auf gängigen Arbeitsstationen fehlerfrei (*alias-free*) innerhalb von wenigen Minuten möglich ist. Dies reflektiert die Tatsache, daß Volumendetails, welche kleiner als die maximal darstellbare Auflösung (= aktuelle Bildschirmauflösung) sind, sowieso nicht ohne Abtastfehler darstellbar sind und deshalb gefiltert werden müssen.

Tab. 5.5. Tabellarische Darstellung der gemessenen Rechenzeiten der verschiedenen Abtasttechniken

Bildformat	Texturauflösung	Abtasttechnik			
		Punkt	Dot	Strecke	Volumen
LOW (160 × 128)	32^3	13.4	13.8	16.0	35.1
	64^3	14.8	15.0	20.0	37.5
	128^3	25.7	26.4	26.3	76.7
c601L (360 × 288)	32^3	58.9	61.1	73.2	299.5
	64^3	61.6	62.8	88.3	301.1
	128^3	72.0	74.4	109.8	323.3
npal (672 × 576)	32^3	213.9	220.1	263.2	1903.6
	64^3	215.1	223.0	314.9	1920.0
	128^3	235.6	241.6	390.7	1948.8

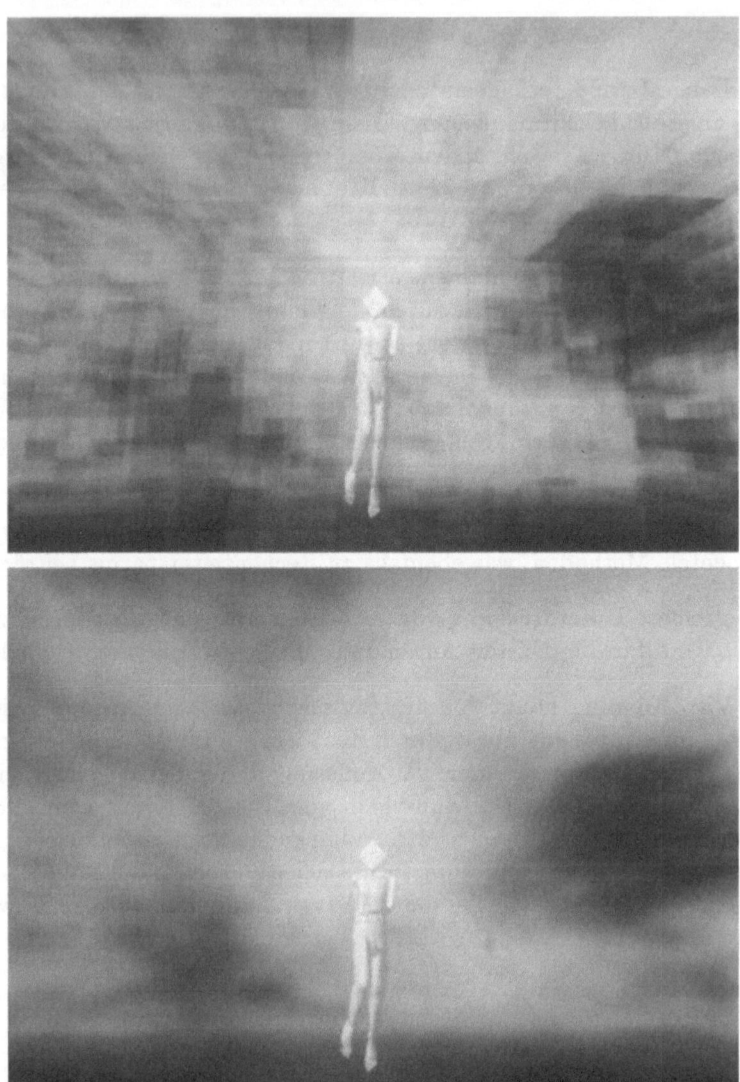

Abb. 5.51. Auszug aus der Videosequenz [Saka90a] bei einer Texturauflösung von 32^3. Für das obere Bild wurde die streckenorientierte und für das untere Bild die volumenorientierte Abtastung verwendet. Die durch das untere Bild angebotene Qualität genügt für viele praktische Zwecke

5.6.2 Bewertung der Beleuchtungsmodelle

Um die von den verschiedenen Beleuchtungsmodellen benötigte Rechenzeit zu messen und zu vergleichen, wurde eine Testszene, bestehend aus einem bildfüllenden Würfel gefüllt mit einer Volumentextur variabler Auflösung, verwendet. Die Rechenzeiten wurden für die streckenorientierte Abtastung bei variierender Größe des generierten Bildes gemessen ([Gert90]). Das verwendete

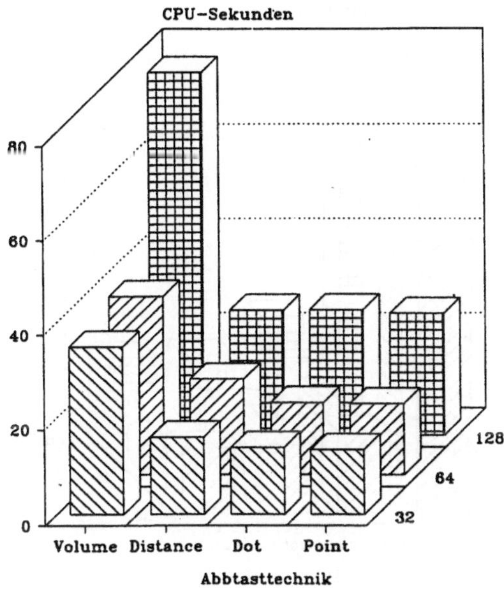

Abb. 5.52. Graphische Darstellung der Rechenzeiten für die Abtasttechniken, Bildformat „LOW“: Die verschiedenen Abtasttechniken und die Texturauflösung sind gegen die Rechenzeit aufgetragen

Bildformat wird jeweils auf der linken Spalte der Tabelle 5.6 aufgeführt. Die Rechenzeiten für die drei verwendeten Bildformate werden auf Abb. 5.55, 5.56 und 5.57 graphisch dargestellt. Die hier angegebenen Zeiten beziehen sich ebenfalls auf das Animationssystem DESIRe. Die erste Spalte der Tabelle (Sektionsanzahl 0) gibt die Zeiten für das „vereinfachte Modell“ an, die restlichen Spalten für das „komplette Modell“. Die benötigte Rechenzeit wurde als Funktion der Unterteilungsrate und der Bildauflösung dargestellt. Man kann deutlich sehen, daß die benötigte Rechenzeit linear mit der Anzahl der verwendeten Sektionen zunimmt.

5.7 Zusammenfassung und Diskussion

Der in diesem Abschnitt vorgestellte Viualisierungsalgorithmus ist für die Bedürfnisse der rechnergestützten Animation gut geeignet. Seine Hauptmerkmale sind drei: Flexibilität, einstellbare Bildqualität und Schnelligkeit.

Mit *Flexibilität* wird gemeint, daß Volumenobjekte in fast beliebigen Konstellationen in Animationsszenen einbezogen werden können:

- man kann ein oder mehrere Volumenobjekten verwenden
- jedes Volumenobjekt kann konvex oder konkav sein

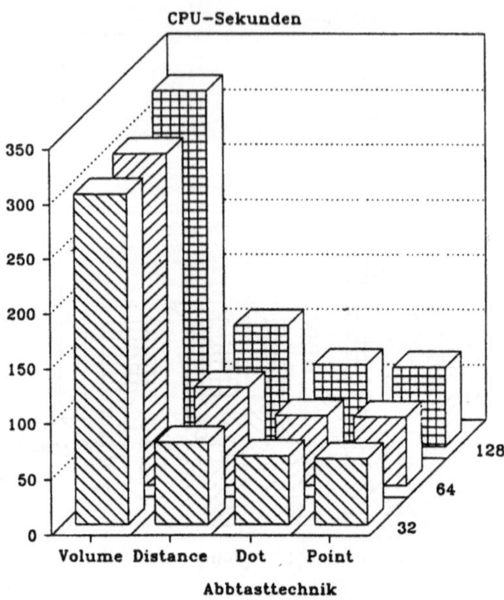

Abb. 5.53. Graphische Darstellung der Rechenzeiten für die Abtasttechniken, Bildformat „c601L“: Die verschiedenen Abtasttechniken und die Texturauflösung sind gegen die Rechenzeit aufgetragen

- Volumenobjekte können nebeneinander, ineinander oder hintereinander liegen
- ein Volumenobjekt kann in beliebig vielen anderen Volumenobjekten eingeschlossen sein
- Volumenobjekte und übliche geometrische Objekte können in der gleichen Szene benutzt werden
- Geometrische Objekte können Volumenobjekte schneiden oder auch ganz innerhalb oder um Volumenobjekte herum liegen
- Beobachter und/oder Lichtquellen können innerhalb oder außerhalb von Volumenobjekten liegen, können um solche herumwandern oder auch durch sie bewegt werden in jeder beliebigen Position und Richtung.

Mit Ausnahme des Falles der teilweisen Überschneidung von zwei Volumenobjekten, welcher nicht immer konsistent behandelt werden kann und deshalb explizit ausgeschlossen wurde, sind alle anderen möglichen Kombinationen von Volumenobjekten untereinander sowie in Verbindung mit polygonalen Objekten, Beobachter und Lichtquellen erlaubt. Alle obigen Fälle werden mit dem gleichen Renderer behandelt, der polygonale Objekte wie Volumenobjekte gleichermaßen bearbeiten kann. Dadurch wird die größte mögliche Flexibilität sowohl bei der Erstellung einer Szene als auch bei ihrer Visualisierung gewährleistet.

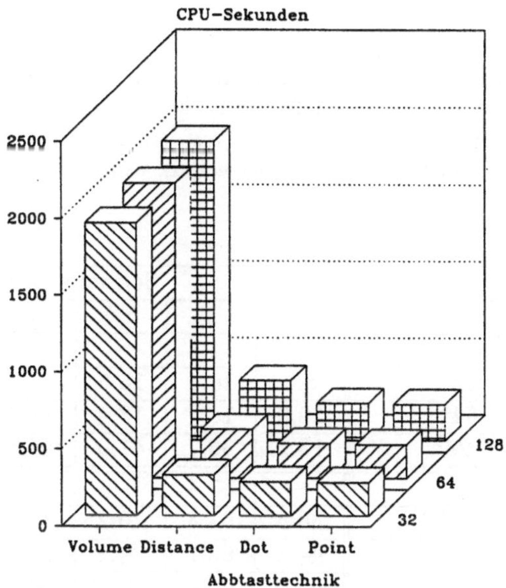

Abb. 5.54. Graphische Darstellung der Rechenzeiten für die Abtasttechniken, Bildformat „npal": Die verschiedenen Abtasttechniken und die Texturauflösung sind gegen die Rechenzeit aufgetragen

Die Begriffe Rechenzeit und Bildqualität stehen in enger Korrelation zueinander, in dem Sinne, daß eine höhere Bildqualität immer mit einer höheren Rechenzeit verbunden ist. Als *einstellbare Bildqualität* verstehen wir die Möglichkeit, das den aktuellen Bedürfnissen passende Beleuchtungsmodell und eine geeignete Abtasttechnik für ein Volumenobjekt auswählen zu können und dadurch den besten Kompromiß zwischen Rechenzeit und erwünschter Bildqualität individuell auszuwählen. Dabei kann die Wahl des Modells und der Abtasttechnik unabhängig voneinander getroffen werden.

Die schnelle und nach Möglichkeit fehlerfreie Abtastung von Volumentexturen hat sich als schwieriges Problem erwiesen, welches mit den in der Vergangenheit entwickelten Methoden nur unzureichend gelöst werden konnte. Die im Abs. 5.5.5 präsentierte „streckenorientierte Abtastung" stellt den ersten Schritt zur Lösung dieses Problems dar. Obwohl die perspektivische Verzerrung entlang der Bildtiefe dabei vernachlässigt wird, liefert das Modell in vielen Fällen zufriedenstellende Ergebnisse, die aufgrund der geringen benötigten Rechenzeit für eine schnelle Beurteilung während der Szenenmodellierung (*previewing*) oft verwendet werden. Die im Abs. 5.5.6 entwickelte „volumenorientierte Abtastung" stellt dabei den besten Kompromiß bezüglich der Rechenzeit einerseits und der erreichbaren Bildqualität andererseits dar. Das Interessante bei diesem Verfahren ist, daß die Rechenzeit für eine gegebene Bildauflösung konstant und *unabhängig von der Texturauflösung* ist. Somit können extrem große Datenfelder, die aus mehreren Millionen Voxeln bestehen, in Zeiten visualisiert

Tab. 5.6. Tabellarische Darstellung der gemessenen Rechenzeiten für die Beleuchtungsmodelle „vereinfachtes Modell" und „komplettes Modell". Die Zahlen repräsentieren die absoluten CPU–Sekunden auf einer SUN-4 Workstation. Als Referenzbild wurde ein Würfel und als Abtasttechnik wurde bei allen Berechnungen streckenorientierte Abtastung verwendet

Bildformat	Texturauflösung	Sektionsanzahl					
		0	1	5%	10%	20%	100%
LOW (160 × 128)	1^3	–	14.1	–	–	–	–
	32^3	8.0	14.4	15.5	16.0	18.7	38.7
	64^3	10.0	16.7	18.4	21.3	26.1	65.2
	128^3	13.2	36.7	41.0	45.8	56.5	133.0
c601L (360 × 288)	1^3	–	63.4	–	–	–	–
	32^3	36.5	63.8	70.2	71.3	86.1	192.4
	64^3	44.1	65.7	74.2	90.6	116.4	335.4
	128^3	55.0	89.0	112.7	140.7	203.1	642.1
npal (672 × 576)	1^3	–	237.0	–	–	–	–
	32^3	131.5	237.4	258.2	260.4	318.1	709.4
	64^3	157.2	239.5	272.2	326.1	419.1	1167.0
	128^3	195	259.9	343.3	435.9	644	2160.3

werden, welche ein interaktives Arbeiten ermöglichen. Dies wird insbesondere bei der wissenschaftlichen Visualisierung großdimensionierter Datenfelder gebraucht (siehe dazu Abs. 6.6).

Wie im Abs. 5.2 bereits erwähnt, stellen alle hier verwendeten Beleuchtungsmodelle verschiedene Approximationsstufen des gewünschten Phänomens dar. Bei stärkerer Vereinfachung wird einerseits die für die Auswertung benötigte Rechenzeit reduziert, andererseits werden verschiedene Effekte zwangsläufig vernachlässigt. Das im Abs. 5.2.5 vorgestellte „vereinfachte Modell" stellt die erste und am häufigsten benutzte Approximation dar. Mit dessen Hilfe kann man beliebig verteilte diskrete Voxelfelder als Wolken visualisieren; der für die Auswertung benötigte Aufwand liegt in der gleichen Größenordnung wie für übliche polygonale Objekte. Die Erfahrung hat gezeigt, daß die Vernachlässigung der Lichtdämpfung innerhalb des Volumens, welche auch die wichtigste Vereinfachung gegenüber allen anderen Modellen ist, in sehr vielen Fällen vom Benutzer entweder nicht bemerkt oder nicht als störend empfunden wird. Da das Modell entlang Beobachtungsrichtung volle Detailauflösung und korrekte Dämpfung der dahinter liegenden Objekte liefert, kann man nur vermuten, daß dies die von den meisten Beobachtern erwünschte Information ist. In jedem Fall wird das Modell immer dann benutzt, wenn eine schnelle Visualisierung erforderlich ist, insbesondere im Bereich der Animation und der technisch-wissenschaftlichen Visualisierung (siehe dazu auch Abs. 6.5 und 6.6).

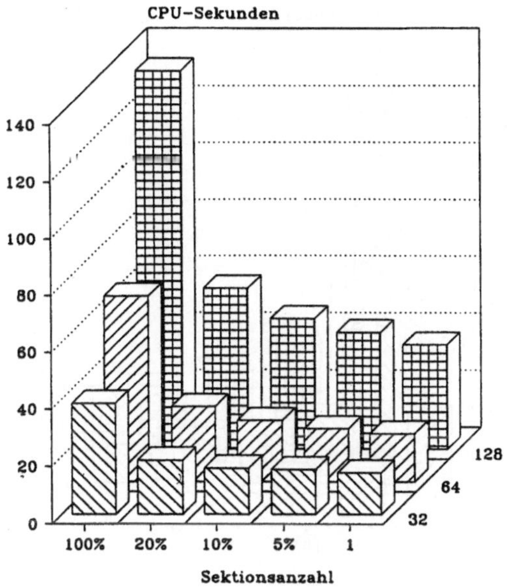

Abb. 5.55. Graphische Darstellung der Rechenzeiten für das „komplette" Beleuchtungsmodell, Bildformat „LOW": Die Anzahl an Sektionen und die Texturauflösung ist gegen die Rechenzeit aufgetragen

Das im Abs. 5.2.6 vorgestellte „komplette Modell" und seine Abwandlungen stellt den besten Kompromiß zwischen Rechenzeit und Bildqualität dar. Das Modell kann im Prinzip die Selbstschattierung des Volumenobjektes berücksichtigen, jedoch ist die Berechnungsgenauigkeit über die Anzahl der gewünschten Sektionen seitens des Benutzers einstellbar. Je genauer die Schattenabtastung, desto besser die Bildqualität einerseits, aber auch desto höher die benötigte Rechenzeit. Die Erfahrung hat gezeigt, daß ab einem bestimmten Prozentsatz der Anstieg in der Rechenzeit nicht mehr in Relation mit der gewonnenen Qualität steht. Dies wird auf Abb. 5.58 demonstriert: Für das linke Motiv wurde eine Unterteilungsrate von 10% benutzt, für das rechte 100%. Die für das rechte Bild benötigte Rechenzeit von ca. einer Stunde verglichen zu ca. fünf Minuten für den linken Würfel steht keineswegs im Einklang mit der gewonnenen Bildqualität. In der Regel ist eine Unterteilungsrate von ca. 10% die beste Lösung, in bestimmten Fällen liefert sogar nur eine einzige Lichtquellenabtastung pro Strecke zufriedenstellende Ergebnisse, wie dies auf Abb. 5.59 demonstriert wird.

In Anschluß an diesen Abschnitt sollen manche Beispiele für den Einsatz des „kompletten Modells" anhand von einigen Bildern vorgestellt werden. Abb. 5.60 und 9.12 auf Seite 241 sind Ausschnitte aus der Videosequenz ([Saka90a]). Auf Abb. 5.60 wird der Effekt der Lichtdämpfung innerhalb eines homogenen Körpers demonstriert. Die Seite des Würfels, die zur Lichtquelle hin zugewandt ist, erscheint heller. Auf Abb. 9.12 links auf Seite 241 wird der Effekt der

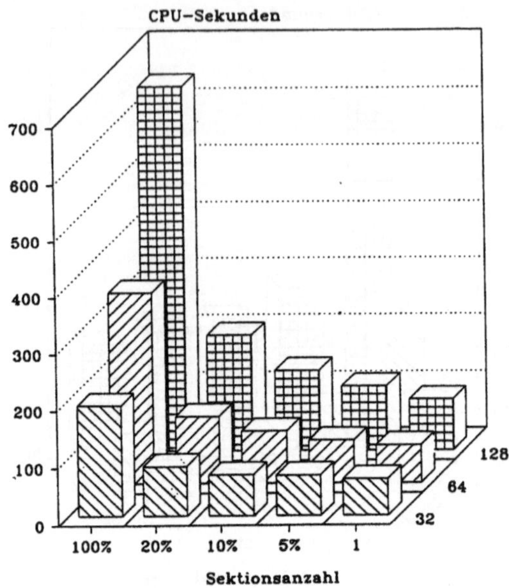

Abb. 5.56. Graphische Darstellung der Rechenzeiten für das „komplette" Beleuchtungsmodell, Bildformat „c601L": Die Anzahl an Sektionen und die Texturauflösung ist gegen die Rechenzeit aufgetragen

Lichtdämpfung von farbigen Lichtquellen innerhalb von homogenen Volumina demonstriert: Die zur jeweiligen Lichtquelle zugewandte Seite des Körpers erscheint in der Farbe der Lichtquelle; Farben werden im Inneren des Objektes gemischt, so daß das Zentrum Weiß erscheint. Der gleiche Fall wird auf dem rechten Bild auch für inhomogene Objekte gezeigt. Solche Effekte können nur durch die Berücksichtigung der Lichtdämpfung generiert werden.

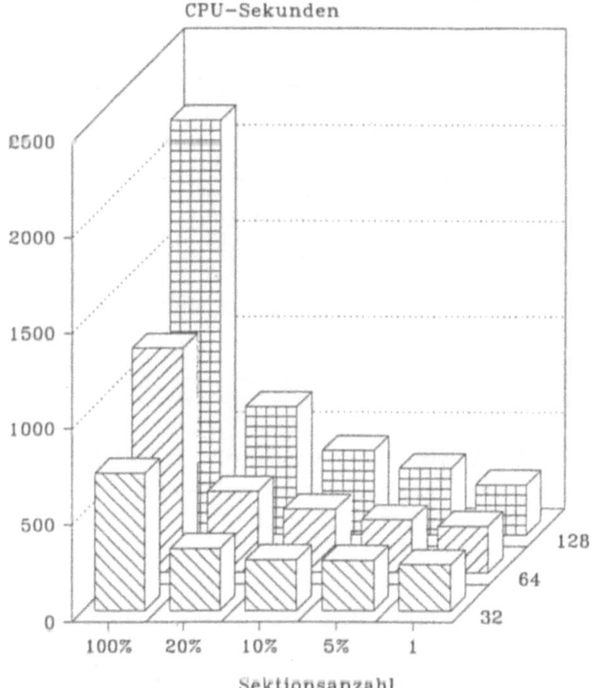

Abb. 5.57. Graphische Darstellung der Rechenzeiten für das „komplette" Beleuchtungsmodell, Bildformat „npal": Die Anzahl an Sektionen und die Texturauflösung ist gegen die Rechenzeit aufgetragen

Abb. 5.58. Vergleich der Anwendung unterschiedlicher Unterteilungsraten: Für das linke Bild wurden 10%, für das rechte Bild 100% der Texturauflösung benutzt

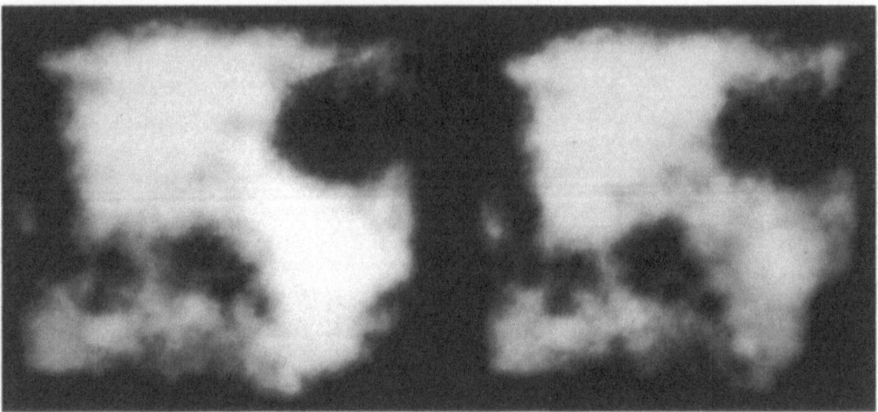

Abb. 5.59. Vergleich der Anwendung unterschiedlicher Unterteilungsraten: Für das linke Bild wurde eine einzige Abtastung, für das rechte Bild 100% der Texturauflösung benutzt

Abb. 5.60. Dämpfung der Lichtquelle in homogenen Volumina. Die zur Lichtquelle hingewandte Seite erscheint heller

6. Implementierungen

6.1 Grundlagen der parallelen Verarbeitung

6.1.1 Einführung

Man kann Rechnersysteme mit mehreren Prozessoren nach der Anzahl der während einer Rechnung existierenden Befehls- und Datenströme klassifizieren:

1. Es kann einen (*single instruction*) oder mehrere Befehlsströme geben (*multiple instructions*). Ein Befehlsstrom bedeutet, daß alle Prozessoren die gleichen Operationen synchron ausführen. Im zweiten Fall können unterschiedliche Befehlsströme gleichzeitig auf unterschiedlichen Prozessoren ausgeführt werden. Demzufolge werden zwei Kategorien unterschieden:

   - *SI single instruction*
   - *MI multiple instruction*

2. Bezüglich der Datenströme werden ebenfalls zwei Kategorien unterschieden:

   - *SD single data*
   - *MD multiple data*

Die meisten existierenden Rechnersysteme haben nur eine Prozessoreinheit, z.B. gehört der übliche PC der klassischen von Neumann SISD Architektur an. Jedoch wurden in den letzten Jahren Rechnersysteme vorgestellt, die mehrere Prozessoren beinhalten. In diesem Kontext sind die MIMD Multiprozessorsysteme von besonderem Interesse, da sie eine maximale Flexibilität bezüglich der Verteilung einer Aufgabe ermöglichen. Der im Institut vorhandene Silicon Graphics 4D/380 VGX Rechner gehört dieser letzten Kategorie an.

6.1.2 Das Gesetz von Amdahl

Bei einer parallelen Verarbeitung ist in erster Linie die erreichbare Geschwindigkeitssteigerung von Interesse. Beobachtungen haben gezeigt, daß bei dem Einsatz von n parallel arbeitenden Prozessoren diese Steigerung nicht gleich

n, sondern manchmal signifikant kleiner ist. Abgesehen von vielen praktischen Schwierigkeiten, die mit der technischen Realisierung des Rechners zusammenhängen (z.B. Prozeßsynchronisation, Speicherzugriffszeit, Kapazität der Datenbusse und der Peripherie etc.) gibt es auch prinzipielle Gründe für diese Beobachtung. Diese Gründe hängen damit zusammen, daß in Programmen Teile existieren, die parallel voneinander ausführbar sind, sowie Teile, die wegen existierender Datenabhängigkeiten (z.B. Iterationsschleifen) sequentiell bearbeitet werden müssen. Diese sequentiellen Teile reduzieren den theoretisch maximal erreichbaren Parallelisierungsgrad.

Eine Abschätzung für den maximalen Parallelisierungsgrad wird durch das Gesetz von Amdahl gegeben. Wenn man annimmt, daß in einem Programm ein Anteil f, $0 \leq f \leq 1$ existiert, der nicht parallelisierbar ist, dann ist der parallelisierbare Teil $1 - f$. Der maximale Beschleunigungsfaktor s bei der Verwendung von pr Prozessoren wird durch das Amdahl'sche Gesetz gegeben als:

$$s \leq \frac{1}{f + \frac{(1-f)}{pr}} \tag{6.1}$$

In der Praxis verhindern immer technische Einschränkungen das Erreichen des maximalen Parallelisierungsgrades s, was durch das Kleiner-Gleich-Zeichen in der Gleichung angedeutet wird. Die graphische Repräsentation dieses Gesetzes für eine unterschiedliche Anzahl von Prozessoren wird in Abb. 6.1 gezeigt. Wie man leicht erkennt, folgt die Steigerungsrate keiner linearen, sondern einer exponentiellen Kurve, die mit wachsender Anzahl von Prozessoren zunehmend steiler wird.

Aus Gleichung 6.1 wird leicht ersichtlich, daß bei der Steigerung der Anzahl der Prozessoren allein eine Geschwindigkeitssteigerung nur bis zu einer oberen Grenze erreicht werden kann. Dies soll immer genau geprüft werden, bevor ein großer und dementsprechend teurer Multiprozessorrechner angeschafft wird.

6.1.3 Die benutzte Hardware

Die Implementierung wurde auf einem Silicon Graphics 4D/380 VGX Rechner durchgeführt. Er gehört zu den leistungsstärksten und modernsten Arbeitsstationen, die heute auf dem Markt existieren. In diesem Abschnitt soll die Architektur der Maschine nur kurz angerissen werden. Eine detaillierte Beschreibung findet man in [Akel89], [Rouf91] und in den entsprechenden Benutzerhandbüchern.

Die Silicon Graphics 4D/380 VGX hat eine symmetrische Parallelarchitektur mit acht fest durch einen gemeinsamen Hauptspeicher (*shared memory*) aneinander gekoppelten Prozessoren. Die Architektur des Systems kann in Abb. 6.2 gesehen werden.

Jeder der acht Prozessoren kommuniziert mit dem Hauptspeicher über einen zweistufigen Pufferspeicher. Der erste Puffer hat die Größe 2 x 64 Kbytes, der zweite Puffer ist mit 256 KBytes viermal größer. Solange jeder Prozessor mit

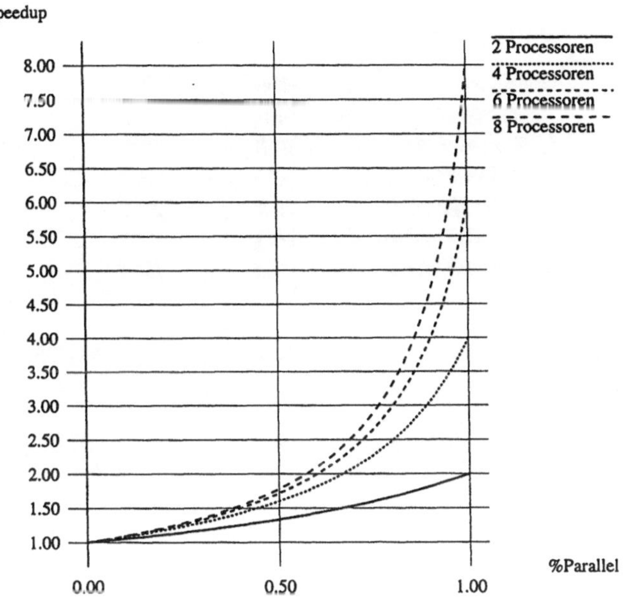

Abb. 6.1. Das Gesetz von Amdahl für den maximalen Parallelisierungsgrad bei der Verwendung mehrerer Prozessoren

den lokal im Puffer angelegten Daten arbeitet, ist der Durchsatz des Systems am höchsten. Das gelingt nur in den Fällen, wo die benötigten Daten von der Größe her im Puffer Platz haben können. Wird ein benötigtes Datum im Puffer nicht gefunden, so wird es aus dem Hauptspeicher nachgeladen. Mit jedem Zugriff auf den Hauptspeicher wird ein ganzes Segment in den Puffer geholt. Der MpLink Bus synchronisiert sämtliche Zugriffe auf den Hauptspeicher, das E/A System und das Graphiksystem und führt Protokolle für die konsistente Haltung von Daten im Speicher sowie für den Datenaustausch zwischen den Prozessoren. Dies bedeutet, daß jedem Prozessor jederzeit die gleichen Datensätze zur Verfügung stehen, trotz des gleichzeitigen Zugriffs von anderen Prozessoren und lokaler Pufferung.

Das graphische Subsystem trägt maßgeblich zu der Leistungsfähigkeit der Maschine bei, insbesondere was die uns interessierenden graphischen Routinen anbetrifft. Die VGX Graphik gilt als das z.Z. stärkste auf dem Markt verfügbare graphische Subsystem mit einem Durchsatz von nach Herstellerangaben 1.000.000 Bildpunkten oder ca. 100.000 Gouraud-schattierten Polygonen pro Sekunde. Schattierungsalgorithmen, Tiefensortierung (*z-buffering*), Texturen, Interpolationen, Scan-Konvertierung und viele andere typische graphische Routinen werden entweder direkt von der Hardware oder von der Firmware der mitgelieferten GL-Bibliothek massiv unterstützt.

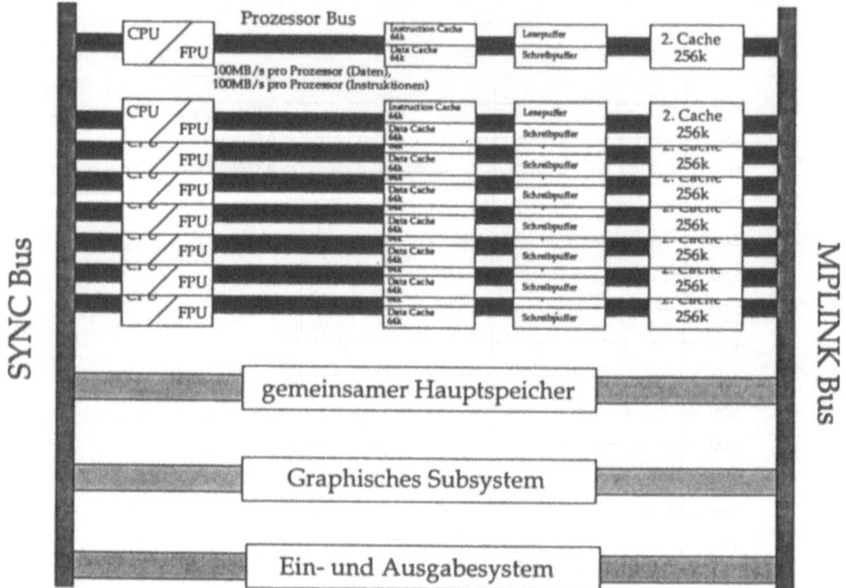

Abb. 6.2. Die Architektur des Silicon Graphics 4D/380 VGX Rechners

Trotz der vielen Vorteile des Systems muß hier auf einen Nachteil aufmerksam gemacht werden, der allen Multiprozessor-Systemen dieses Typs gemeinsam ist: Die Kapazität des Busses zum Hauptspeicher ist unzureichend, wenn mehrere Prozessoren gleichzeitig Daten nachladen wollen. Laut Herstellerangaben wird der Bus bei gleichzeitiger Bedienung zweier bis dreier Prozessoren gesättigt, so daß eventuell andere Anforderungen warten müssen. Unsere Messungen haben diese Angaben bestätigt. In Abs. 6.2, 6.3 und 6.6 wird gezeigt, daß diese Transferrate die Leistung des Systems begrenzen kann.

6.2 Parallelisierung der spektralen Methode

Bei der Generierung einer Wolke nach der spektralen Methode müssen folgende Schritte nacheinander ausgeführt werden:

1. Initialisierung. Hierbei werden die Initialparameter der Wolke gelesen, darunter auch die erforderliche Auflösung. Dementsprechend wird Speicherplatz dynamisch reserviert. Dieser Schritt wird nicht mehr wiederholt, solange die Bildauflösung sich nicht ändert.

2. Erzeugung einer statischen Wolke im Fourier-Raum. Hierbei wird das stochastische Spektrum generiert umd entsprechend die Parameter H und L mit $1/f^{\beta}$, eventuell auch mit einem Tiefpaß gefiltert.

3. Errechnung der Phasenverschiebungen. Hierbei werden alle im Abs. 4.2.2 erwähnten Bewegungsparameter ausgewertet und in einen entsprechenden Verschiebungswinkel für jeden Koeffizienten umgerechnet.

4. Bewegen der Wolke im Fourier-Raum. Dies erfolgt durch die Addition der o.g. Verschiebungen auf die Phasen des Spektrums.

5. Rücktransformation in den Bildbereich mittels FFT^{-1}.

6. Skalierung, Colorierung und Ausgabe des Bildes.

Die Schritte 1-3 werden bei einer nicht-interaktiven Implementierung des Verfahrens während der gesamten Animation nicht wiederholt und können deshalb einmalig während der Initialisierung ermittelt werden. Schritte 4-6 dagegen müssen mit jedem neuen Bild neu errechnet werden und bestimmen daher den Rechenaufwand bei einer Animation. Alle sechs Schritte werden in Abb. 6.3 gezeigt.

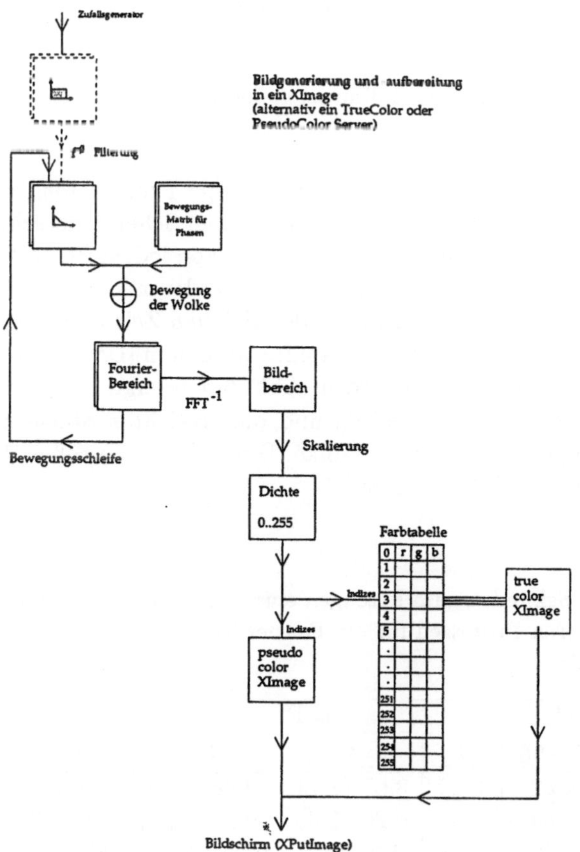

Abb. 6.3. Schritte bei der Generierung einer Wolkenanimation

Die Auswertung der Rechenzeiten bei der Ausführung der o.g. Schritte 4-6 bei einer sequentiellen Einprozessor-Implementierung für eine 2D Wolke hat ergeben, daß ca. 85% der Rechenzeit von der inversen Transformation FFT^{-1} beansprucht wird. Es lag daher nahe, diesen Teil der Berechnung zu parallelisieren.

Im Abs. 3.4.1.4 wurde darauf hingewiesen, daß die Berechnung einer k-dimensionalen FFT in k! 1-dimensionale FFT's zerlegt werden kann. Im 2D Fall bedeutet dies, daß erst alle Zeilen, dann alle Spalten des Feldes transformiert werden müssen, siehe Abb. 6.4. Diese Berechnung kann für alle einzelnen Zeilen und Spalten unabhängig parallel durchgeführt werden.

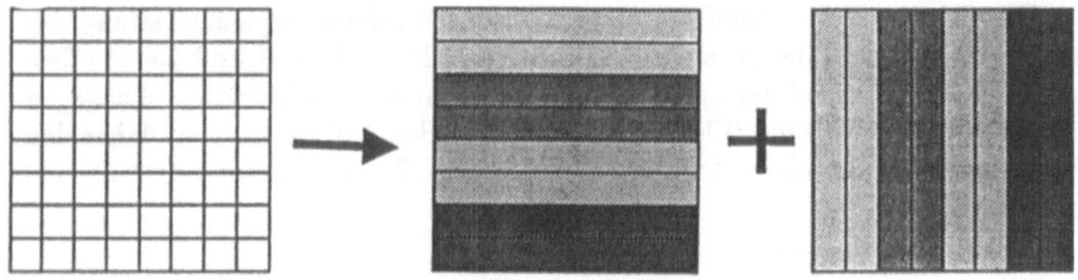

Abb. 6.4. Die Zerlegung einer 2-dimensionalen FFT in 1-dimensionale Teile

Jeweils N/pr Zeilen werden von einem der pr Prozessoren transformiert. Anschließend werden die Spalten nach dem gleichen Schema berechnet. Bei dieser homogenen Parallelisierung ist die Arbeit, die von jedem Prozessor verrichtet werden muß, identisch (*load balancing*). Daher werden alle Prozesse gleichzeitig gestartet und sind nach schätzungsweise der gleichen Zeit zu Ende. Die Details der Implementierung auf der Silicon Graphics werden in [Dorn91] berichtet. Das Flußdiagramm für diesen Prozeß wird in Abb. 6.5 gezeigt.

Tabelle 6.1 zeigt die Rechenzeiten und die erreichten Steigerungsfaktoren für die Generierung einer statischen Wolke. Diese Zeiten betreffen die einmalige Durchführung aller o.g. Schritte 1 bis 7.

Tab. 6.1. Zeiten in Sekunden zum Erzeugen einer statischen Wolke pro Bild bei Verwendung von mehreren Prozessen für die Fourier-Transformation. In Klammern der Beschleunigungsfaktor

Bild-auflösung	# Prozessoren			
	1	2	4	8
32×32	0.12	0.07 (1.7)	0.06 (2)	0.06 (2)
64×64	0.45	0.29 (1.6)	0.23 (2)	0.21 (2.2)
128×128	2.18	1.3 (1.7)	0.95 (2.3)	0.85 (2.6)
256×256	11.2	6.3 (1.8)	4.36 (2.6)	3.75 (3)

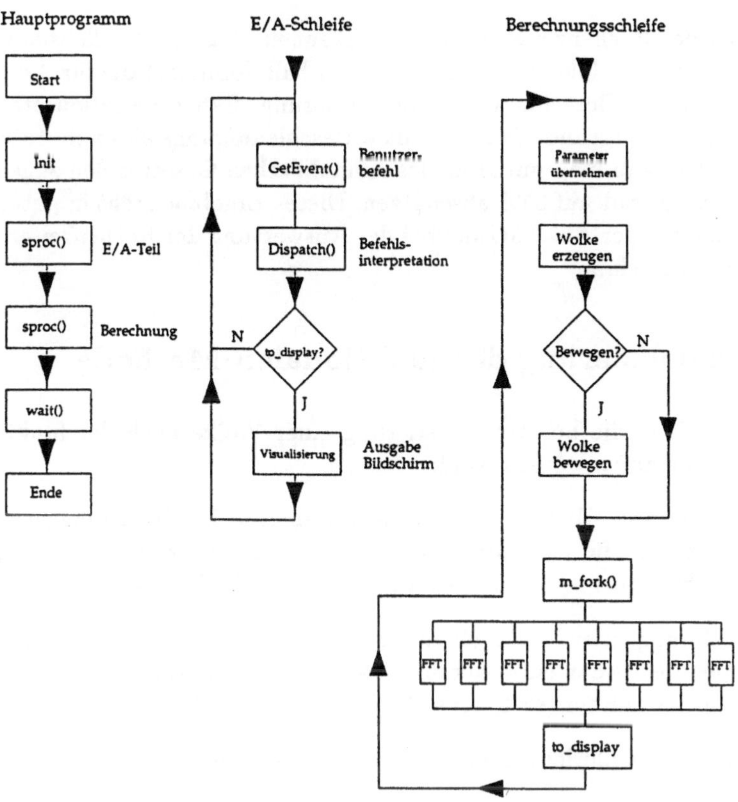

Abb. 6.5. Parallelisierung der inversen Fourier-Transformation bei der Generierung einer Wolkenanimation

Diese Rechenzeiten beinhalten viele zeitaufwendige und einmalige Operationen wie Speicherreservierung und sind deshalb verhältnismäßig lang. Diese Operationen sind bei der Messung der Rechenzeiten einer Animation nicht mehr vertreten. Tabelle 6.2 zeigt die entsprechenden Rechenzeiten und Beschleunigungsfaktoren bei animierten Wolken.

Tab. 6.2. Zeiten in Sekunden für die Berechnung einer bewegten Wolke pro Bild bei Verwendung von 1, 2, 4 oder 8 Prozessen für die Fourier-Transformation

Bild-	# Prozessoren			
auflösung	1	2	4	8
32×32	0.09	0.06 (1.5)	0.05 (1.8)	0.04 (2.2)
64×64	0.34	0.21 (1.6)	0.14 (2.4)	0.12 (2.8)
128×128	1.66	1.0 (1.7)	0.62 (2.7)	0.50 (3.3)
256×256	9.0	5.0 (1.8)	3.22 (2.8)	2.3 (3.9)

Anhand der Rechenzeiten kann man erkennen, daß die Parallelisierung erst bei größeren Bildern lohnend wird. In diesem Fall dominiert die für die FFT^{-1} benötigte Zeit; die Berechnung, die Initialisierung, Synchronisation etc. treten dabei in den Hintergrund. Der maximale Beschleunigungsfaktor in Tabelle 6.2 ist 3.9. Daraus kann man mit Hilfe des Amdahl'schen Gesetzes den zugehörigen Parallelisierungsgrad auf 85% abschätzen. Dieses Ergebnis steht in guter Übereinstimmung mit der Abschätzung bei der Auswertung der Rechenzeiten für die Einprozessor-Maschine.

6.3 Parallelisierung der funktionalen Methode

Die drei Schritte, die bei der Generierung einer Wolke nach der funktionalen Methode durchlaufen werden, sind:

1. Initialisierung. Hierbei werden die Parameter der Wolke eingelesen und Speicherplatz für das Zufallsgitter und das Bild dynamisch reserviert. Dieser Schritt wird nicht wiederholt, solange die Auflösung sich nicht ändert.

2. Berechnung einer Wolke für den aktuellen Zeitpunkt. Dieser Schritt wird durchlaufen, wenn entweder die Bewegung eingeschaltet ist, oder wenn ein Stukturparameter (siehe Abs. 4.3) sich geändert hat.

3. Skalierung, Colorierung und Ausgabe des Bildes.

Fast die gesamte Rechenzeit wird während des zweiten Schrittes benötigt. Wie in dem Abs. 4.4.4 erwähnt wurde, eignet sich die RAA Funktion aufgrund ihrer rechnerischen Lokalität und des verhältnismäßig kleinen Speicheraufwandes hervorragend für eine Parallelisierung auf großen Netzwerken. Dabei wird an jedem Netzknoten der gesamte Datensatz redundant gespeichert, was einmalig während der Initialisierung passiert ([SaWe92]). Das zu generierende Bild wird in Bereiche geteilt und jeder Knoten berechnet das Fraktal innerhalb des ihm zugeordneten Bereiches. Während der Animation werden die Kommunikationsbusse nur gebraucht, um einerseits die aktuellen Bildparameter von der Benutzungsoberfläche zu dem jeweiligen Prozessor weiterzuleiten, andererseits um die fertig gerechneten Bildteile von den Prozessoren zum Bildspeicher zu transportieren. Dadurch ist der Kommunikationsaufwand, der bei der spektralen Methode den leistungsmindernden Flaschenhals bildet, eher gering und der erwartete Parallelisierungsgrad dementsprechend hoch.

Um die Rechenarbeit gleichmäßig unter allen verfügbaren Prozessoren zu verteilen, sollten die Gebiete, die jedem Prozessor zugeteilt werden, nicht zu groß sein: Wenn ein zu bearbeitendes Gebiet während der Animation durch ein anderes Objekt bedeckt wird und temporär unsichtbar ist, muß der entsprechende Prozessor arbeitslos warten. Idealerweise sollte ein Gebiet ein Pixel groß sein, was aber einen nicht rentablen Kommunikationsaufwand bedeutet. Für den von uns benutzten Silicon Graphics 4D/380 VGX Rechner wurden acht Bildzeilen pro Prozessor als die optimale Größe empirisch ermittelt.

Tab. 6.3. Rechenzeiten für den 2D Fall bei der Verwendung von mehreren Prozessoren der Silicon Graphics 4D/380 VGX. In Klammern der Beschleunigungsfaktor

Bild-auflösung	# Prozessoren (Beschleunigung)								
	1	2		4		6		8	
32	0.2	0.1	(2)	0.05	(3.9)	0.04	(5)	0.04	(5)
64	0.94	0.47	(2)	0.24	(3.9)	0.18	(5.2)	0.15	(6.3)
128	3.86	2.0	(1.9)	1.0	(3.9)	0.75	(5.1)	0.57	(6.8)
256	17.4	8.7	(2)	4.4	(3.9)	3.4	(5.1)	2.3	(7.5)
512	79	39	(2)	19.6	(4)	15.5	(5.1)	10.5	(7.5)
1024	337	170	(2)	85.6	(3.9)	59	(5.7)	44	(7.7)

Tabelle 6.3 zeigt die gemessenen Rechenzeiten und den erreichten Beschleunigungsfaktor für den 2D Fall und den o.g. Rechner. Man kann leicht erkennen, daß der tatsächliche Parallelisierungsgrad nahezu 100% beträgt. Der Beschleunigungsfaktor steigt linear bei der Verwendung von bis zu vier Prozessoren, um dann eine kleine Neigung zu zeigen. Da die interne Rechnerarchitektur bis zu vier Prozessoren gleichzeitig optimal unterstützen kann (siehe Abs. 6.1.3), liegt die Vermutung nahe, daß dieser kleine Leistungsbruch eher mit der verwendeten Hardware und nicht mit dem Algorithmus zusammenhängt. In jedem Fall wäre es von Interesse, diese Vermutung mit anderen Parallelrechnern zu prüfen.

6.4 Interaktives Echtzeit-Modellierungssystem

Die in Abs. 6.2 und 6.3 angegebenen Rechenzeiten erlauben eine interaktive Implementierung der Wolkengenerierung sowohl für die spektrale als auch für die funktionale Methode. Ziel dabei ist es, ein graphisches System zu entwerfen, mit dessen Hilfe der Benutzer die von ihm gewünschte Turbulenz interaktiv entwerfen kann, d.h. bei dem er alle Parameter interaktiv einstellt. Das Ergebnis wird dabei möglichst schnell, idealerweise in Echtzeit, auf dem Bildschirm dargestellt. Durch diese Kopplung zwischen Parametervariation und Ergebnispräsentation wird die Wirkung der Parameter auf das optische Aussehen der Turbulenz sofort sichtbar. Ferner soll das System auch für Nicht-Experten, wie z.B. Designer, Animateure etc., leicht und intuitiv zu bedienen sein.

6.4.1 Benutzungsoberfläche für die spektrale Methode

Die interaktive Einstellung von Parametern erfordert einen zusätzlichen Schritt bei der im Abs. 6.2 vorgestellten Kette:

1. Initialisierung
2. Erzeugung einer statischen Wolke im Fourier-Raum

3. *Ablesen der aktuellen Parameterwerte*

4. Errechnung der Phasenverschiebungen

5. Bewegen der Wolke im Fourier-Raum

6. Rücktransformation in den Bildbereich mittels FFT^{-1}

7. Skalierung, Colorierung und Ausgabe des Bildes

Der dazu gekommene 3. Schritt bedeutet, daß nach jedem fertig gerechneten Bild, und bevor das nächste Bild berechnet wird, die Bewegungsparameter der Wolke neu gelesen werden. Bei einer Parameteränderung müssen die Phasenverschiebungen neu kalkuliert werden. Die Parameterübernahme wird durch das Kästchen „Parameter übernehmen" in Abb. 6.5 angedeutet, die Wolkenanimation durch den gezeichneten Pfeil.

Für die Benutzungsoberfläche wurde das standardisierte X-Windows Fenstersystem mit den weit verbreiteten OSF/MOTIF verwendet. Dies garantiert einerseits eine leichte Portabilität des Systems, andererseits stellt MOTIF eine Reihe von nützlichen Elementen zur Verfügung (Knöpfe, Schalter, Leisten, Menüs etc.), die den Entwurf einer Benutzungsoberfäche vereinfachen. Die Position der Bedienungselemente im Interaktionsfenster wird in Abb. 6.6 gezeigt.

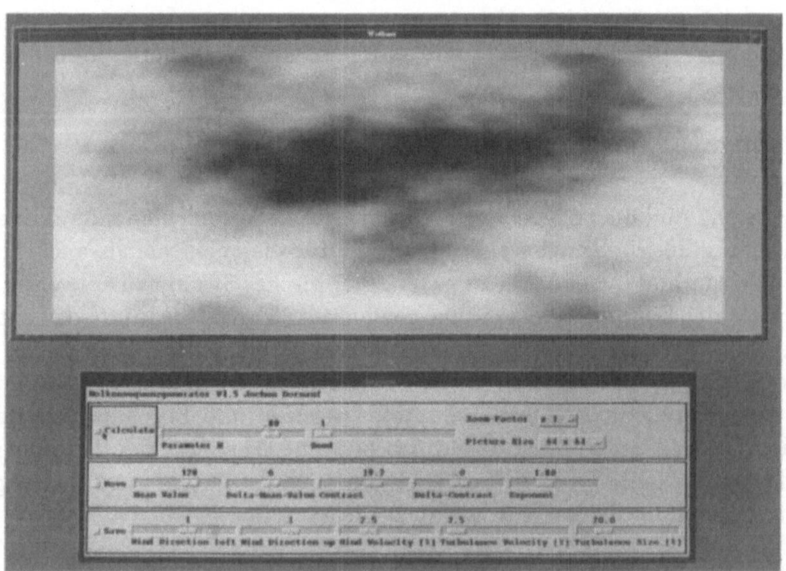

Abb. 6.6. Benutzungsoberfläche für die interaktive Generierung turbulenter Wolken mit Hilfe der spektralen Methode – siehe auch Abb. 9.1 auf Seite 234

Das Fenster enthält drei Schalter. Mit dem Schalter *Berechnen* wird die Rechnung gestartet und eine statische Wolke generiert. Mit dem Schalter *'Bewegen'* wird die Animation gestartet, mit dem Schalter *'Abspeichern'* werden bis zum erneuten Drücken des Schalters die berechneten Bilder in Dateien abgespeichert. Die Schalter 'Bewegen' und 'Abspeichern' können nur dann aktiviert werden, wenn die Berechnung bereits läuft.

An der obersten Reihe erscheinen zwei *pull-down* Menüs. Mit dem ersten wird der Vergrößerungsfaktor für die Wolkendarstellung eingestellt, mit dem zweiten die Berechnungsauflösung. Diese beiden Parameter müssen vor dem Starten der Berechnung eingestellt werden. Alle anderen Parameter werden über Schiebeschalter stufenlos eingestellt.

Die Ausgabe der Bilder kann über zwei Modi erfolgen. Im ersten Fall wird das berechnete Bild in einem zweiten Darstellungsfenster gezeigt, das über dem Bedienungsfenster erscheint und als X-Window realisiert wird (siehe Abb. 6.6). In einem solchen Fall kann die eigentliche Berechnung der Bilder auf einem anderen Rechner erfolgen als ihre Ausgabe: Innerhalb des lokalen Netzwerks kann die Ausgabe der X-Windows zu einem anderen Rechner umgelenkt werden. Das hat den Vorteil, daß der Benutzer nicht unbedingt vor der Konsole des Berechnungsrechners sitzen muß, so daß ein bequemeres Arbeiten gewährleistet wird. Andererseits ist die Bildübertragungsrate von der Kapazität und Auslastung des Netzwerkes abhängig. Nach den durchgeführten Messungen liegt sie bereits bei Bildern der Auflösung 128^2 unterhalb der Bildgenerierungsrate.

Im zweiten Fall werden die Bilder sofort auf der Konsole des Rechners ausgegeben, wo die Berechnung stattfindet. Der Vorteil hier ist, daß man die lokalen Graphik-Fähigkeiten der Arbeitsstation ausnutzen kann. Im Fall der Silicon Graphics 4D/380 VGX ermöglicht die extrem leistungsfähige lokale Graphik eine Echtzeit-Ausgabe der Bilder und eine gleichzeitige Glättung und Verzerrung durch Gouraud-Interpolation. Dadurch werden auch die Zentralprozessoren entlastet. In diesem Modus kann man unter Einsatz aller acht Prozessoren mit Bildern der Auflösung 64^2, die auf ca. 1000 x 300 vergrößert werden, bequem und mit quasi-Echtzeitraten arbeiten.

Die Implementierung des Systems und der Benutzungsoberfläche wird in [Dorn91] detailliert vorgestellt. Abb. 6.6 zeigt beide Fenster auf der Konsole der Silicon Graphics.

6.4.2 Benutzungsoberfläche der funktionalen Methode

Die Vorgehensweise bei der Benutzungsoberfläche der funktionalen Methode entspricht weitestgehend der der spektralen Methode. Hier wird ebenfalls ein neuer Schritt benötigt, der die aktuellen Benutzereinstellungen am Bildschirm erfragt und an die Funktion weiterleitet:

1. Initialisierung

2. *Ablesen der aktuellen Parameterwerte*

3. Berechnen der Wolke für den aktuellen Zeitpunkt

4. Skalierung, Colorierung und Ausgabe

Schritte 2 bis 4 werden bei einer Animation als Schleife durchlaufen. Diese Schleife kann durch den Knopf 'Bewegen' vom Benutzer unterbrochen werden. Parameteränderungen sind jederzeit möglich, d.h. auch während einer Animation.

Die äußere Form der Benutzungsoberfläche sowie ihre Bedienung sind denen der spektralen Methode sehr ähnlich, wie man auf Abb. 6.7 sehen kann. Die Oberfläche ist ebenfalls in X-Windows mit OSF/MOTIF realisiert worden, Berechnung und Ausgabe können an unterschiedlichen Knoten des lokalen Netzwerks ablaufen. Obwohl die in der Tabelle 6.3 angegebenen Rechenzeiten denen für die spektrale Methode deutlich unterliegen, kann man durch den Einsatz von acht Prozessoren bei einer Auflösung von ca. 70^2 Bildpunkte fünf bis sechs Bilder pro Sekunde generieren und anzeigen. Diese Bildrate ist ausreichend für ein interaktives Arbeiten.

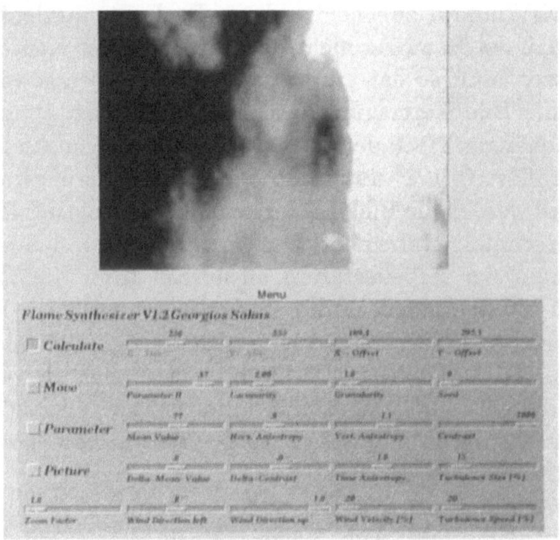

Abb. 6.7. Benutzungsoberfläche für die interaktive Generierung beweglicher Flammen mit Hilfe der funktionalen Methode – siehe auch Abb. 9.1 auf Seite 235

6.5 Anwendungen im Bereich der Animation

Die hier vorgestellten Visualisierungsmethoden für 2D und 3D Wolkentexturen wurden in das im Institut entwickelte Animationspaket DESIRe ([HaMa89], [HaMa90]) implementiert. Die modulare Struktur von DESIRe hat eine solche Erweiterung ermöglicht.

Die Architektur von DESIRe unterstützt sowohl 2D als auch 3D Texturen, die als diskretisierte Rasterbilder (Voxelfelder) oder auch als ausführbare Funktionen vorliegen können. Solche Texturen werden über ihren Namen referenziert und gemäß der im Abs. 2.1.2 gegebenen Definition einem Attribut des Beleuchtungsmodells des Objektes zugeordnet. Die Art der Zuordnung ist dabei frei wählbar.

Was die Texturzuordnung anbetrifft, unterstützt DESIRe eine Reihe von Abbildungsverfahren. Die drei wichtigsten sind explizite Abbildung, projektive Abbildung und inverse Projektion. Bei der expliziten Abbildung wird jedem Punkt des (polygonalen) Objektes ein Tuppel aus Texturkoordinaten zugeordnet. In Abhängigkeit von der Dimension der Textur können dabei 1D, 2D oder 3D Koordinaten verwendet werden. Die Texturkoordinaten werden aus einer externen Datei eingelesen, die vor der Texturreferenzierung existieren muß; während der Visualisierung werden auf der Objektoberfläche liegende Texturkoordinaten durch Interpolation der Eckpunkte berechnet. Bei dem projektiven Verfahren *two-part mappings* ([BiSl86]) findet die Texturierung in zwei Schritten statt: Beim ersten Schritt wird die Textur einem regulären Körper zugeordnet (Kugel, Würfel, Zylinder etc.), der um das zu texturierende Objekt gelegt wird. Beim zweiten Schritt wird die Textur auf die Objektoberfläche durch Projektion (z.B. Zentralprojektion, Projektion entlang der Normalen etc.) abgebildet. Beim dritten Verfahren handelt es sich um die im Abs. 5.4.2 vorgestellte Methode.

Sowohl die Beleuchtungsmodelle als auch die Abtastroutinen für Volumendaten wurden neu implementiert. Bei den Beleuchtungsmodellen handelt es sich um das im Abs. 5.2.5 vorgestellte „vereinfachte Modell" (*singlescatter*) sowie um das im Abs. 5.2.6 vorgestellte „komplette Modell" (*doublescatter*). Bei den Abtastroutinen wurden die im Abs. 5.5.5 vorgestellte „streckenorientierte Abtastung" sowie die im Abs. 5.5.6 vorgestellte „volumenorientierte Abtastung" gewählt.

Die DESIRe Architektur unterstützt zwar die Verwendung zeitvarianter Funktionen, jedoch nicht die von zeitvarianten Raster- oder Voxelfeldern. Deshalb konnte zwar die Rescale-and-Add Funktion unverändert in DESIRe implementiert werden (siehe dazu [West91]), die Daten der spektralen Synthese mußten aber außerhalb von DESIRe separat generiert und als Dateien eingelesen werden. Eine Synchronisation erfolgt dabei durch das Animationsskript: Zu jedem Zeitpunkt, für den eine zeitvariante Textur benötigt wird, wird durch das Skript ein externes Programm aufgerufen, welches die benötigte Textur zu dem gegebenen Zeitpunkt errechnet und in eine Datei speichert. Anschließend wird diese Datei eingelesen und gelöscht. Das Ganze stellt einen zeitraubenden Umweg über das Dateisystem dar und ist darüber hinaus störanfällig, wird aber durch die momentan existierende DESIRe Architektur erzwungen.

Mit Hilfe von DESIRe wurden in den letzten Jahren mehrere Videosequenzen generiert, die den Einsatz von zeitvarianten turbulenten Texturen im Rahmen der Animation demonstrieren. Darunter sind zu erwähnen die bei der Eurographics'90 und '91 vorgeführten Videos ([Saka90a], [Saka91a]) und die Sequenz „foggy bathroom"([Saka91b]), welche im *screening room* der SIGGRAPH'91 und in der Video Show der Eurographics'91 präsentiert wurde. Die meisten der dieser Arbeit beigelegten Bilder wurden ebenfalls mit DESIRe generiert. Im Anhang werden Ausschnitte aus den o.g. Sequenzen zusammen mit anderen Beispielen gezeigt.

6.6 Anwendungen bei der wissenschaftlichen Visualisierung

Die im 5. Kapitel entwickelten Verfahren zur Visualisierung von dreidimensionalen skalaren Datenfeldern können nicht nur im Bereich der Animation und Sichtsimulation, sondern auch für die wissenschaftlich-technische Visualisierung solcher Datenfelder angewendet werden. Eine Definition oder Präsentation der Methoden und Ziele der wissenschaftlichen Visualisierung liegt außerhalb der Problemstellung dieser Arbeit und kann z.B. in [Früh91b] und [Früh93] nachgelesen werden. In diesem Abschnitt werden nur die grundlegenden Techniken und Ziele grob skizziert, damit die Möglichkeiten einer Anwendung der entwickelten Methoden untersucht werden können. Detailierte Ergebnisse werden in [SaHa92a], [SaHa92b], [Saka93c] und [Saka93d] vorgestellt.

6.6.1 Einleitendes

Unter dem Begriff „wissenschaftliche Visualisierung“ versteht man die Analyse, Präsentation und graphische Darstellung von naturwissenschaftlicher, ingenieurtechnischer, medizinischer, geologischer etc. Information. Diese Information kann gemessen oder auch simuliert, orts- oder zeitkontinuierlich oder auch diskret sein. Die Informationsquelle sowie die Meßmethoden variieren stark mit der jeweiligen Applikation, gleiches gilt für ihre Art und Dimension. Um unsere Methoden anzuwenden, beschränken wir uns hier auf *dreidimensionale, diskrete, reguläre, skalare Felder*, d.h. auf 3D Matrizen, wobei jedes Element ein skalarer Wert ist. Solche Felder kommen in vielen Anwendungsbereichen vor: Bildgebende medizinische Diagnoseverfahren (CT, MRI, Ultraschall), zerstörungsfreie Materialprüfung, Verteilungen von Temperatur, Druck, Dichte, Konzentration etc. im 3D Raum, geologische, seismische oder astronomische Daten, atmosphärische, meteorologische und sonstige Umweltdaten etc., sollen die Breite des Applikationsfeldes abstecken. Alle o.g. Daten haben mehrere Gemeinsamkeiten:

1. Sie sind alle diskrete skalare Felder, d.h. 3D Matrizen, welche die Verteilung der zu untersuchenden Größe über den 3D Raum beschreiben, oder sie können als solche präsentiert werden.

2. Sie sind simuliert oder gemessen und können recht umfangreich sein.

3. Sie können in ihrem Inneren lokale Inhomogenitäten (geologische Daten), Unstetigkeiten oder Brüche (Materialprüfung), „hot spots“ (Temperaturfelder, Umweltdaten) oder sonstige zu untersuchende Information beinhalten (Tumore, Beimischungen etc.).

4. Sie weisen selten abrupte Änderungen auf, vielmehr zeigen sie (i.a. schwer zu detektierende) stetige, langsame Änderungen und kleine Gradienten (z.B. Temperatur- und Druckfelder).

5. Die gemessenen Daten können signifikant durch Rauschen und sonstige Meßfehler verfälscht oder überlagert sein.

6. Ihre große Menge macht die Auswertung mühsam und zeitraubend sowie fehleranfällig (Tomographien, seismische Daten).

Ziel der Visualisierung ist hier nicht die Generierung einer realitätsnahen Darstellung, sondern die Erkennung, Differenzierung und Präsentation von interessierenden Aspekten der vorliegenden Datenmenge, um eine Analyse und Interpretation seitens des Benutzers zu unterstützen. Anders ausgedrückt, das Ziel ist hier die Gewinnung von relevanter Information aus einer schwer überschaubaren Datenmenge. Die Art der interessierenden Information ist ebenfalls individuell vom jeweiligen Applikationsfall abhängig. So können bei medizinischen Daten Knochenstrukturen und -oberflächen, aber auch Gewebemasse, Tumore etc. interessieren; bei der Materialprüfung Strukturfehler, Risse, Brüche, Fertigungsmängel etc.; bei Umweltmessungen die Konzentration, Lage oder Ausdehnung einer Substanz; bei technischen Messungen oder Simulationen (z.B. Finite Elemente) die Dichte-, Druck- oder Temperaturverteilung in einem Raum etc. Die wissenschaftliche Visualisierung verwendet verschiedene Methoden, um den jeweiligen Aspekt hervorzuheben (Filterung, Verzerrungen oder sonstige Abbildungen, Falschfarbe, Kontur- oder Gradientenextraktion etc.).

Die graphische Datenverarbeitung steht hier als Hilfsmittel zur Verfügung. Wie Levoy ([Levo90d]) bemerkt, besitzen wissenschaftliche Daten im allgemeinen, und Volumendaten insbesondere, entweder keine eigene optische Manifestation, oder eine, die für computergraphische Bearbeitung ungeeignet ist. Deshalb muß diese Information durch die Abbildung auf geeignete graphische Primitive (Punkte, Linien, Flächen, Voxel, Farbe, Transparenzgrad, Dichte etc.) „sichtbar“ gemacht werden. Insbesondere für die Darstellung von Volumendaten hat Levoy die existierenden Verfahren in verschiedene Klassen unterteilt, welche in Tabelle 5.1 angegeben werden. Gemäß dieser Tabelle gehört das hier vorgestellte Verfahren den Bildverfahren mit einer semi-transparenten Volumendarstellung an (rechte untere Position der Tabelle 5.1): Dreidimensionale diskrete skalare Datenfelder werden als wolkenähnliche Objekte dargestellt.

6.6.2 Die allgemeine Volumenvisualisierungspipeline

Die Schritte, die nacheinander ausgeführt werden, um eine 3D Datenmenge zu visualisieren, können als Pipeline zusammengefaßt werden, die sog. Visualisierungspipeline. Der Arbeitsablauf kann in drei unterschiedliche Teilaufgaben untergliedert werden([Saka93d]): die geometrische Konvertierung (*scanning*), die Tiefenintegration (*integration-in-depth*) und die Berechnung der Bildpunktfarben (*mapping*). Diese Pipeline wird in Abb. 6.8 schematisch dargestellt.

Innerhalb einer Pipelinestufe kann man mehrere Schritte unterscheiden. Somit ergibt sich eine gesamte allgemeine Pipeline für die Visualisierung von Volumendaten, die auf der Abb. 6.9 gezeigt wird.

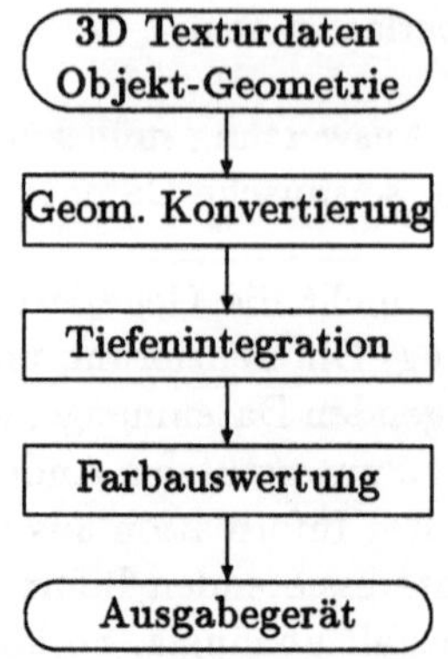

Abb. 6.8. Die Visualisierungspipeline

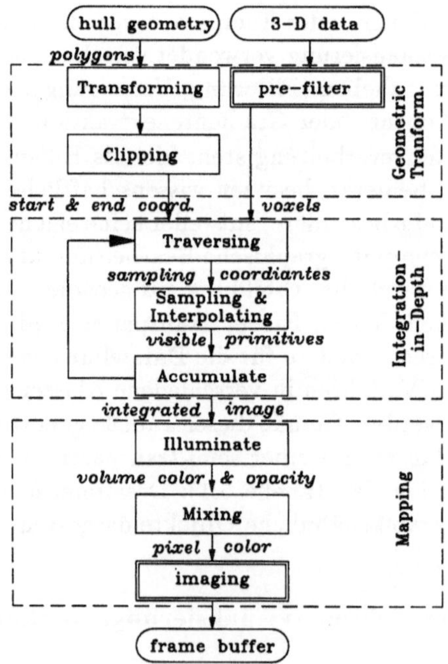

Abb. 6.9. Die allgemeine Pipeline für die Visualisierung von Volumendaten

Die zu visualisierende 3D Datenmenge muß in ein Volumenobjekt überführt werden. Als geometrische Hülle wird dabei ein Quader verwendet, dem die Datenmenge als Volumentextur zugeordnet wird. Die Kantenlängen des Quaders werden der relativen Auflösung der Daten in verschiedenen Richtungen angepaßt, wobei die längste Auflösung auf Eins normiert wird: Hat beispielweise die Datenmenge die Auflösung 200 x 50 x 100, so sind die Kantenlängen entlang der jeweiligen Achsen (1, 0.25, 0.5).

6.6.3 Geometrische Konvertierung

Aufgabe der geometrischen Konvertierung ist es, eine beliebige Ansicht eines Objektes zu wählen und in Bildpunktinformation zu konvertieren. Die Operationen, die innerhalb dieses Schrittes stattfinden, sind identisch zu denen, die bei der Visualisierung üblicher polygonaler Daten eingesetzt werden: Translation, Rotation, Skalierung, perspektivische Transformation und Clippen können spezifiziert werden. Diese Transformationen werden unter den Namen *viewing transformation* ([FDFH90]) geführt und ermöglichen eine Transformation der Objektkoordinaten in Bildschirmkoordinaten. Die Schritte der geometrischen Konvertierung werden in Abb. 6.10 gezeigt.

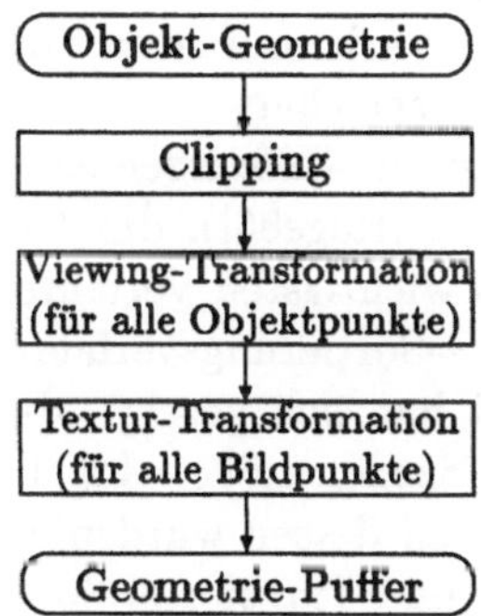

Abb. 6.10. Die Schritte der geometrischen Konvertierung

Abhängig von dem Koordinatenraum, in dem diese Transformationen durchgeführt werden, können entweder die Daten direkt ([Früh91a], [ScKr92], [CaUn92]) oder der Beobachter bzw. die polugonale Hülle des Volumenobjektes transformiert werden ([ShTu90], [SaHa92b]), wobei die Daten in ihren eigenen lokalen Koordinaten unverändert bleiben. Im ersteren Fall beträgt die Komplexität dieser Stufe $O(n^3)$, wobei n die Datenauflösung entlang einer Achse ist. Im zweiten Fall wird zu jedem Bildpunkt die Anfang- und die Endposition des Traversierungsstrahles durch das Volumenobjekt berechnet. Dazu müssen zu jedem Bildpunkt Position, Bedeckung und Texturkoordinaten der vorderen und der hinteren Quaderfläche, die durch den Bildpunkt sichtbar ist, errechnet werden. Somit ist die Komplexität in diesem Fall $O(m^2)$, wobei m die Bildauflösung entlang einer Bildkante darstellt. Diese Information wird in den Geometrie-Puffer gespeichert (siehe auch Abb. 6.16). Der Inhalt des Geometrie-Puffers bleibt unverändert, solange die Clipping- oder die Transformationsparameter sich nicht ändern. Die Struktur des Geometrie-Puffers wird im folgenden in einer C-ähnlichen Notation gegeben:

```
struct Schnitt
{
  struct Koordinaten     Textur_Koordinaten;
  struct Koordinaten     Textur_Indizes;
  float                  z_Puffer_Wert;
}

struct Geometrie_Element
{
  long                   Anzahl_der_Schnitte;
  struct Schnitt         vorderer_Schnitt;
  struct Schnitt         hinterer_Schnitt;
} Geometrie_Puffer[x_Bildaufloesung][y_Bildaufloesung];
```

Zu jedem Bildpunkt liegen entweder keiner oder zwei Schnitte vor. Der vordere Schnitt gibt die dem Beobachter zugewandte Facette des Quaders an, der hintere die abgewandte. Neben den Texturkoordinaten wird als geometrische Information nur die z-Tiefe der Facette gespeichert.

Die geometrische Konvertierung kann mit Hilfe irgendeines Verfahrens, das aus der Literatur bekannt ist ([FDFH90], [Roge85]), durchgeführt werden. In [Hart91] findet man eine Auswertung der wichtigsten Verfahren sowie einen Vergleich mit dem Hardware-unterstützten z-Sortierungsverfahren, das die Silicon Graphics 4D/380 VGX anbietet. Dabei hat sich gezeigt, daß eine Hardware-gestützte Implementierung für größere Szenen mit vielen Polygonen das mit Abstand schnellste Verfahren ist. Aufgrund dessen wurden alle Stufen der geometrischen Konvertierung, d.h. Clipping und Transformation, auf die Hardware abgebildet. Hier werden nur die Grundzüge des Vorgangs umrissen, die Details der Implementierung können in [Hart91] nachgelesen werden. Auch eine Software Version wurde erstellt. Allerdings, da in unserem Fall im wesentlichen nur ein einziger Würfel mit sechs Flächen vorliegt, ist die Software Version etwa gleich schnell wie die Hardware-Implementierung, auf Maschinen mit nicht allzu leistungsstarker Hardware-Graphik (z.B. Silicon Graphics Indigo R3000) ist die Software Version sogar schneller als die Hardware Implementierung.

Das z-Sortierungsverfahren der Silicon Graphics ermittelt nur einen Eintrag pro Bildpunkt, wobei das Sortierungskriterium für den Eintrag in den z-Puffer variiert werden kann. In unserem Fall muß das Objekt zweimal konvertiert werden: Beim ersten Durchgang werden alle dem Beobachter nahe liegenden Facetten in den Puffer eingetragen (Kriterium: kleinste z-Koordinate), beim zweiten Durchgang werden die dem Beobachter fern liegenden Facetten (Kriterium: größte z-Koordinate) in den Puffer sortiert. Nach jedem Durchgang wird der Inhalt des z-Puffers ausgelesen und in den Geometrie-Puffer eingetragen, wie Abb. 6.11 verdeutlicht.

Da der transformierte Quader ein texturiertes Volumenobjekt ist, muß parallel zu der Geometriekonvertierung auch eine Texturtransformation durch-

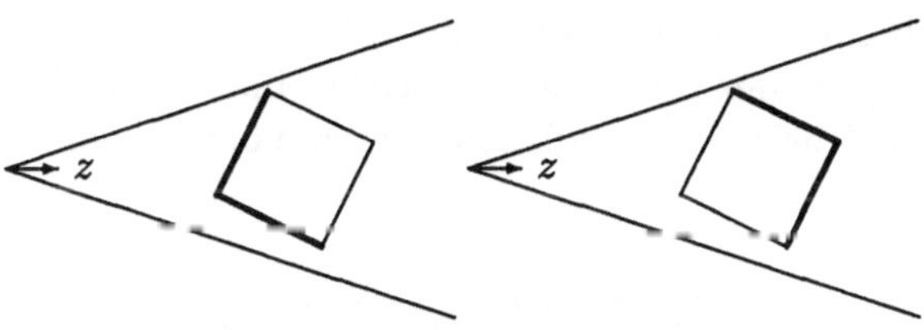

Abb. 6.11. Würfelkonvertierung, oben der vorderen, unten der hinteren Flächen

geführt werden. Das bedeutet, daß zu jedem Eintrag in den Geometrie-Puffer neben der Position der Facette auch ihre Texturkoordinaten ermittelt werden müssen. In unserem Fall der inversen Abb. (siehe Abs. 5.4) erfordert dies für jeden Eintrag eine Matrixmultiplikation. Da eine solche Multiplikation jedoch zeitaufwendig ist, wurde es vorgezogen, auch hier die Hardware-Möglichkeiten auszunutzen. Leider unterstützt die Hardware nur 2D Texturkoordinaten, so daß eine direkte Berechnung nicht möglich war. Um das zu umgehen, wurden die Texturkoordinaten durch einen Umweg über die Farben bestimmt: Die Texturkoordinaten, die an jedem Eckpunkt des Quaders bekannt sind, wurden zuerst von dem [0,1] Bereich in den Bereich [0,255] skaliert und auf RGB-Farbwerten abgebildet. Dabei wurde die u-Koordinate der roten, v der grünen und w der blauen Farbe zugeordnet. Das Hardware-unterstützte Gouraud-Shading interpoliert für alle Punkte eines Polygons die Farbe linear aus der Farbe der Eckpunkte. Diese Farbe wurde dann als Texturkoordinate interpretiert.

Ein Nachteil dieser Methode liegt darin, daß die Farbauflösung der Maschine auf acht Bit pro Farbe begrenzt ist. Das bedeutet, daß bei einer Bildgröße über 256^2 Quantisierungsfehler bei der Berechnung der Textur auftreten werden. Leider ist diese prinzipielle Schwierigkeit nur durch eine hardwaremäßige Erhöhung der Farbauflösung auf z.B. zehn Bit pro Farbe zu beseitigen. Eine zweite Möglichkeit besteht darin, das Previewing der Daten mit der schnellen, aber fehlerbehafteten Hardware durchzuführen, und für das hochqualitative Endbild die etwas langsamere, aber exakte Berechnung durch Matrixmultiplikation in Sotfware anzuwenden. Eine zweite Schwierigkeit besteht darin, daß lineare Interpolation von perspektivisch verzerrten Koordinaten zu bekannten Fehlern führt. Dies ist tatsächlich bei den meisten Gouraud-Interpolatoren und Texturmappern der Fall, wird aber von der neueren VGXT-Graphik berücksichtigt und korrigiert.

Das Clippingverfahren wird benötigt, um unsichtbare oder nicht benötigte Teile des Quaders, und folglich auch der Datenmenge, aus dem Verarbeitungsprozeß zu eliminieren. Im ersten Fall handelt es sich um Teile, die außerhalb der Beobachtungspyramide liegen und deshalb auf dem Bildschirm nicht erscheinen dürfen. Im zweiten Fall handelt es sich um Vorgaben des Benutzers, um nicht interessierende Teile der Daten abzuschneiden. Man hat die Möglichkeit, Schnittebenen parallel zu den Quaderachsen sowie senkrecht zu der Beobachtungsrichtung zu legen. Im ersten Fall kann man die Ausdehnung des Quaders in der jeweiligen Richtung reduzieren. Dadurch kann man beispielweise eine kleine Region im Inneren der Datenmenge, welche eine eventuell interessierende Information (*hot spot*) beinhaltet, isolieren. Dieser Vorgang kann auf Abb. 6.12 gesehen werden.

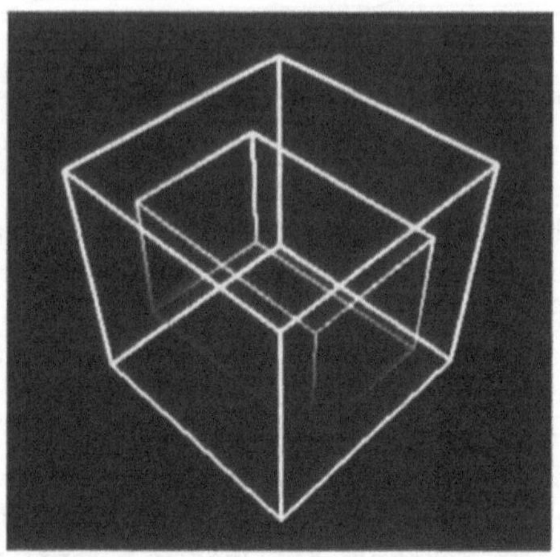

Abb. 6.12. Clipping entlang der Hauptachsen des Quaders

Im zweiten Fall findet ein Ausschneiden der Datenmenge entlang der „Tiefe" des Bildes statt. In diesem Fall muß der Mittelpunkt und die „Dicke" der auszuschneidenden Scheibe angegeben werden. Dieses Verfahren gibt die Möglichkeit, die vorliegende Datenmenge aus beliebigen Richtungen und durch beliebig positionierte Scheiben variabler Dicke zu beobachten. Auch eine kontinuierliche Traversierung der Datenmenge durch Scheiben beliebiger Dicke, die im medizinischen Bereich erwünscht sind, ist dadurch möglich ([SaHa92a], [SaHa92b], [Saka93c]). Dieser Vorgang wird in Abb. 6.13 sowie auf Abb. 6.14 gezeigt.

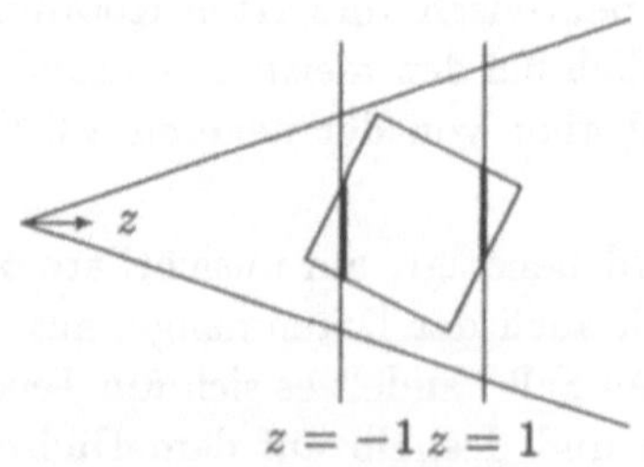

Abb. 6.13. Clipping parallel zum Bildschirm

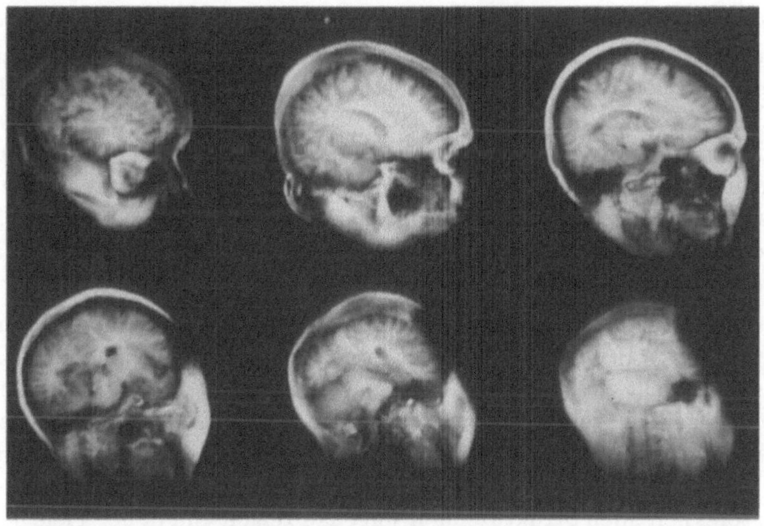

Abb. 6.14. Medizinische Visualisierung von Schnitten variierender Dicke durch einen Schädel entlang einer frei wählbaren Traversierungsrichtung

6.6.4 Tiefenintegration

Die Tiefenintegration des Volumens ist die zweite Stufe der Pipeline. Es handelt sich dabei um eine Transformation, die eine Abbildung des 3D Volumendatensatzes auf eine 2D Ebene, typischerweise die Bildschirmebene, durchführt, ist deshalb eine typische Volumenrendering Operation. Das Ergebnis ist dabei üblicherweise die resultierende Farbe und Transparenz für jeden Blickstrahl. Alternativ dazu, wenn das später besprochene „Wolkenmodell" eingesetzt wird, ist das Ergebnis dieser Stufe ein akkumulierter Dichtewert oder optische Tiefe, welche erst in der nachfolgenden Pipelinestufe auf Farbe und Transparenz abgebildet wird. In Abhängigkeit zu dem eingesetzten Beleuchtungsmodell kann man innerhalb dieser Stufe drei bzw. vier Schritte unterscheiden (siehe dazu [Saka93d]):

1. Traversiere das Volumen; dazu wird eine Anzahl von Strahlen benutzt. Entlang jedes Strahls bestimme die Abtastpositionen.

2. An jeder der o.g. Positionen taste den Datensatz ab und errechne das sog. „visuelle Primitiv".

3. Beleuchte das extrahierte visuelle Primitiv, bestimme Farbe und Transparenz für die betreffende Stelle. Dieser Schritt entfällt, wenn das Wolkenmodell eingesetzt wird.

4. Akkumuliere die einzelnen Beiträge entlang des Strahls.

Die Beleuchtung jedes einzelnen extrahierten visuellen Primitives ist erforderlich, wenn Oberflächen, Gradienten, Isopotentialflächen oder eine andere ähnliche Abbildung von Volumeneigenschaften auf graphische Primitive vorgenommen wird. Solche Darstellungen sind die in der Literatur am häufigsten verwendeten optischen Manifestationen von Volumendaten ([DrCH88], [Früh91a], [LaHa91], [Levo88], [LoCl87], [SYMT92], [ScSt92], [UpKe88], [West90] etc.). Vorteil dieser Methode ist, daß die Darstellung von „harten“ Oberflächen (z.B. Knochen in einer Tomographie, Isopotentialflächen eines Moleкühls etc.) besonderes realistisch gelingt und ein gutes Gefühl für die Dreidimensionalität der visualisierten Struktur vermittelt. Jedoch existieren auch zwei wichtige Nachteile, die die Universalität einer solchen Visualisierung einschränken.

Der erste Nachteil ist prinzipieller Natur: Es existieren mehrere Datenfälle, bei denen die Extraktion von Oberflächen nicht möglich oder nicht sinnvoll ist. Beispielsweise stellt ein Flächenextraktionsverfahren bei der Visualisierung von Weichteilen des menschlichen Körpers keine geeignete Lösung dar, da die Festlegung einer Oberfläche durch frei wählbare Schwellwerte seitens des Benutzers erfolgen muß. Dadurch werden fiktive Oberflächen in die Daten interpretiert, die die interessierenden Strukturen nur ungenau zeigen und in der Tiefe liegende Details verdecken. So wären die Hämangiome, die auf Abb. 6.18 gezeigt werden, nicht sichtbar, wenn die Rekonstruktion der Oberfläche der Milz oder der Leber diese verdecken würden. Auf der anderen Seite kann die „Oberfläche“ eines der gezeigten Hämangiome nicht durch einen Schwellwert festgelegt werden, so daß eine Rekonstruktion von Oberflächen hier ebenfalls versagen würde. Auf Abb. 6.22 wird eine Ultraschallaufnahme eines Werkzeugstückes gezeigt, in dessen Inneren Materialermüdung aufgetreten ist. Diese Ermüdung besteht aus vielen kleinen Rissen, die keine scharfe Oberfläche aufweisen. Ähnliche Fälle, wo die willkürliche Festlegung einer Isopotentialfläche oft nicht sinnvoll ist, können bei der Visualisierung von Druck-, Temperatur-, Konzentrationsfelder, Wolken etc. vorkommen.

Die Überlagerung des Originalsignales mit Rauschen kann ein weiterer Grund für das Versagen von Oberflächenverfahren sein. So kann das Rauschsignal die Lage und die Schärfe einer an sich gut definierten Oberfläche bis zur Unkenntlichkeit verfälschen. Beispielsweise zeigt Abb. 6.15 das Ultraschallbild eines ungeborenen Kindes, welches durch signifikantes Rauschsignal überlagert wird. Eine Rekonstruktion der Oberfläche würde die Form des Kindes so verzerren, daß das Bild für viele Zwecke unbrauchbar wird. Auch die Materialermüdungen des Bildes 6.22 werden durch signifikantes Rauschen überlagert.

Der zweite Nachteil liegt in der für die Visualisierung benötigten Rechenzeit. Wenn jedes extrahierte visuelle Primitiv einzeln beleuchtet wird, muß an jeder Stelle eine Normale (oder Gradient) berechnet werden, mit dem Licht- und Augevektor multipliziert und die Reflektionsfunktion evaluiert werden. Die Komplexität der Beleuchtungsoperation beträgt dabei $O(m^2n)$, wobei m die Bild- und n die Datenauflösung sind. Da es sich um recht komplizierte Operationen handelt, ist die erforderliche Rechenleistung recht hoch. Als mögliche Lösung wird oft während eines Initialisierungsschrittes für jedes einzelne Voxel eine Vorkalkulation aller relevanten Parameter (Normale, Gradient, Transparenz etc.)

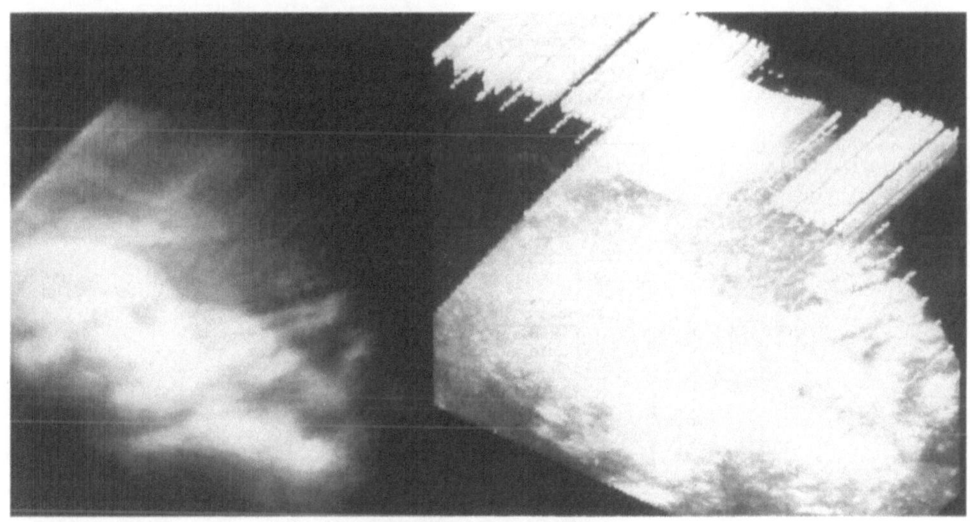

Abb. 6.15. 3D Ultraschallaufnahme eines ungeborenen Kindes, visualisiert als Absorptionsbild(links) und als Maximum Projection (rechts). Die Oberfläche des Körpers wurde durch Rauschen signifikant verfälscht

vorgenommen ([KaHe84]). Diese vorkalkulierten Werte werden zusammen mit den Volumendaten gespeichert, was einen Speicheraufwand von $O(n^3)$ erfordert.

Als Alternative zu den o.g. Reflektionsmodellen kann man ein „Durchleuchtungsmodell" (auch „Wolkenmodell" oder „Röntgenmodell") oder ein *Maximum Intensity Projection* Modell einsetzen ([KaHe84], [Sabe88], [MaHC90], [Saka90], [WiMa92]). Solche Modelle basieren alle auf dem gleichen Prinzip: Sie approximieren eine Art von physikalisch motivierter Absorption und Streuung von Strahlung innerhalb des Materials. Üblicherweise werden sowohl die Selbstschattierung des Volumens, d.h. die Dämpfung in die Richtung der Lichtquelle, als auch Reflektionen höherer Ordnung vernachlässigt und nur die Dämpfung entlang des Sichtstrahls berücksichtigt. Das an jeder Stelle des Strahls extrahierte Primitiv ist jetzt nicht die lokale Farbe und Transparenz, sondern eine Art von Absorptionseigenschaft, welche entlang des Strahls akkumuliert wird. Folglich ist das Ergebnis der Tiefenintergration (2. Pipelinestufe) ein temporäres 2D Bild bestehend aus akkumulierten Werten, z.B. Absorption, Maximalwert, Mittelwert, optische Tiefe o.ä. Farbe und Transparenz können anhand dieser Werte *ein Mal pro Strahl* und nicht nach jedem einzelnen Schritt errechnet werden (siehe auch Gleichung 5.11). Somit reduziert sich die Komplexität für die Beleuchtung auf $O(m^2)$. In [Sabe88] und [SaHa92b] wird gezeigt, daß dieses Durchleuchtungsmodell eine solche Beleuchtung ein Mal pro Strahl äquivalent zu der üblichen Akkumulationsformel ist.

Die modifizierte Absorptionspipeline kann auf Abb. 6.16 gesehen werden. Im Vergleich zu der allgemeinen Pipeline auf Abb. 6.9 befindet sich der Beleuchtungsschritt nicht mehr in der Integrations- sondern in der Farbauswer-

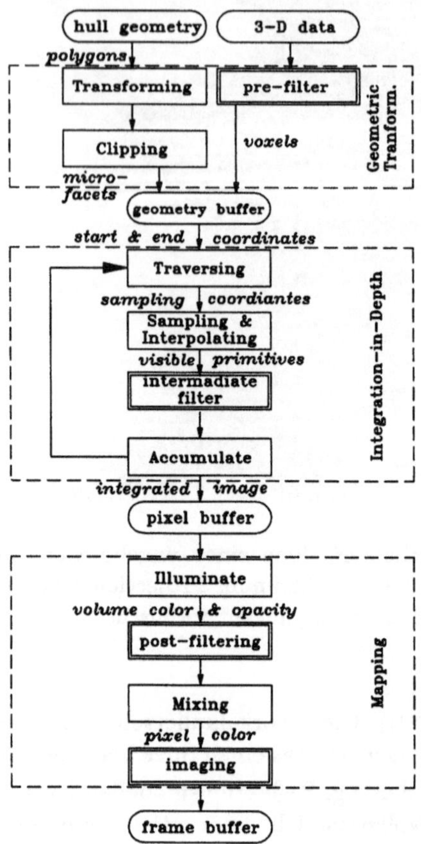

Abb. 6.16. Die Absorptionspipeline

tungsstufe. Somit wird die Länge der zweiten Stufe, die die meiste Rechenzeit benötigt, gekürzt, was Rechenzeitvorteile bringt. Des weiteren benötigt die Akkumulation von Dichten oder optischen Tiefen im Prinzip eine Addition pro Schritt, was eine sehr schnelle Rechenoperation darstellt.

Hinter jeder Pipelinestufe in Abb. 6.16 werden die anfallenden Ergebnisse in entsprechende Puffern temporär gespeichert. Das wird ersichtlich dadurch, daß eine Änderung der Parameter einer Pipelinestufe sich nur auf die darauffolgenden Stufen bemerkbar macht; oberhalb dieser Stufe gerechnete Ergebnisse können gepuffert und wiederverwendet werden. Alle diese Puffer erfordern eine Kapazität von $O(n^2)$, was für moderne Rechner einen moderaten Speicherbedarf darstellt. Durch eine solche Pufferung ist es möglich, daß nach einer Änderung der Beleuchtungsparemeter (Reflektivität, Absorptionsfaktor, Farbe etc.) das neue Bild innerhalb von Bruchteilen einer Sekunde gerechnet wird.

Die Traversierung findet für alle Bildpunkte des Geometrie-Puffers statt und berechnet die optische Tiefe τ zwischen der vorderen und der hinteren Facette nach Gleichung 5.11:

$$\tau = \kappa \sum_i \rho_i \cdot l_i = \kappa \cdot l \cdot \frac{\sum_i \rho_i \cdot l_i}{l} = \kappa \cdot l \cdot \tilde{\rho}, \qquad l = \sum_i l_i$$

τ berechnet sich als Summe der Produkte aus Absorptionsfaktor κ Mal den Dichten entlang des Blickstrahls und deren jeweiligen Längen. Die Summe entspricht der Multiplikation der Gesamtlänge l Mal κ und der mittleren Dichte $\tilde{\rho}$. Die Gesamtlänge und die mittlere Dichte werden in den in Abb. 6.16 gezeigten Pixel-Puffer eingetragen.

Zur Durchführung der Traversierung stehen die im 5. Kapitel vorgestellten Verfahren und Beleuchtungsmodelle zur Verfügung. Als Modell wird das im Abs. 5.2.5 vorgestellte „vereinfachte Modell“ gewählt, da es das schnellste Modell ist und gleichzeitig für die Ansprüche der wissenschaftlichen Visualisierung ausreicht. Alternative Modelle, die speziell für die Bedürfnisse der wissenschaftlichen Visualisierung entwickelt wurden, werden im Abs. 6.6.5 vorgestellt. Als Traversierungsmethoden stehen neben der „streckenorientierten Abtastung“ sowie der „volumenorientierten Abtastung“ eine Reihe von Abwandlungen zur Verfügung, welche zwischen diesen beiden Methoden angesiedelt werden (siehe dazu Abb. 6.17).

1) Streckenabtastung, gefilterte Textur
2) Streckenabtastung, Original-Textur
3) Volumenabtastung, beste passende Ebene
4) Volumenabtastung, Ebenen-Interpolation
5) Volumenabtastung, Ebenen- und Voxel-Interpolation

Abb. 6.17. Genauigkeitsstufen der Traversierung

Im Fall (1) findet die streckenorientierte Traversierung auf einer von dem Benutzer einstellbaren, höheren Ebene der pyramidalen Darstellung statt (siehe Abs. 5.5.6), im Fall (2) auf der höchsten Auflösungsstufe. Im Fall (3) erfolgt der Datenzugriff auf der Ebene, die dem Abtastwürfel am nächsten liegt, eine Interpolation findet nicht statt. Im Fall (4) wird zwischen den Werten der oberen und der unteren Auflösungsstufe interpoliert, eine Interpolation zwischen den acht benachbarten Voxeln findet jedoch nicht statt. Der Fall (5) entspricht der vollständigen volumenorientierten Abtastung. Dadurch werden fünf Genauigkeitsstufen unterschieden, die sich durch eine jeweilige Steigerung der Bildqualität und der Rechenzeit auszeichnen. Durch die freie Wahl der Traversierungs-

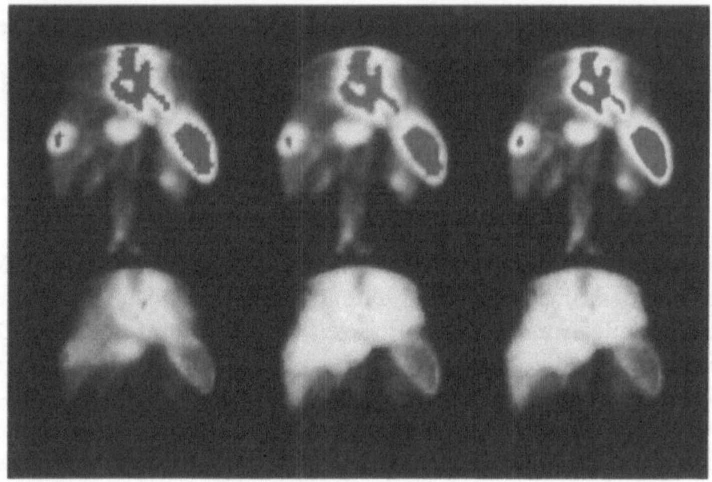

Abb. 6.18. Visualisierung eines nuklearmedizinischen Datensatzes mit Hilfe des MIP Modells (oben) und des Röntgenmodells (unten). Für das linke Bild wurde streckenorientierte Abtastung eingesetzt, für das mittlere Gouraud-Interpolation der ersteren und für das rechte volumenorientierte Abtastung

methode, der Abtastgenauigkeit, der gewünschten Berechnungsgröße (Beleuchtungsmodell) und der Abtast- und Darstellungsauflösung kann ein Kompromiß zwischen Genauigkeit und Schnelligkeit eingestellt und das Zeitverhalten des Systems beeinflußt werden.

Abb. 6.18 zeigt einen nuklearmedizinischen Datensatz von Herz, Milz, Aorta und Leber. Im Inneren der Organe sind mehrere Hämangiome gut sichtbar. Für die obere Reihe wurde das Maximum Intensity Projection Modell verwendet, für die untere Reihe das Röntgenmodell. Das linke Bild wurde durch Streckenabtastung (2. Verfahren) und das rechte Bild durch Volumenabtastung (5. Verfahren) generiert. Für das mittlere Bild wurden die Werte der Streckenabtastung (links) auf der Bildebene mit Hilfe der Gouraud-Interpolationshardware linear interpoliert. Das erfordert minimale Rechenzeit und liefert Bilder akzeptabler Qualität innerhalb kürzester Zeit (für Rechenzeiten siehe Abs. 6.6.8).

6.6.5 Berechnung der Bildpunktfarben

Das Beleuchtungsmodell, das im Abs. 5.2 eingeführt und auch im Rahmen der Visualisierung wissenschaftlicher Daten bisher eingesetzt wurde, erzeugt Durchleuchtungsbilder der Datenmenge, die Röntgenbildern ähneln. Dies ist die Folge der Anwendung des Beer'schen Gesetzes, welches die Abschwächung von Strahlung als Funktion der zurückgelegten Strecke beschreibt. Eine solche Visualisierung ist insbesondere im medizinischen Bereich von Vorteil, da die Ärtzte mit solchen oder ähnlichen Bildern bereits vertraut sind. Abb. 6.19 zeigt ein Beispiel einer solchen Visualisierung.

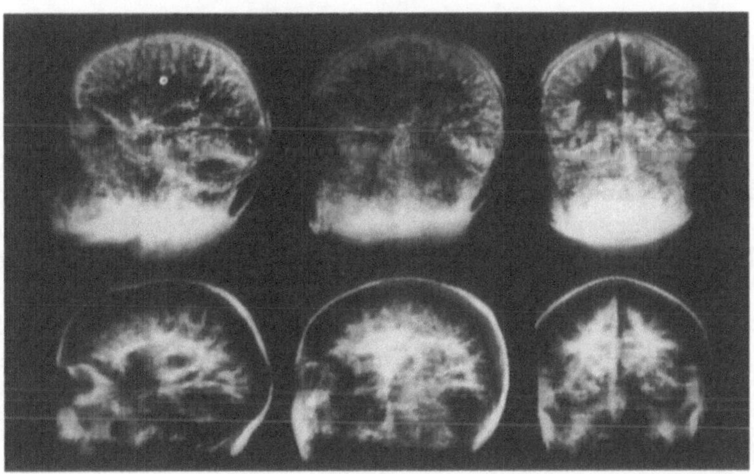

Abb. 6.19. Visualisierung medizinischer MRI Daten durch das „Röntgenmodell". Es werden Ausschnitte aus einer animierten Sequenz gezeigt. In der oberen Reihe wurden die Bereiche hoher Dichte durch einen Schwellwertfilter entfernt, so daß nur die „Weichteile" zu sehen sind; in der unteren Reihe wurden die niedrigen Dichten entfernt

Obwohl simulierte Röntgenbilder in manchen Fällen vorteilhaft sind, sind die Bedürfnisse anderer Applikationen unterschiedlich und erfordern andere Beleuchtungsmodelle. Die modulare Struktur des Systems, die in Abb. 6.16 zu sehen ist, ermöglicht im Prinzip jede beliebige Vorschrift, die Dichte, Strecke und benutzergesteuerte Materialeigenschaften auf Farbe und Transparenz abbildet, als Beleuchtungsmodell. Dadurch kann der Benutzer sein eigenes Modell schreiben und in das System mühelos integrieren.

Neben dem o.g. Röntgenmodell wurden weitere drei Modelle in das System eingebaut. Das zweite Modell bildet die optische Tiefe τ direkt auf Farbe und Transparenz ab und entspricht dem $C * D$ Modell aus [WiGe91]:

$$\begin{aligned} Color &= \frac{I \times 255}{C} \times (\tau - \frac{1 - C}{2}) \\ Transparency &= 1 - \tau \end{aligned} \tag{6.2}$$

wobei I die Intensität (Helligkeit) und C den Bildkontrast steuert. Die Intensitätsverläufe als Funktion der optischen Tiefe τ folgen hier einem linearen Gesetz, beim ersten Modell dagegen einem exponentiellen. Dies kann signifikante Unterschiede bei der Visualisierung der Feinstruktur einer Menge hervorrufen.

Das dritte Modell berechnet aus der mittleren Dichte $\bar{\rho}$ mit Hilfe der obigen Gleichung 6.2 Farbe und Transparenz. Da ungleich der ersten zwei Modelle hier die Dicke l des Objektes in die Berechnung nicht einfließt, ist die resultierende Helligkeit nur von der mittleren Dichte abhängig. Deshalb wird dieses Modell vorwiegend bei der interaktiven Untersuchung von Schichten variierender Dicke verwendet, wobei eine übermäßige Intensitätsschwankung während der Inspektion störend und unerwünscht ist. Abb. 6.14 zeigt den Einsatz dieses Modells bei der medizinischen Untersuchung von Schichten variierender Dicke durch einen Schädel entlang einer frei wählbaren Traversierungsrichtung. Das „Mittelwertmodell" wurde benutzt, das eine in etwa gleichbleibende mittlere Intensität des Bildes ermöglicht, unabhängig von der Schichtdicke.

Das vierte *Maximum Intensity Projection (MIP)* Modell visualisiert den maximalen Wert ρ_{max} entlang eines Sehkegels und benutzt ebenfalls die Gleichung 6.2. Die daduch erzeugten Bilder sind ähnlich zu denen, die nach einem vergleichbaren Verfahren aus der MRI-Tomographie generiert werden. Jedoch tendiert dieses Modell dazu, bei stark verrauschten Bildern das Rauschen eher zu verstärken, was auf Abb. 6.15 deutlich zu sehen ist. Trotzdem findet dieses Modell breite Anwendung im medizinischen Bereich, insbesondere bei der Visualisierung von Blutgefäßen (siehe Abb. 6.20).

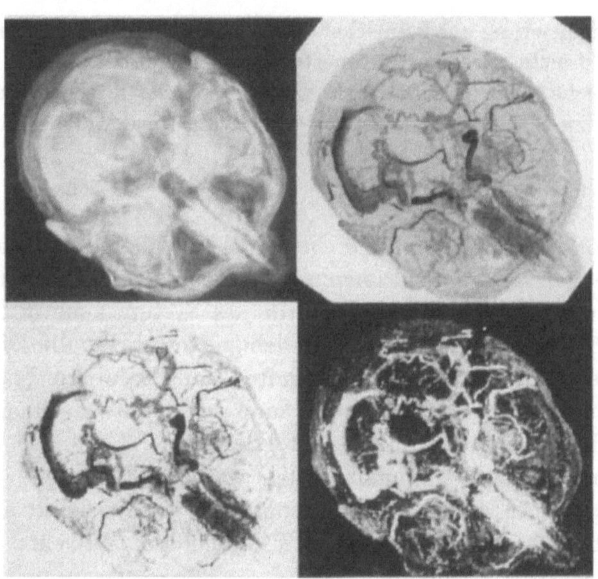

Abb. 6.20. Visualisierung eines angiographischen Datensatzes mit Hilfe des MRI Modells

Auf Abb. 6.21 können die Ergebnisse aller vier hier vorgestellten Modelle mit verschiedenen Datensätzen gesehen und miteinander verglichen werden. Dadurch wird ersichtlich, daß die durch die verschiedenen Modelle generierten Bilder recht unterschiedlich sein können. Beispielsweise liefert das „Maximum-Modell" bei dem stark verrauschten Baby-Datensatz (3. Reihe) ein eher unzureichendes und diffuses Bild, wobei es bei dem rauscharmen Floh-Datensatz (4. Reihe) die internen Strukturen des Flohs am deutlichsten von allen Modellen zeigt. Bei dem Röntgenmodell (4. Spalte) sind die Ergebnisse genau umgekehrt. Im allgemeinen kann man nicht im voraus wissen, welches Modell zu den besten Ergebnissen für einen bestimmten Datensatz führen wird, probieren und experimentieren ist erforderlich. Die Interaktität des Systems, die das Vertauschen der verschiedenen Modelle auf Knopfdruck und nach Belieben in Echtzeit ermöglicht, hat sich in diesem Punkt als eine große Hilfe erwiesen.

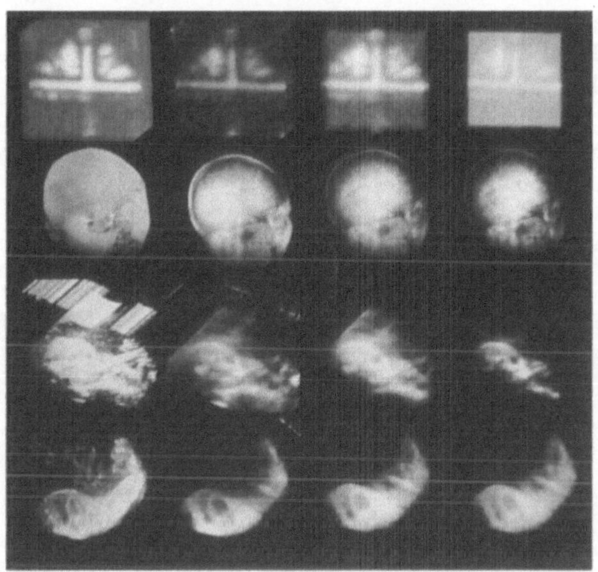

Abb. 6.21. Vergleich der verschiedenen Beleuchtungsmodelle mit unterschiedlichen Datensätzen. Die erste Spalte wurde mit dem „Maximum-Modell", die zweite mit dem „Mittelwert-Modell", die dritte mit dem „Optische-Tiefe-Modell" und die vierte mit dem „Röntgenmodell" erstellt

6.6.6 Filterung

Aufgabe der Filterung ist es, die Darstellung der Textur so zu verändern, daß versteckte oder unsichtbare Details oder Informationen dem Beobachter offengelegt werden. So kann z.B. der Kontrast oder die Helligkeit manipuliert werden; mit Hilfe von Schwellwerten oder Vorverzerrungen können bestimmte Datenbereiche verstärkt oder abgeschwächt werden; Strukturvariationen können durch Falschfarbendarstellung kodiert werden etc.

Hier wird nur eine kleine Anzahl von mehreren möglichen Filterverfahren aus [SaHa92b] exemplarisch vorgestellt, die natürlich keinen Anspruch auf Vollständigkeit erhebt. Das Problem der Filterung im zweidimensionalen Fall kann in jedem Textbuch über Bildverarbeitung nachgelesen werden, z.B. [GoWi87], Filterung im 3D Fall kann in [Levo88] oder [Früh91a] gefunden werden.

Im Gegensatz zu anderen Verfahren kann hier Filterung an vier unterschiedlichen Stellen der Visualisierungspipeline erfolgen (siehe auch Abb. 6.16):

Vor der Transformationsstufe können die Originaldaten gefiltert werden (Pre-Filterung); während der Traversierung können die zu akkumulierenden Werte gefiltert werden (Mittel-Filterung); nach der Traversierung und vor der Beleuchtung können die optischen Tiefen gefiltert werden (Post-Filterung); und schließlich können nach der Beleuchtung und vor der Darstellung auf dem Bildschirm die Bildpunktwerte gefiltert werden (Bildverarbeitung).

Der Schwellwertfilter gehört zu den Filterverfahren der ersten Kategorie, der exponentielle Verzerrungsfilter und die 3D Falschfarbe zu der zweiten. Die Wirkung aller drei Filter kann auf Abb. 6.23 gesehen werden. Beim Schwellwertfilter lassen sich Texturwerte unterhalb oder oberhalb einer Schwelle getrennt behandeln, z.B. eliminieren (siehe Abb. 6.22):

$$\dot{\rho} = \begin{cases} \rho & : \quad min_\rho \leq \rho \leq max_\rho \\ 0 & : \quad \rho < min_\rho \vee \rho > max_\rho \end{cases}, \qquad \rho \in [0,1] \tag{6.3}$$

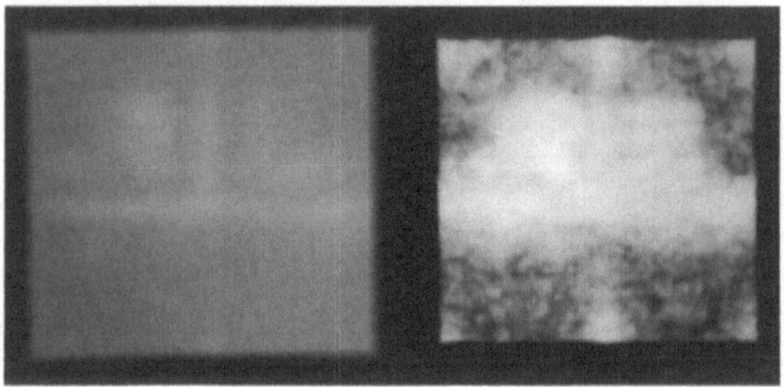

Abb. 6.22. Filterung von Ultraschall-Daten. Durch die Anwendung des Schwellwertfilters werden interne Risse im Material sichtbar (rechts), die auf dem Originalbild nicht gesehen werden können (links)

Beim Verzerrungsfilter ([Sabe88]) können durch geeignete Wahl des Exponenten Bereiche niedriger oder hoher Dichte hervorgehoben bzw. abgeschwächt werden:

$$\ddot{\rho} = \dot{\rho}^{\gamma_\rho}, \qquad \dot{\rho} \in [0,1] \tag{6.4}$$

Der 3-D Falschfarbefilter gehört ebenfalls dieser Kategorie an und bildet Dichtewerte, die oberhalb einer Schranke liegen, auf Farbe ab. Dadurch werden hot spots auch farblich von ihrer Umgebung hervorgehoben, was eine Detektion wesentlich erleichtert, siehe Abb. 9.13 auf Seite 241:

$$\dot{\rho} * [r,g,b] = \begin{cases} \rho * [1,1,1] & : \quad \rho \leq \rho_{spot} \\ \rho * [1,0,0] & : \quad \rho > \rho_{spot} \end{cases} \tag{6.5}$$

Schwellwertfilter lassen sich auch nach der Traversierung anwenden. Somit können Bereiche mit hohen optischen Tiefen z.B. eliminiert, abgeschwächt oder verstärkt werden:

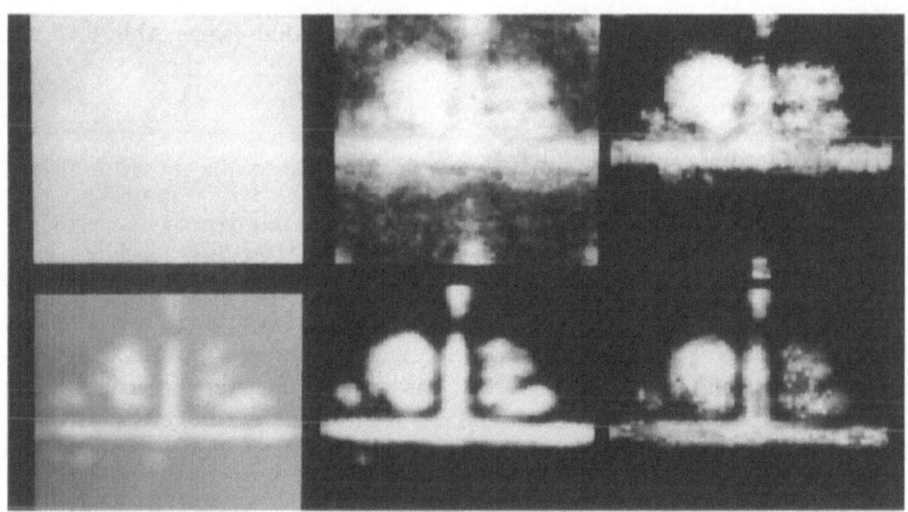

Abb. 6.23. Filterung von Ultraschall-Daten. Obere Reihe: Originaldatensatz, Schwellwertfilterung, Rauschenunterdrückung. Untere Reihe: exponentielle Vorverzerrung, Rauschenfilter und Vorverzerrungsfilter – siehe auch Bilder 9.14 und 9.15 auf Seite 242

$$\ddot{\tau} = \begin{cases} \dot{\tau} & : \quad min_\tau \leq \dot{\tau} \leq max_\tau \\ 0 & : \quad \dot{\tau} < min_\tau \lor \dot{\tau} > max_\tau \end{cases}, \qquad \dot{\tau} \in [0,1] \tag{6.6}$$

Ein sehr interessantes Filter, welches zu der dritten Kategorie (Post-Filterung) gehört, ist das für die Reduzierung des Rauschens. Liegt auf der Volumentextur ein homogenes und symmetrisch verteiltes Rauschen mit dem Mittelwert μ_τ, so kann es aus der mittleren Dichte herausgefiltert werden:

$$\begin{aligned} \tilde{\rho} &= \frac{\sum_i (\rho_i + \mu_{\tau_i}) \cdot l_i}{l}, \qquad l = \sum_i l_i \qquad (6.7) \\ &= \frac{\sum_i \rho_i \cdot l_i}{l} + \frac{\sum_i \mu_{\tau_i} \cdot l_i}{l} \\ &= \frac{\sum_i \rho_i \cdot l_i}{l} + \mu_\tau \Rightarrow \\ \tilde{\tau} &= \kappa \cdot \tilde{\rho} \cdot l = \tau + \kappa \cdot \mu_\tau \cdot l \end{aligned}$$

Subtrahiert man nun $\kappa \cdot \mu_\tau \cdot l$ von der optischen Tiefe $\tilde{\tau}$, so erhält man die rauschfreie optische Tiefe.

$$\dot{\tau} = \max(\tilde{\tau} - \kappa \cdot \mu_\tau \cdot l, 0)$$

Die Wirkung dieses Filters kann auf Abb. 6.23 gesehen werden.

Zu den Filterverfahren der vierten Kategorie gehören sämtliche Verfahren der zweidimensionalen Bildverarbeitung ([GoWi87]). Exemplarisch wird hier nur das implementierte 2D Falschfarbeverfahren erwähnt (siehe Abb. 9.15 auf Seite 9.15).

6.6.7 Die Benutzungsoberfläche

Die Benutzungsoberfläche soll das interaktive Arbeiten mit dem System ermöglichen. Sie wurde auf der Basis der X-Windows und OSF/MOTIF Toolkits implementiert und besteht aus mehreren Schaltern, die in Bereiche gleicher Wirkung unterteilt sind. Die Ausgabe der berechneten Bilder erfolgt mit Hilfe der Silicon Graphics GL-Windows, wie auf Abb. 6.24 sichtbar. Dabei zeigt das linke Fenster den zu visualisierenden Ausschnitt, das mittlere Fenster die Orientierung des Quaders mit den Volumendaten und das rechte Fenster das gerenderte Bild. Die Details der Implementierung sowie die Funktion der Schalter kann man in [Hart91] nachlesen.

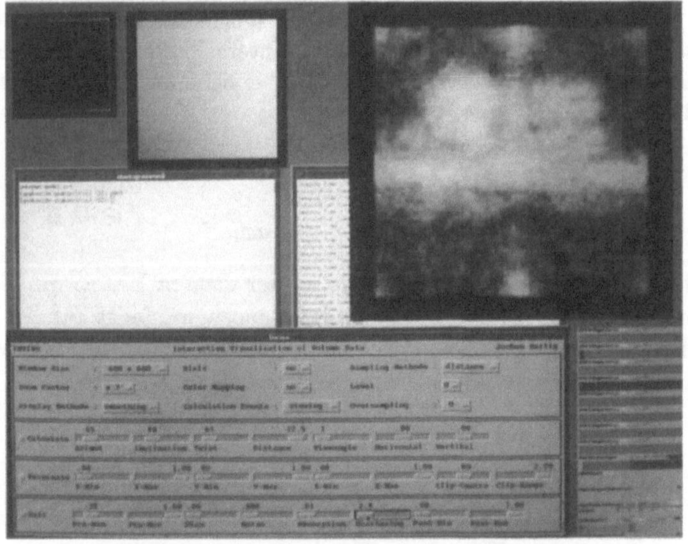

Abb. 6.24. Die Benutzungsoberfläche von InViVo

6.6.8 Parallelisierung und Rechenzeiten

Mit Hilfe der Parallelisierung sollen Teile der Visualisierungspipeline auf mehrere Prozessoren verteilt werden, so daß die Rechenzeit reduziert wird. Nach einer Untersuchung des Problems hat sich gezeigt, daß sämtliche Routinen, die in Software implementiert sind, auch zu 100% parallelisiert werden können. Ausgenommen sind die Teile der geometrischen Konvertierung, welche durch die Hardware der Maschine implementiert sind. Jedoch ist die Geschwindigkeit dieser Hardware so groß, daß dies keine wesentliche Einschränkung der Funktionalität der gesamten Pipeline bedeutet. Das Parallelisierungsschema kann man in Abb. 6.25 sehen.

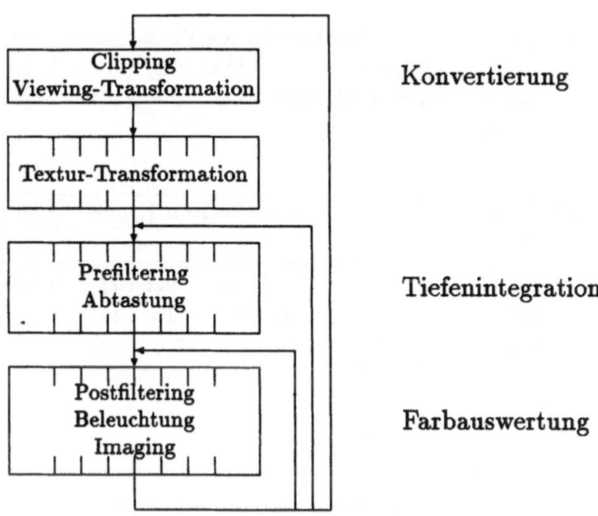

Abb. 6.25. Parallelisierung der Visualisierungspipeline

Die Rechenzeiten für streckenorientierte und die volumenorientierte Abtastung werden in der Tabelle 6.4 angegeben. Das erste Verfahren ist ca. eine Größenordnung schneller.

Tab. 6.4. Rechenzeiten in CPU Sekunden für die Visualisierung von Daten variabler Auslösung auf SGI Indigo 4000

Daten-auflösung	Bildauflösung			
	128^2		256^2	
	DDA	Volum.	DDA	Volum.
32^3	1	6	3.7	20
64^3	1.2	11	5	45
128^3	1.9	15	7.6	100
256^3	3	21	12	348

Die durch die Parallelisierung erreichten Rechenzeiten für die streckenorientierte und die volumenorientierte Abtastung werden in den Tabellen 6.5 und 6.6 angegeben. Der maximal erreichte Beschleunigungsfaktor liegt für die streckenorientierte Abtastung durchschnittlich bei 6.6, für die volumenorientierte Abtastung bei 7.5; der nach dem Amdahl'schen Gesetz erreichte Parallelisierungsgrad liegt dabei im ersten Fall bei über 97%, im zweiten Fall bei über 99%. Bei wachsender Datenauflösung nimmt er ebenfalls zu, da der Anteil der sequentiellen geometrischen Konvertierung im Verhältnis zu dem parallelisierten Rechenteil abnimmt.

Tab. 6.5. Rechenzeiten in CPU Sekunden für die Visualisierung von Daten wechselnder Auflösung für die „streckenorientierte Abtastung" unter Verwendung mehrerer Prozessoren der Silicon Graphics 4D/380 VGX. Die Abtastfrequenz ist gleich der jeweiligen Datenauflösung

Bild- & Datenauflösung	# Prozessoren (Speed-Up)			
	1	2	4	8
64^3	0.6	0.34 (1.8)	0.2 (3)	0.13 (4.6)
128^3	4.0	2.0 (2)	1.0 (4)	0.6 (6.6)
256^3	28.2	14.1 (2)	7.4 (3.8)	3.8 (7.4)

Tab. 6.6. Rechenzeiten in CPU Sekunden für die Visualisierung von Daten wechselnder Auflösung für die „volumenorientierte Abtastung" unter Verwendung mehrerer Prozessoren der Silicon Graphics 4D/380 VGX. Die Abtastfrequenz ist an die jeweilige Bildschirmauflösung angepaßt

Bildauflösung	# Prozessoren (Speed-Up)			
	1	2	4	8
64^2	8.5	4.3 (2)	2.1 (4)	1.1 (7.7)
128^2	65	33 (2)	16.5(3.9)	8.5 (7.7)
256^2	606	305 (2)	155 (3.9)	83 (7.3)

Im Fall der volumenorientierten Abtastung sollte beachtet werden, daß die benötigte Rechenzeit von der Rechenauflösung, jedoch nicht von der Darstellungsauflösung auf dem Bildschirm abhängt. Die Darstellung des gerechneten Bildes erfolgt über die Hardware der Maschine parallel zu und unabhängig von der Berechnung. Kleine Bilder können dabei mit Hilfe der Gouraud-Interpolation auf dem Bildschirm vergrößert werden.

6.7 Zusammenfassung und Diskussion

In diesem Anschnitt werden die unterschiedlichen Generierungs- und Visualisierungsverfahren, die in den vorherigen Abschnitten präsentiert wurden, unter dem Aspekt ihrer Implementierung miteinander verglichen. Die dabei berücksichtigten Kriterien sind: Speicherbedarf, Rechenzeit bei einem Prozessor, Parallelisierung, Portabilität und Ausnutzung der Eigenschaften der Hardware.

Im Bereich der Generierung zeitvarianter turbulenter Texturen wurden zwei Verfahren präsentiert, das spektrale und das funktionale Verfahren. Beide Verfahren unterscheiden sich gewaltig bezüglich des benötigten Speicheraufwandes. So wächst der Speicheraufwand des spektralen Verfahrens quadratisch (2D Fall) oder kubisch (3D Fall) mit der Bildauflösung. Für hochaufgelöste Bilder, wie sie im Bereich der Animation und der hochqualitativen Sichtsimulation benötigt werden, resultiert das in einen gewaltigen Speicherbedarf. Obwohl Speicher in der Zukunft sowohl billiger als auch kompakter werden sollen, sind diesem Prozeß Grenzen gesetzt, die die Leistungsfähigkeit der Methode einschränken. Die Tatsache, daß die gesamte Datenmenge jederzeit vorliegen muß, sowie der durch die inverse Fourier-Transformation erforderliche Zugriff auf die gesamte Datenmenge zusammen mit der signifikanten Größe der Daten bedeutet, daß nur eine zentrale Speicherung in Frage kommt; eine Verteilung auf lokale Speichermodule oder eine redundante Haltung (z.B. am lokalen Speicher jedes Knotens eines Multiprozessor-Rechners) scheinen nicht möglich zu sein.

Die funktionale Methode dagegen benötigt sowohl im 2D als auch im 3D Fall eine für die heutige Technologie unbedeutende Speichergröße, die ca. 10 KBytes beträgt. Dieser Speicher kann aufgrund seiner geringen Größe leicht in lokalen Cashes auch redundant gehalten werden, wodurch die Verfügbarkeits- und Zugriffsprobleme eliminiert werden.

Bezüglich der benötigten Rechenzeit auf einem Prozessor sind bei der spektralen Methode deutliche Vorteile erkennbar. Bei der Implementierung auf einem üblichen Prozessor ist die spektrale Methode zwei bis fünfmal schneller als die Rescale-and-Add Funktion. Bei Verwendung spezieller Chips, die für die Unterstützung der schnellen Fourier-Transformation entworfen wurden, würde sich dieses Verhältnis weiter zu Gunsten der spektralen Methode verschieben.

Bezüglich der bei beiden Verfahren erreichbaren Parallelisierung erscheinen sie beim ersten Blick gleichwertig. Eine genauere Analyse jedoch zeigt, daß die Parallelisierung der spektralen Methode sehr bald auf unüberwindbare Hindernisse stößt: Durch die gemeinsame Datenhaltung müssen alle Prozessoren auf den zentralen Datenspeicher zugreifen. Auch bei der Verwendung eines lokalen Cash-Speichers, wie das bei der Silicon Graphics der Fall ist, wird das Problem nicht gelöst. Die Zugriffszeiten auf den zentralen Speicher sowie die Kapazität des Datenbusses stellen den Flaschenhals der Methode dar. In unseren Implementierungen ist die Kapazität des Busses bei dem gleichzeitigen Zugriff von mehr als drei Prozessoren erschöpft. Auch durch die Anwendung von lokalen Cash-Speichern erscheint eine Parallelisierung mit mehr als acht Prozessoren sinnlos. Diese Grenze liegt bei der funktionalen Methode entschieden höher: Der gemeinsame Datenteil ist so klein, daß er problemlos in jedem lokalen Speicher Platz findet. Das begünstigt die Parallelisierung auf Netzen mit mehreren hundert Prozessoren.

Die Portabilität beider Verfahren ist sehr hoch. Die Implementierung wurde in beiden Fällen in Standard-C durchgeführt, spezielle Befehle oder Ausnutzung von maschinenabhängigen Eigenschaften wurde konsequent vermieden. So können beide Methoden auf beliebige UNIX-Arbeitsstationen portiert werden.

Im Bereich der Bildausgabe sowie der im Abs. 6.6 vorgestellten Visualisierung dagegen wurden die Eigenschaften der Hardware weitgehend berücksichtigt und ausgenutzt. Dies war notwendig, um die volle Leistung des Systems auszunutzen. Die Implementierung ist dadurch auf die GL-Bibliothek sowie auf die GT und VGX Graphikhardware von Silicon Graphics beschränkt. Erfreulicherweise scheinen beide Systeme auch von anderen Herstellern übernommen zu werden, was eine zukünftige Portabilität ermöglichen kann.

7. Epilog

7.1 Zusammenfassung

Das Ziel dieser Arbeit war es, Methoden zu entwickeln, welche den Einsatz von Effekten turbulenter Strömung von Gasen im Rahmen der rechnergenerierten Animation und Sichtsimulation ermöglichen. Die zwei Anforderungen, die aufgrund dessen an die zu entwickelten Algorithmen gestellt wurden, waren:

- Der Realitätseindruck bei der Beobachtung der Szene mußte möglichst groß sein.
- Die benötigte Rechenzeit mußte möglichst gering gehalten werden, jedoch nicht auf Kosten der Bildqualität.

Was den ersten Punkt anbetrifft, stellt der Einsatz von turbulenten Simulationen im Rahmen von z.B. Flugsimulatoren ganz erhebliche Anforderungen an die Qualität des Phänomens. Dabei soll beachten werden, daß es sich hier stets um eine optische Simulation handelt, d.h. um eine Lösung, welche beim Beobachter den Eindruck einer aus der Natur entnommenen turbulenten Strömung hinterläßt, ohne jedoch zwangsläufig die Phänomene und Vorgänge physikalisch korrekt zu simulieren. Ähnliche Anforderungen werden seitens der rechnergenerierten Animation gestellt. In vielen Fällen ist man hier ebenfalls an einer möglichst realistischen, aber nicht unbedingt physikalisch korrekten Simulation von natürlichen Phänomenen interessiert.

Die zweite Anforderung, d.h. eine Minimierung der Rechenzeit, muß etwas differenzierter betrachtet werden. Generell kann jeder Algorithmus schneller gemacht werden, indem man entweder schnellere Prozessoren einsetzt oder eine eigene Hardware-Lösung für ein spezielles Problem entwickelt. Insbesondere ersteres wird durch die während der letzten Jahren beobachtete Entwicklung der Rechnerleistung von kommerziellen Arbeitsstationen unterstützt. Man kann deshalb davon ausgehen, daß in den nächsten Jahren sämtliche berichtete Ergebnisse erheblich schneller als heute ablaufen werden.

Über diese allgemeine Entwicklung hinaus stellen Sichtsimulation und Animation unterschiedliche Anforderungen an die Algorithmen bezüglich der Rechenzeit. Im ersten Fall ist man an einer Echtzeitlösung interessiert, d.h. die Bilderfolge muß so schnell generiert werden, daß der Beobachter keine Verzögerungen merkt. Der technische Aufwand dabei ist in der Regel eher groß, wird aber aufgrund der erforderlichen Performanz im Kauf genommen und beeinflußt dadurch auch den Endpreis des Systems. Demzufolge müssen die Algorithmen sowohl realistisch als auch echtzeitfähig sein, auch unter Einsatz größerer Systeme. Im Bereich der Animation dagegen sind die Anforderungen bezüglich der Schnelligkeit nicht so kritisch. Zwar ist man auch hier an einer möglichst guten Performanz interessiert, aber da die Bilder in der Regel zwischengespeichert werden, ist ein Echtzeitverhalten nicht erforderlich. Hier sind Algorithmen von Interesse, die auf eher kleinen, preiswerten, „durchschnittlichen", auf dem Markt verfügbaren Arbeitsstationen laufen und ein Optimum zwischen Qualität, Rechenzeit und Preis darstellen.

Im Hinblick auf diese Anforderungen wurden im Rahmen dieser Arbeit Algorithmen entwickelt, welche sowohl eine realistische *Generierung* und *Animation*, als auch eine effiziente *Visualisierung* zeitvarianter turbulenter Texturen ermöglichen.

Im Bereich der Generierung (statischer) „wolkenähnlicher" Objekte wurden anhand einer eingehenen Literaturstudie die fraktalen Algorithmen als Modellbasis ausgewählt (2. Kapitel). Fraktale bilden die beste heute bekannte Methode für die Modellierung natürlicher Phänomene, was die Publikationen der letzten Jahre eindeutig beweisen. Verschiedene bekannte Algorithmen wurden implementiert und bezüglich Realität, Rechenzeit, Abtastfehler, Lokalität, Flexibilität, Intuitivität und Benutzerfreundlichkeit miteinander verglichen. Die spektrale Methode und die funktionale „Rescale-and-Add" Methode wurden dabei als die am besten geeigneten ausgewählt. Diese Ergebnisse wurden im 3. Kapitel berichtet.

Die Animation der wie oben definierten „Wolken", d.h. die Spezifizierung einer orts- und zeitabhängigen Bewegungsvorschrift, welche die Erscheinung natürlicher Turbulenz hervorruft, wird im 4. Kapitel behandelt. Als Basis für die Definition turbulenter Bewegung wurde die „spektrale Theorie der Turbulenz" benutzt. Es handelt sich dabei um eine Methode, die statistische, qualitative Aussagen über die Form der Bewegung macht, ohne quantitative Aussagen zu treffen. Aus der Theorie wurde zuerst ein Turbulenzmodell extrahiert, welches für die Ziele der graphischen Datenverarbeitung geeignet ist. Insbesondere wurde dabei i) auf eine intuitive Verständlichkeit der benutzten Parameter und ii) auf eine im Rahmen der Animation oft gewünschte Flexibilität, die über die Grenzen der strengen physikalischen Exaktheit hinausgehen kann, Wert gelegt. Das Modell ist auch Nicht-Experten (Designer, Animateure und i.a. Benutzer, die aus kreativen Berufen kommen) gut verständlich und ermöglicht die Modellierung vieler Effekte, auch von solchen, die über den Rand des physikalisch Korrekten hinausgehen. Dieses Turbulenzmodell wurde dann sowohl auf die spektrale Synthese als auch auf die funktionale Methode übertragen und implementiert. Bemerkenswert dabei ist, daß die zugrundeliegende spektrale Turbulenztheorie nur an wenigen Stellen vereinfacht werden mußte. Mit Hilfe dieser Methoden konnten realistisch wirkende Animationen von Phänomenen wie z.B. aufsteigender Dampf, windgetriebene Wolken, Rauch, Flammen etc. erzeugt werden.

Als Ergebnis des Generierungsprozesses liegt eine Datenmenge vor, welche die gleichen Charakteristiken wie natürliche Turbulenz aufweist. Aufgabe der Visualisierung ist, diese Datenmenge in eine optische Form (Rasterbild) umzusetzen. Die verwendeten Visualisierungsmethoden wurden im 5. Kapitel vorgestellt. Dabei wurde festgestellt, daß für 2D Daten die existierenden Methoden ausreichen, wobei für den 3D Fall neue Verfahren entwickelt werden mußten. Ein Visualisierungsverfahren besteht im allgemeinen aus drei Teilen: aus der Datenabbildung (mapping),[1] aus der Traversierungsmethode (Scan-Konvertierung) und aus dem Beleuchtungsmodell, welches die Licht-Materie Wechselwirkung definiert. Der verfolgte Ansatz interpretiert ein dreidimensionales skalares Datenfeld (Voxelfeld) als Dichteverteilung eines in seiner Zusammensetzung homogenen Materials im Raum und simuliert die Absorption und Streuung des Lichtes innerhalb eines solchen Materials. Zuerst wurden die physikalischen Gleichungen aufgestellt, welche unter bestimmten vereinfachenden Annahmen das Phänomen beschreiben. Es wurde festgestellt, daß auch diese Gleichungen in dem Fall einer beliebig verteilten Dichte nicht analytisch gelöst werden können. Aufgrund dessen wurden zwei Approximationen vorgeschlagen: Die erste berücksichtigt die Selbstschattierung (d.h. die Dämpfung des aus der Lichtquelle kommenden Lichtes innerhalb des Materials), die zweite nicht. Es wurde gezeigt, daß beide Approximationen in verschiedenen Bereichen und für verschiedene Anforderungen erfolgreich eingesetzt werden können.

Im Bereich der Datenabbildung und der Traversierung wurde ebenfalls eine neue Alternative zu den existierenden, auf Ray-Tracing basierten Verfahren entwickelt. Unsere Methode basiert auf polygonalen projektiven Scanline Verfahren, welche einen Bildpunkt als eine kleine Fläche anstatt als dimensionslosen Punkt behandeln. Aufgrund dessen werden „Pyramidestümpfe" an der Stelle von Strahlen benutzt. Durch die Ausnutzung der solchen Verfahren inhärenten Kohärenz, das Vermeiden von Schnittroutinen, die effiziente Traversierung und Abtastung des Raumes mit Hilfe von DDA-Algorithmen sowie durch die eingeführte „volumenorientierte Abtastung" konnte gegenüber den Ray-Tracing Verfahren ein Zeitgewinn in der Größenordnung von zwei Zehnerpotenzen bei gleichzeitiger signifikanter Reduzierung der Abtastfehler erzielt werden.

Die als Ergebnis dieser Arbeit entstandenen Implementierungen werden im 6. Kapitel zusammengefaßt. Im Bereich der Texturgenerierung wurden sowohl für die spektrale als auch für die funktionale Methode echtzeitfähige Systeme für die interaktive Definition und Parametereinstellung der turbulenten Textur implementiert. Durch die Implementierung auf einer Mehrprozessor-Maschine werden Generierungsraten von 5-10 Bilder pro Sekunde erreicht. Im Bereich der Visualisierung wurden die entwickelten Methoden für die Unterstützung der wissenschaftlich-technischen Visualisierung eingesetzt. Diskrete dreidimensionale skalare Daten werden dabei als Wolken behandelt. Verschiedene Filter (exponentielle Vorverzerrung, Farbabbildung, Rauschunterdrückung etc.) ermöglichen eine differenzierte Aussage sowie das Hervorheben bestimmter interessie-

[1] Filterungsmethoden, welche die vorliegende Datenmenge auf eine für die Visualisierung geeignete Repräsentation überführen und gleichzeitig Abtastfehler unterdrücken.

render Aspekte der Datenmenge. Hauptmerkmal des entstandenen Systems ist, daß es einerseits sämtliche bekannte Filterungsverfahren, die in diesem Gebiet im Zusammenhang mit Ray-Tracing basierten Methoden entwickelt wurden, integrieren kann, andererseits aber eine interaktive Transformation und Visualisierung ermöglicht. Die dadurch gewonnene Flexibilität bei der Auswahl von bestimmten Filtern, Einstellung der Filterparameter, Vergleich verschiedener Blickrichtungen, Ausschnitt interessierender Datenbereiche oder Handhabung von sehr großdimensionierten Datenmengen ist mit keinem der älteren Verfahren zu vergleichen.

Zusammenfassend kann man konstatieren, daß sämtliche o.g. Anforderungen berücksichtigt wurden, sowohl was die Generierung als auch was die Visualisierung anbetrifft. Der erreichte Realitätseindruck scheint in vielen Fällen sowohl im Bereich der Animation als auch im Bereich der Sichtsimulation ausreichend zu sein. Die enstandenen Methoden können als ein Schritt in die richtige Richtung gewertet werden und als Basis für eine zukünftige Weiterentwicklung dienen. Die erzielte Steigerung der Geschwindigkeit bei der Visualisierung dreidimensionaler skalarer Felder ermöglicht einen Einsatz nicht nur im Bereich der Animation und Sichtsimulation, sondern auch im Rahmen der wissenschaftlich-technischen Visualisierung.

7.2 Ausblick

Im Sinne einer weiterführenden Entwicklung der vorgestellten Generierungsmethoden können verschiedene zukünftige Arbeitsgebiete hervorgehoben werden. Die erste mögliche Erweiterung des Turbulenzmodells sollte drehende Wirbel berücksichtigen. Die zugrundeliegende spektrale Turbulenztheorie, auf der sämtliche hier vorgestellten Methoden aufbauen, erfordert keine zirkuläre Wirbelbewegung. Dennoch kann die Palette der implementierten Phänomene durch eine solche angereichert werden. Eine Erweiterung auf der Basis der spektralen Synthese scheint dabei nicht möglich zu sein. Der funktionale Ansatz dagegen bietet aufgrund seiner strukturellen Lokalität die Möglichkeit einer solchen Erweiterung. In einer Studie ([Reic92]) wurde die prinzipielle Erweiterbarkeit der Methode auf die Generierung spiralförmiger Wirbel nachgewiesen, siehe Abb. 7.1. Allerdings sind die bisher generierten Wirbel noch zu „deterministisch“, um realistisch auszusehen, so daß zusätzliche Arbeit erforderlich ist.

Eine weitere erforderliche Erweiterung soll die Definition anisotropischer Turbulenz berücksichtigen. Felder, bei denen z.B. die Windrichtung oder -stärke örtlich variiert (böiger Wind), die Dichte, Granularität und sonstige optische Merkmale lokal variiert werden können, werden von großem Nutzen sein. Leider unterstützt die spektrale Synthese einen solchen Ansatz aufgrund ihrer strukturellen Globalität nicht, so daß wieder die funktionale Methode als Basis einer zukünftigen Entwicklung eingesetzt werden sollte. Die prinzipielle Möglichkeit einer solchen Erweiterung wurde ebenfalls in [Reic92] nachgewiesen.

Abb. 7.1. Spiralförmiger Wirbel, der mit Hilfe der funktionalen Methode generiert wurde – siehe auch Abb. 9.1 auf Seite 235

Beiden Verfahren gemeinsam ist die mangelnde Interaktion mit der Umgebung. Dies kann am besten anhand des bereits erwähnten Beispiels des aus einem Kessel aufsteigenden Dampfes erläutert werden: Wenn in dem Pfad des Dampfes ein solides Objekt plaziert wird, so muß der Dampf um das Objekt herumströmen. Leider wird die generierte Textur auf der anderen Seite des Objektes auftauchen, ohne ihr Strömungsverhalten dabei zu ändern. Dieser Mangel ist allen texturgenerierenden Verfahren gemeinsam und kann nur durch eine Berücksichtigung der Umgebung und der Objekte bereits während der Texturspezifikation und vor der Texturgenerierung behoben werden.

Eng mit diesem Problem verbunden kann die Formgebung einer Textur betrachtet werden. Wie im Abs. 4.4 bereits erwähnt, verstehen wir unter Formgebung die Assoziation einer Textur mit einem Körper, der texturiert werden soll, so daß eine Textur entsteht, die bei der Generierung bereits eine bestimmte Form hat. Als Beispiel kann man den Fall erwähnen, wo sich der aus einem Schornstein aufsteigende Rauch entlang eines gebogenen und gekrümmten „Kegels“ bewegen muß. Solche Formgebungen werden über die die Textur umgebende geometrische Hülle des Volumenobjektes erzwungen. Leider sieht eine solche Zuordnung nicht immer realistisch aus, so daß andere Alternativen untersucht werden müssen. In [SaKe91] wird ein erster Ansatz für die spektrale Methode vorgestellt, in [SaRe93] und [Reic92] werden erste ermutigende Ergebnisse der funktionalen Methode präsentiert.

Im Bereich der Visualisierung von 3D Fraktalen als Wolken konnte eine signifikante Geschwindigkeitsteigerung nur durch vereinfachende Annahmen über das streuende Material erzielt werden. Als wichtigste kann die Vernachlässigung der Mehrfachstreuung angesehen werden. Jedoch spielt bei vielen Phänomenen die „interne Beleuchtung", die als Ergebnis einer mehrfachen Reflexion im Inneren des Körpers ensteht und das Volumen als sekundäre Lichtquelle beleuchtet, eine wichtige Rolle. Eine globale Approximation dieser sekundären Beleuchtung über einen orts- und dichteabhängigen ambienten Term könnte den Realitätseindruck in vielen Fällen erhöhen, ohne den Rechenaufwand wesentlich zu steigern. Realistisch aussehende Ergebnisse verspricht man sich auch von der erweiterten Radiosity Methode (*zonal method*), allerdings ist die z.Z. dafür erforderliche Rechenzeit viel zu hoch. Eine alternative Möglichkeit, die erforscht werden sollte, ist die Anwendung progressiver Verfeinerung (*progressive refinement*) mit dem Ziel, ein aussagekräftiges Bild innerhalb von kurzer Zeit zu gewinnen, das mit der Zeit gegen die endgültige Lösung konvergiert.

Eine wichtige Erkenntnis, die während der Implementierung der Visualisierungsverfahren gewonnen wurde, ist, daß die entwickelten Methoden in vielen Fällen im Bereich der wissenschaftlich-technischen Visualisierung Anwendung finden. Die im 6. Kapitel vorgestellten Verfahren finden überall dort Anwendung, wo dreidimensionale skalare Daten visualisiert werden sollen, die keine „harte Oberflächen" beinhalten (z.B. Temperaturverläufe in 3D). In solchen Fällen kann eine „wolkenähnliche" Visualisierung, die ein Durchleuchtungsbild erzeugt, über die Isopotentialflächen vorteilhaft sein. Das entwickelte Verfahren kann auch mit verrauschten Daten, die versteckte *hot spots* beinhalten, erfolgreich eingesetzt werden. Als Beispiel kann man 3D Ultraschallaufnahmen von Weichteilen des menschlichen Körpers erwähnen. Die interaktive Transformation und Bearbeitung der Datenmenge ermöglicht eine bessere Übersicht in signifikant kürzerer Zeit. In allen Fällen kann eine solche Visualisierung als *previewing* benutzt werden, um z.B. bestimmte Werte für Filterverfahren sinnvoll einzustellen, bevor ein besser geeignetes, aber langsameres Verfahren gestartet wird.

Die Geschwindigkeit sämtlicher hier vorgestellter Algorithmen, insbesondere der Generierungsverfahren, konnte durch Parallelisierung gesteigert werden. Eine weitere Untersuchung solcher paralleler Verteilung mit Ziel des Erreichens von Echtzeit ist z.B. für die Sichtsimulation von großem Interesse. Ferner wurde festgestellt, daß die Parallelisierung der spektralen Methode schnell an Grenzen stößt, die mit der rechnerischen Globalität des Verfahrens zusammenhängen und deshalb prinzipieller Natur sind. Die funktionale Methode dagegen bietet sich an für eine massive Parallelisierung auf großen Netzwerken mit eher kleinen Knoten, z.B. Transputernetzwerke. Die Untersuchung der erreichbaren Generierungsraten sowie des entstehenden Kommunikationsaufwandes wird daher empfohlen.

Zusammenfassend kann man konstatieren, daß die Erweiterungsmöglichkeiten der spektralen Methode eher beschränkt erscheinen, wobei der funktionale Ansatz in der Zukunft als Basis einer Weiterentwicklung geeigneter zu sein scheint.

8. Literatur

Akel89 Akeley, K.: *The Silicon Graphics 4D/240GTX Superworkstation*, IEEE Computer Graphics and Applications, Vol. 17, No. 16, pp. 71-83, July 1989

Angs29 Angström, A.: *On the Atmospheric Transmission of Sun Radiation and on Dust in the Air*, Geographische Annaler, Vol. 11, pp. 156-166, 1929

Anjy88 Anjyo, K: *A Simple Spectral Approach to Stochastic Modelling for Natural Objects*, Proceedings EUROGRAPHICS'88, Nice-France, North-Holland Publishers, pp. 285-296, September 1988

Anjy90 Anjyo, K: *Semi-Globalization of Stochastic Spectral Synthesis*, Proceedings EUROGRAPHICS'90, Montreux-Switzerland, pp. 327-340, North-Holland Publishers, September 1990

BeJu83 Bergen, J. R., Julesz, B.: *Rapid Discrimination of Visual Patterns*, IEEE Transactions on Systems, Man, and Cybernetics, SMC-13, No. 5, pp. 857-863, 1983

BiSl86 Bier, E. A., Sloan, Jr., K. R.: *Two-Part Texture Mappings*, IEEE Computer Graphics and Applications, pp. 40-53, September 1986

BlNe76 Blinn, J. F., Newell, M. E.: *Texture and Reflection in Computer Generated Images*, Graphics and Image Processing, Vol. 19, No. 10, pp. 542-547, Oktober 1976

Blin82 Blinn, J. F.: *Light Reflection Functions for Simulation of Clouds and Dusty Surfaces*, ACM Computer Graphics, SIGGRAPH-82, Vol. 16, No. 3, pp. 21-29, 1982

BrKü89 Breen, D., Kühn, V.: *Message-Based Object-Oriented Interaction Modelling*, Proceedings EUROGRAPHICS'89, Hamburg-Germany, Elsevier Science Publishers, pp. 489-503

BrSe87 Bronstein, I., Semendjajew, K.: *Taschenbuch der Mathematik*, Verlag Harri Deutsch, Thun und Frankfurt/Main

Brac65 Bracewell, R.: *The Fourier Transform and Its Applications*, McGraw-Hill, 1965

Brig82 Brigham, E.O.: *FFT Schnelle Fourier-Transformation*, Oldenbourg Verlag München Wien 1982

CCWG88 Cohen, M., Chen, S., Wallace, J., Greenberg, D.: *A Progressive Refinement Approach to Fast Radiosity Image Generation*, ACM Computer Graphics, SIGGRAPH-88, Vol. 22, No. 4, pp. 75-84, 1988

CGIB86 Cohen, M., Greenberg, D., Immel, D., Brock, P.: *An Efficient Radiosity Aproach for Realistic Image Synthesis*, IEEE Computer Graphics and Applications, pp. 26-35, March 1986

CaUn92 Cameron, G., Undrill, P.: *Rendering Volumetric Medical Image Data on a SIMD Architecture Computer*, Proceedings "Third Eurographics Workshop on Rendering", Bristol, UK, pp. 135-145, 17-20 May 1992

Carp84 Carpenter, L.: *The A-Buffer, an Antialiased Hidden Surface Method*, ACM Computer Graphics, SIGGRAPH-84, Vol. 18, No. 3, pp. 103-108, July 1984

Cham73 Champeney, D.: *Fourier Trasnforms and Their Physical Applications*, Academic Press, 1973

Chen90 Chen, S.: *Incremental Radiosity: An Extension of Progressive Radiosity to an Interactive Image Synthesis Tool*, ACM Computer Graphics, SIGGRAPH-90, Vol. 24, No. 4, pp. 135-144, August 1990

Cook84 Cook, R.L.: *Shade Trees*, ACM Computer Graphics, SIGGRAPH-84, Vol. 18, No. 3, pp. 223-231, July 1984

Cook86 Cook, R.L.: *Stochastic Sampling in Computer Graphics*, ACM Transactions on Graphics, Vol. 5, No. 1, pp. 51-72, January 1986

Crow77 Crow, F. C.: *The Aliasing Problem in Computer-Generated Shaded Images*, Communications of the ACM, Vol. 20, No. 11, pp. 799-805, November 1977

Crow84 Crow, F. C.: *Summed-Area Tables for Texture Mapping*, ACM Computer Graphics, SIGGRAPH-84, Vol. 18, No. 3, pp. 207-212, July 1984

DIN5030 *06/85: DIN 5030, Teile 1-5: Spektrale Strahlenmessung*

DIN5031 *03/82: DIN 5031, Teile 1-10: Strahlungsphysik im optischen Bereich und Lichttechnik, 11/82: Beiblatt zu DIN 5031: Strahlungsphysik im optischen Bereich und Lichttechnik: Inhaltsverzeichnis über Größen, Formelzeichen und Einheiten sowie Stichwortverzeichnis zu DIN 5031 Teil 1 bis Teil 10*

Dorn91 Dornauf, J.: *Optische Echtzeitsimulation und Benutzungsoberfläche für zeitvariante, turbulente Texturen*, Diplomarbeit, Technische Hochschule Darmstadt, Fachbereich Informatik, Fachgebiet Graphisch-Interaktive Systeme, Betreuer: G. Sakas, 1991 (German)

DrCH88 Drebin, R., Carpender, L., Hanrahan, P.: *Volume Rendering*, ACM Computer Graphics, SIGGRAPH-88, Vol. 22, No. 4, pp. 65-74, August 1988

EbPa90 Ebert, D., Parent, R.: *Rendering and Animation of Gaseous Phenomena by Combining Fast Volume and Scanline A-buffer Techniques*, ACM Computer Graphics, SIGGRAPH-90, Vol. 24, No. 4, pp. 357-367, August 1990

EnES89 Encarnação, J., Englert, G., Sakas, G.: *A Hierarchical Model for Texture Description and Synthesis*, Proceedings EUROGRAPHICS UK, 7th Conference, University of Manchester, March 1989

EnHS88 Englert, G., Hofmann, G.R., Sakas, G.: *Ein System zur Generierung, Manipulation und Archivierung von Texturen -Textur Editor-*, in W. Barth (Hrsg.), Visualisierungstechniken und Algorithmen, Fachgespräch Proceedings Wien, Informatik-Fachberichte 182, Springer Verlag, September 1988

EnSa88 Englert, G., Sakas, G.: *Arbeitsklausur zu Texturmodell und -klassifikation*, Workshop Bericht, FG Graphisch-Interaktive Systeme, GRIS 88-9, Dezember 1988

EnSa89 Englert, G., Sakas, G.: *A Model for Description and Synthesis of Heterogeneous Textures*, Proceedings EUROGRAPHICS'89, Hamburg-Germany, North-Holland Publishers, September 1989

EnSt88 Encarnação, J., Strasser, W.: *Computer Graphics*, Oldenbourg Verlag, München, 1988

Enca89a Encarnação, J., Dai, F., Englert, G., Krömker, D., Sakas, G.: *Arbeitsbericht: Formale Texturbeschreibungsmethode und ihre Anwendbarkeit bei der Archivierung von Texturen*, DFG-Projekt "Textur-Editor" (En 123/10-1), eingereicht bei der DFG, Juli 1989

Enca89b Encarnação, J., Dai, F., Englert, G., Krömker, D., Sakas, G.: *Kurzfassung der im Rahmen des Projektes "Texturarchiv" erzielte Ergebnisse und Arbeitserfahrungen*, DFG-Projekt "Textur-Editor" (En 123/10-1), eingereicht bei der DFG, Juli 1989

Enca90 Encarnação, J., Dai, F., Englert, G., Krömker, D., Sakas, G.: *Der Textureditor-System zur Generierung, Manipulation und Archivierung von Texturen*, DFG-Projekt "Textur-Editor" (En 123/10-1), Abschlußbericht eingereicht bei der DFG, Juli 1990

Enca92 Encarnação, J., Englert, G., Müller, W., Sakas, G., Krömker, D., Dai, F., Lutz, M.: *Der Textureditor-System zur Generierung, Manipulation und Archivierung von Texturen*, DFG-Projekt "Textur-Editor" (En 123/10-2), Abschlußbericht eingereicht bei der DFG, Februar 1992

Engl92 Englert, G.: *Visuelle Texturen: Modellierung, Generierung und Anwendung*, Dissertationsarbeit, T.H. Darmstadt, 1992 (German)

FDFH90 Foley, T., van Dam, A., Feiner, S., Hughes, J.: *Computer Graphics: Principles and Practice*, Addison-Wesley Publishing, 1990

Falc85 Falconer, K.: *The Geometry of Fractal Sets*, Cambridge University Press, 1985

FoFC82 Fournier, A., Fussell, D., Carpenter, L.: *Computer Rendering of Stochastic Models*, Graphics and Image Processing 25, 6, pp. 371-384, 1982

FrMo77 Frost, W., Moulden, T.: *Handbook of Turbulence*, Volume 1: Fundamentals and Applications, Plenum Press, New-York, 1977

Früh91a Frühauf, M.: *Combining Volume Rendering with Line and Surface Rendering*, Proceedings EUROGRAPHICS'91, Vienna-Austria, North-Holland Publishers, pp. 21-32, September 1991

Früh91b Frühauf, M.: *Volume Visualization on Workstations: Image Quality and Efficiency of Different Techniques*, IEEE Computer and Graphics, Vol. 15, No. 1, pp. 101-107, 1991

Früh93 Frühauf, M.: *Gemeinsame Darstellung von Volumen-, Bild- und Oberflächenprimitiven zur Visualisierung wissenschaftlicher Daten*, Dissertationsarbeit, Technische Hochschule Darmstadt, 1993

GTGB84 Goral, C., Torrance, K., Greenberg, D., Battaile, B.: *Modeling the Interaction of Light between Diffuse Surfaces*, ACM Computer Graphics, SIGGRAPH-84, Vol. 18, No. 3, pp. 213-222, 1984

Gard85 Gardner, G. Y.: *Visual Simulation of Clouds*, ACM Computer Graphics, SIGGRAPH-85, Vol. 19, No. 3, pp. 297-303, 1985

Gard88 Gardner, G. Y.: *Functional Modeling of Natural Scenes*, M. Inagkage (Editor), ACM SIGGRAPH-88 "Functional Based Modeling" Course Notes, Vol. 28, pp. 44-76, August 1988

Gert90 Gerth, M.: *Entwicklung und Implementierung von Verfahren für die Abtastung und Beleuchtung von dreidimensionalen Volumenobjekten*, Diplomarbeit, Technische Hochschule Darmstadt, Fachbereich Informatik, Fachgebiet Graphisch-Interaktive Systeme, Betreuer: G. Sakas, 1990 (German)

GoWi87 Gonzalez, R. C., Wintz, P.: *Digital Image Processing*, Second Edition, Addison Wesley Publishing Company, 1987

GrKü91a Groß, M., Kühn, V.: *A Visualization and Simulation System for Environmental Purposes*, Proceedings Computer Graphics International '91: Visualization of Physical Phenomena, MIT, Cambridge, MA, 1991

GrKü91b Groß, M., Kühn, V.: *Integrating Simulation and Visualization for Environmental Analysis*, 6th Symposium Computer Science for Environmental Protection, 4-6 December 1991, Munich, Germany

Gree87 Greengard, L.: *The Rapid Evaluation of Potential Fields in Particle Systems*, MIT Press, Cambridge, MA, 1987

HaMa89 Haas, S., Martino, J.: *DESIRe - An Integrated Rendering Pipeline*, Visual Computaca, Jornada EPUSP/IEEE em Computacao Visual, pp. 155-163, 4-7 December 1990, Sao Paolo

HaMa90 Haas, S., Martino, J.: *DESIRe - Distributed Environment System for Integrated Rendering*, Personal Communication, Darmstadt, 1989

HaSa90 Haas, S., Sakas, G.: *Methods for Efficient Sampling of Arbitrary Distributed Volume Densities*, Proceedings "Eurographics Workshop on Photosimulation, Realism and Physics in Computer Graphics", Rennes, France, 1990 *and* in K. Bouatouch, C. Bouville (Eds.), "Photorealism in Computer Graphics", Springer Verlag, 1991

Hall86 Hall, R.: *A characterization of illumination models and shading techniques*, The Visual Computer, Vol. 2, pp. 268-277, 1986

Hall88 Hall, R.: *Illumination and Color in Computer Generated Imagery*, Springer Verlag, 1988

Hart91 Hartig, J.: *Interaktive Visualisierung von skalaren Volumendaten*, Diplomarbeit, Technische Hochschule Darmstadt, Fachbereich Informatik, Fachgebiet Graphisch-Interaktive Systeme, Betreuer: G. Sakas, 1991 (German)

Heck86a Heckbert, P.: *Survey of Texture Mapping*, IEEE Computer Graphics and Applications, pp. 7-19, 1986

Heck86b Heckbert, P.: *Survey of Texture Mapping*, Proceedings Graphics Interface and Vision Interface'86, pp. 207-212, 1986

Heck89 Heckbert, P.: *Fundamentals of Texture Mapping and Image Warping*, Master's Thesis at the Computer science Division, University of California, Berkeley, Report No. UCB/CSD 89/516, June 1989

Heck91 Heckbert, P.: *Simulating Global Illumination Using Adaptive Meshing*, Ph.D. Thesis at the Computer science Division, University of California, Berkeley, Report No. UCB/CSD 91/636, June 21, 1991

Inak89 Inakage, M.: *An Illumination Model for Atmospheric Environments*, R.A. Earnshaw, B. Wyvill (Eds), New Advances in Computer Graphics, Proceedings of Computer Graphics International, Springer-Verlag Tokyo, pp. 533-547, 1989

Ishi78 Ishimaru, A.: *Wave Propagation and Scattering in Random Media*, Vol. 1 (Singe Scattering and Transport Theory), Vol. 2 (Multiple Scattering) Academic Press, 1987

Jule75a Julesz, B.: *Experiments in the Visual Perception of Texture*, Scientific American Vol. 3, 1975 1975

Jule81 Julesz, B: *Textons, the Elements of Texture Perception, and their Interaction*, Nature, No. 290, pp. 91-97, 1981

KüMü91 Kühn, V., Müller, W.: *Advanced Object-Oriented Methods and Concepts for Simulations of Multi-Body Systems*, Proceedings EUROGRAPHICS'91 Workshop on Animation and Simulation, Vienna-Austria, pp. 129-152

KaHe84 Kajiya, J. T., von Herzen, B.: *Ray-Tracing Volume Densities*, ACM Computer Graphics, SIGGRAPH-84, Vol. 18, No. 3, pp. 165-174, July 1984

Korn82 Korn, A.: *Bildverarbeitung durch das visuelle System*, Fachberichte Messen, Steuern, Regeln, No. 8; Springer Verlag Berlin Heidelberg, 1982

LaHa91 Laur, D., Hanrahan, P.: *Hierarchical Splatting: A Progressive Refinement Algorithm for Volume Rendering*, ACM Computer Graphics, SIGGRAPH-91, Vol. 25, No. 4, pp. 285-288, July 1991

Levo88 Levoy, M.: *Display of Surfaces from Volume Data*, IEEE Computer Graphics and Applications, Vol. 8, No. 3, pp. 29-37, May 1988

Levo90a Levoy, M.: *Volume Rendering by Adaptive Refinement*, The Visual Computer, Vol. 6, No. 1, pp. 2-7, January 1990

Levo90b Levoy, M.: *A Hybrid Ray-Tracer for Rendering Polygon and Volume Data*, IEEE Computer Graphics and Applications, March 1990

Levo90c Levoy, M.: *Efficient Ray-Tracing of Volume Data*, ACM Transactions on Graphics, Vol. 9, No. 3, July 1990

Levo90d Levoy, M.: *A Taxonomy of Volume Visualization Algorithms*, ACM SIGGRAPH-90 Course Notes, Vol. 11, pp. 6-12, August 1990

Levo90e Levoy, M.: *Ray-Tracing of Volume Data*, ACM SIGGRAPH-90 Course Notes, Vol. 11, pp. 120-147, August 1990

Lewi86 Lewis, J. P.: *Methods for Stochastic Spectral Synthesis*, Graphics Interface/Vision Interface'86, pp. 173-179, 1986

Lewi87 Lewis, J. P.: *Generalized Stochastic Subdivision*, ACM Transactions on Graphics, Vol. 6, No. 3, pp. 167-190, July 1987

Lewi89 Lewis, J. P.: *Algorithms for Solid Noise Synthesis*, ACM Computer Graphics, SIGGRAPH-89, Vol. 23, No. 3, pp. 263-270, July 1989

LoCl87 Lorensen, W., Cline, H.: *Marching Cubes: A High Resolution 3D Surface Construction Algorithm*, ACM Computer Graphics, SIGGRAPH-87, Vol. 21, No. 4, pp. 163-169, July 1987

LoMa85 Lovejoy, S., Mandelbrot, B.: *Fractal Properties of Rain, and a Fractal Model*, Tellus, Vol. 37 A, No. 3, pp. 209-232, May 1985

MaHC90 Max, N., Hanrahan, P., Crawfis, R.: *Area and Volume Coherence for Efficient Visualization of 3D Scalar Functions*, ACM Computer Graphics, Proceedings San Diego Workshop on Volume Visualization, Vol. 24, No. 5, pp. 27-33, November 1990

MaWM87 Mastin, G. A., Watterberg, P. A., Mareda, J. F.: *Fourier Synthesis of Ocean Scenes*, IEEE Computer Graphics and Applications, pp. 16-23, March 1987

Mand77 Mandelbrot, B.B.: *Fractals: Form, Change and Dimension*, Freemann N.Y. 1977

Mand83 Mandelbrot, B.B.: *The Fractal Geometry of Nature*, Freemann N.Y. 1983

Mand87 Mandelbrot, B.B.: *Die Fraktale Geometrie der Natur*, Birkhäuser Verlag, 1987

Mand88 Mandelbrot, B.B.: *Fractal Landscapes Without Creases and with Rivers*, in: H.-O. Peitgen, D. Saupe (Eds.), *The Science of Fractal Images*, pp. 21-70, Springer Verlag, 1988

Max86 Max, N. L.: *Atmospheric Illumination and Shadows*, ACM Computer Graphics, SIGGRAPH-86, Vol. 20, No. 4, pp. 117-124, August 1986

Mill86 Miller, G.: *The Definition and Rendering of Terrain Maps*, ACM Computer Graphics, SIGGRAPH-86, Vol. 20, No. 4, pp. 39-47, 1986

MuKM89 Musgrave, K., Kolb, C., Mace, R.: *The Synthesis and Rendering of Eroded Fractal Terrains*, ACM Computer Graphics, SIGGRAPH-89, Vol. 23, No. 3, pp. 41-50, July 1989

Musg91 Musgrave, K.: *Uses of Fractional Brownian Motion in Modelling Nature*, ACM SIGGRAPH-90 Course Notes, Vol. 14, pp.5-34, 1991

NiMN87 Nishita, T., Miyawaki, Y., Nakamae, E.: *A Shading Model for Atmospheric Scattering Considering Luminous Intensity Distribution of Light Sources*, ACM Computer Graphics, SIGGRAPH-87, Vol. 21, No. 4, pp. 303-310, July 1987

Nied84 Niederdrenk, K.: *Die endliche und Walsh-Transformation mit einer Einführung in die Bildverarbeitung*, Gisela Engeln-Müllges (Hrsg.), 2. Auflage, Friedr. Vieweg & Sohn Verlagsgesellschaft mbH, Braunschweig, 1984

Noth85 Nothdurft, H.: *Sensitivity for Structure Gradient in Texture Discrimination Tasks*, Vision Research, Vol. 25, No. 12, pp. 1957-1968, 1985

OpSc75 Oppenheim, A., Schafer, R.: *Digital Signal Processing*, Prentice-Hall International Editions, 1975

Oppe86 Oppenheimer, P.: *Real Time Design and Animation of Fractal Plants and Trees*, ACM Computer Graphics, SIGGRAPH-86, Vol. 20, No. 4, pp. 55-65, August 1986

Panc71 Panchev, S.: *Random Functions and Turbulence*, International Series of Monographs in Natural Philosophy, Vol. 32, Pergamon Press, 1971

PeHo89 Perlin, K., Hoffert, E.: *Hypertexture*, ACM Computer Graphics, SIGGRAPH-89, Vol. 23, No. 3, pp. 253-262, July 1989

PeSa88 Peitgen, H. O., Saupe, D.: *The Science of Fractal Images*, Springer Verlag, 1988

Peac85 Peachy, D. R.: *Solid Texturing of Complex Surfaces*, ACM Computer Graphics, SIGGRAPH-85, Vol. 19, No. 3, pp. 279-286, 1985

Peac86 Peachy, D. R.: *Modeling Waves and Surf*, ACM Computer Graphics, SIGGRAPH-86, Vol. 20, No. 4, pp. 65-74, 1986

Peac88 Peachy, D. R.: *Antialiasing Solid Textures*, M. Inagkage (Editor), ACM SIGGRAPH-88 "Functional Based Modeling" Course Notes, Vol. 28, pp. 13-35, August 1988

Perl85 Perlin, K.: *An Image Synthesizer*, ACM Computer Graphics, SIGGRAPH-85, Vol. 19, No. 3, pp. 287-296, July 1985

PrLH88 Prusinkiewicz, P., Lindenmayer, A., Hanan, J.: *Developmental Models of Herbaceous Plants for Computer Imagery Purposes*, ACM Computer Graphics, SIGGRAPH-88, Vol. 22, No. 4, pp. 141-149, 1988

Rüme92 Rümelin, W. *Fractal Interpolation of Random Fields of Fractional Brownian Motion*, in: Encarnação et.al. (Eds.), "Fractal Geometry and Computer Graphics", pp. 173-194, Springer Verlag, 1992

ReBl85 Reeves, W. T., Blau, R.: *Approximate and Probabilistic Algorithms for Shading and Rendering Structured Particle Systems*, ACM Computer Graphics, SIGGRAPH-85, Vol. 19, No. 3, pp. 313-321, 1985

Reev83 Reeves, W. T.: *Particle Systems - A Technique for Modeling a Class of Fuzzy Objects*, ACM Computer Graphics, SIGGRAPH-85, Vol. 17, No. 3, pp. 359-376, 1983

Reic92 Reichert, I: *Simulation und Animation inhomogener, lokalanisotroper, turbulenter Gasbewegung mit Hilfe von Fraktalen*, Diplomarbeit, Technische Hochschule Darmstadt, Fachbereich Informatik, Fachgebiet Graphisch-Interaktive Systeme, Betreuer: G. Sakas, 1992 (German)

Roge85 Rogers, D.: *Procedural Elements for Computer Graphics*, McGraw-Hill, 1985

Rouf91 Roufchaie, V. (Edt.): *Power Series Perormance Guide*, Silicon Graphics, 1991

RuTo87 Rushmeier, H., Torrance, K.: *The Zonal Method for Calculating Light Intensities in the Presence of a Participating Medium*, ACM Computer Graphics, SIGGRAPH-87, Vol. 21, No. 4, pp. 293-302, July 1987

SYMT92 Stredney, D., Yagel, R., May, S., Torello, M.: *Supercomputer Assisted Brain Visualization with an Extended Ray Tracer*, ACM SIGGRAPH Proceedings 1992 Workshop on Volume Visualization, pp. 33-38, October 19-20, Boston-MA, 1992

SaGe91 Sakas, G., Gerth, M.: *Sampling and Anti-Aliasing Discrete 3-D Volume Density Textures*, EUROGRAPHICS'91 Award Paper, IEEE Computer and Graphics, Vol. 16, No. 1, pp. 121-134, Pergamon Press, 1992 *and* Proceedings EUROGRAPHICS'91, Vienna, Austria, pp. 87-102, North-Holland Publishers, September 1991

SaHa90 Sakas, G., Haas, S.: *Methoden für die realitätsnahe graphische Darstellung von Volumendaten*, M. Frühauf, M. Göbel (Hrsg.), "Visualisierung von Volumendaten", pp. 39-67, ZGDV-Seminarreihe, Springer Verlag, 1991

SaHa92a Sakas, G., Hartig, J.: *Intcractive Visualization of Large Scalar Voxel Fields*, Proceedings IEEE Visualization'92, pp. 29-36, Boston-MA, 19-22 October 1992

SaHa92b Sakas, G., Hartig, J.: *Interactive Visualizartion of Large Scalar Voxel Fields*, Workshop Proceedings "Visualisierung-Die Rolle von Interaktivität und Echtzeit", GMD-Bonn, 2-3 June 1992

SaKe91 Sakas, G., Kernke, B.: *Texture Shaping: A Method for Modeling Arbitrarily Shaped Volume Objects in Texture Space*, Proceedings "2nd Eurographics Workshop on Rendering", Barcelona, 13-15 May 1991

SaRe93 Sakas, G., Reichert, I.: *Visual Simulation of Non-Homogeneous, Anisotropic Gaseous Turbulence*, To appear

SaWe92 Sakas, G., Westermann, K.: *A Functional Approach to the Visual Simulation of Gaseous Turbulence*, Computer Graphics Forum, Vol. 11, No. 3, pp. C107-C117, Proceedings EUROGRAPHICS'92, Cambridge-UK, September 1992

Sabe88 Sabella, P.: *A Rendering Algorithm for Visualizing 3-D Scalar Fields*, ACM Computer Graphics, Vol. 22, No. 4, pp. 51-58, August 1988

Saka90 Sakas, G.: *Fast Rendering of Arbitrarily Distributed Volume Densities*, Proceedings EUROGRAPHICS'90, Montreux-Switzerland, pp. 519-530, North-Holland Publishers, September 1990

Saka90a Sakas, G.: *Volume Aspects*, Animated Video Sequence (5 min.), accompaying the Paper [Saka90a], presented in EUROGRAPHICS'90 *Running Giant*, Animated Video Sequence (30 sec.) accompaying the Paper [Saka90a], presented in EUROGRAPHICS'90

Saka91a Sakas, G.: *Rotating Volumes*, Animated Video Sequence (4 min.), accompayning the Paper [SaGe91], presented in EUROGRAPHICS'91

Saka91b Sakas, G.: *Foggy Bathroom*, Animated Video Sequence (1:30 min.), presented in the Screening Room of SIGGRAPH-91 and included in the video tape of the Slide, Film & Video Show, EUROGRAPHICS'91

Saka92a Sakas, G.: *Modeling Turbulent Gaseous Motion Using Time-Varying Fractals*, in: Encarnação et.al. (Eds.), "Fractal Geometry and Computer Graphics", pp. 173-194, Springer Verlag, 1992

Saka92b Sakas, G.: *Definition, Animation und Visualisierung zeitvarianter Texturen zur optischen Simulation turbulenter Gasbewegung*, Dissertationsarbeit, T.H. Darmstadt, 1992 (German)

Saka93c Sakas, G.: *Visualisierung medizinischer Daten als Durchleuchtbild*, Proceedings Workshop "Visualisierung in der Medizin", Medizin-Technische Transferstelle & Universität Freiburg, 10-11 März 1993

Saka93d Sakas, G.: *Interactive Volume Rendering of Large Fields*, "The Visual Computer", Vol. 10, No. 2, August 1993

Saup88 Saupe, D.: *Point Evaluation of Multi-Variable Random Fractals*, in: J. Jürgens, D. Saupe (eds.): Visualisierung in Mathematik und Naturwissenschaft, Bremer Computergraphik Tage 1988, Springer-Verlag, Heidelberg 1989

Saup89 Saupe, D.: *Simulation und Animation von Wolken mit Fraktalen*, in: Informatik Fachberichte 222, M. Paul (Hrsg.), Proceedings GI-19. Jahrestagung I, Springer-Verlag, München, Oktober 1989

ScKr92 Schröder, P., Krüger, W.: *Dataparallel Volume Rendering Algorithms for Interactive Visualization*, Workshop Proceedings "Visualization-the Role of Interactivity and Real-Time", GMD-Gesellschaft für Mathematik und Datenverarbeitung, St-Augustin, 2-3 June 1992

ScSt92 Schröder, P., Stoll, G.: *Data Parallel Volume Rendering as Line Drawing*, ACM SIGGRAPH Proceedings 1992 Workshop on Volume Visualization, pp. 25-32, October 19-20, Boston-MA, 1992

ShTu90 Shirley, P., Tuchman, A.: *A Polygonal Approximation to Direct Scalar Volume Rendering*, ACM Computer Graphics, Proceedings San Diego Workshop on Volume Visualization, Vol. 24, No. 5, pp. 63-70, November 1990

SiHo81 Siegel, R., Howell, J.: *Thermal Radiation Heat Transfer*, 2. Edition, pp. 1-163 and 412-447, McGraw-Hill, N.Y., 1981

Sims90 Sims, K.: *Particle Animation and Rendering Using Data Parallel Computation*, ACM Computer Graphics, SIGGRAPH-90, Vol. 24, No. 4, pp. 405-413, August 1990

Smit84 Smith, A. R.: *Plants, Fractals, and Formal Languages*, ACM Computer Graphics, SIGGRAPH-84, Vol. 18, No. 3, July 1984

SpCe78 Sparrow, E.M., Cess, R.D.: *Radiation Heat Transfer*, McGraw-Hill, N.Y. 1978

Sree91 Sreenivasan, K.: *Fractals and Multifractals in Fluid Turbulence*, Annual Reviews of Fluid Mechanics, Vol. 23, pp. 539-600, 1991

TeLu72 Tennekes, H., Lumley, J.: *A First Course In Turbulence*, The MIT Press, The Massachusetts Institute of Technology, 1972

Trei85 Treisman, A.: *Preattentive Processing in Vision*, Computer Vision, Graphics, and Image Processing, Vol. 31, pp. 156-177, 1985

Trie73 Triendl, E.: *Texturerkennung und Texturreproduktion*, Kybernetik, Vol. 13, pp. 1-5, Springer Verlag, 1973

Tsch90 Tschendel, M.: *Untersuchung und Implementierung von 2D-Verfahren für die Generierung und Animation von zeitvarianten Wolken*, Diplomarbeit, Technische Hochschule Darmstadt, Fachbereich 20 (Informatik), Fachgebiet Graphisch-Interaktive Systeme, Betreuer: G. Sakas, 1990 (German)

UpKe88 Upson, C., Keeler, M.: *V-BUFFER: Visible Volume Rendering*, ACM Computer Graphics, SIGGRAPH-88, Vol. 22, No. 4, pp. 59-64, August 1988

Voss85 Voss, R.: *Random Fractal Forgeries*, ACM Computer Graphics, SIGGRAPH-85 Tutorial Notes, 1985

Voss88 Voss, R.: *Fractals in Nature: From Characterization to Simulation*, in: H.-O. Peitgen, D. Saupe (Eds.), *The Science of Fractal Images*, pp. 21-70, Springer Verlag, 1988

WeHa91 Wejchert, J., Haumann, D.: *Animation Aerodynamics*, ACM Computer Graphics, SIGGRAPH-91, Vol. 25, No. 4, pp. 19-22, August 1991

Webe90 Weber, K.: *Entwicklung und Implementierung von Verfahren für die Visualisierung von 3D-Volumenobjekten durch projektive polygonale Scan-Line-Renderer*, Diplomarbeit, Technische Hochschule Darmstadt, Fachbereich 20 (Informatik), Fachgebiet Graphisch-Interaktive Systeme, Betreuer: G. Sakas, 1990 (German)

West90 Westover, L.: *Footprint Evaluation for Volume Rendering*, ACM Computer Graphics, SIGGRAPH-90, Vol. 24, No. 4, pp. 367-376, August 1990

West91 Westermann, R.: *Darstellung und Generierung funktionaler, zeitvarianter, turbulenter Texturen*, Diplomarbeit, Technische Hochschule Darmstadt, Fachbereich 20 (Informatik), Fachgebiet Graphisch-Interaktive Systeme, Betreuer: G. Sakas, 1991 (German)

WiGe91 Wilhelms, J., van Gelder, A.: *A Coherent Projection Approach for Direct Volume Rendering*, ACM Computer Graphics, SIGGRAPH-91, Vol. 25, No. 4, pp. 275-284, July 1991

WiMa92 Williams, P., Max, N.: *A Volume Density Optical Model*, ACM SIGGRAPH Proceedings 1992 Workshop on Volume Visualization, pp. 61-68, October 19-20, Boston-MA, 1992

Will83 Williams, L.: *Pyramidal Parametrics*, ACM Computer Graphics, SIGGRAPH-83, Vol. 17, No. 3, pp. 1-11, July 1983

Will87 Willis, P.: *Visual Simulation of Atmospheric Haze*, Computer Graphics Forum, Vol. 6, pp. 35-42, 1987

YaUM86 Yaeger, L., Upson, C., Myers, R.: *Combining Physical and Visual Simulation - Creation of the Planet Jupiter for the Film "2010"*, ACM Computer Graphics, SIGGRAPH-86, Vol. 20, No. 4, pp. 85-93, August 1986

9. Anhang: Farbbildbeispiele

Abb. 9.1. a) Variation der fraktalen Dimension, b) Variation der Summationsgrenzen, c) Variation der Lakunarität, d) spiralförmiger Wirbel, e) Benutzungsoberfläche für die spektrale Methode, f) Benutzungsoberfläche für die funktionale Methode

Menu
Flame Synthesizer V1.2 Georgios Sakas
Calculate
Move
Parameter
Picture

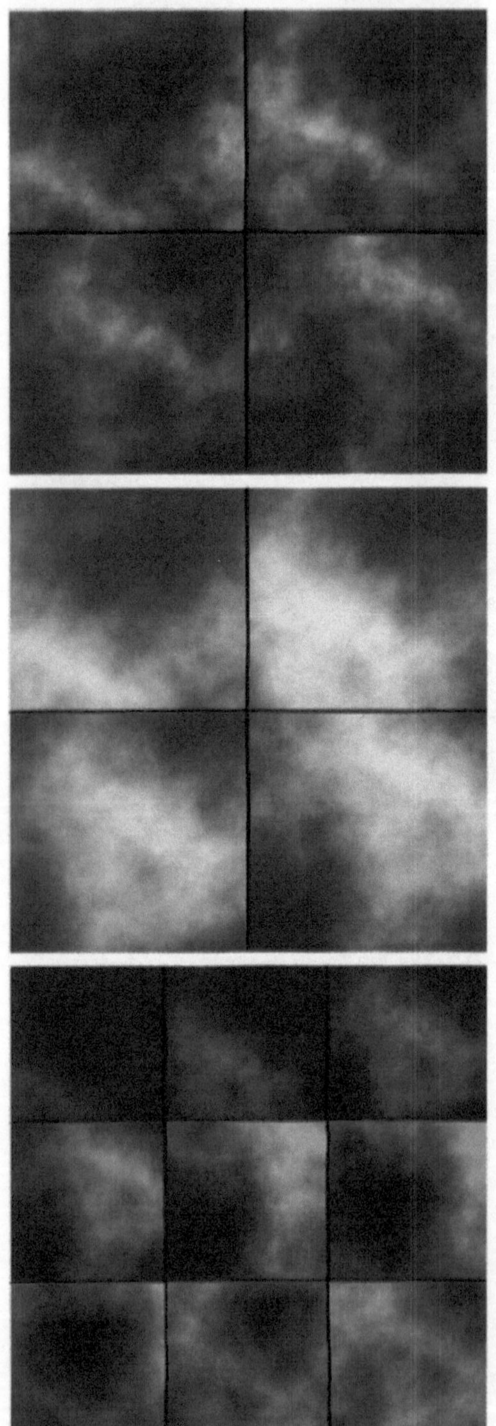

Abb. 9.2. Periodische (oben) und nicht-periodische (mitte) turbulente Wolkenanimation

Abb. 9.3. Simulierte Wolkenkondensation

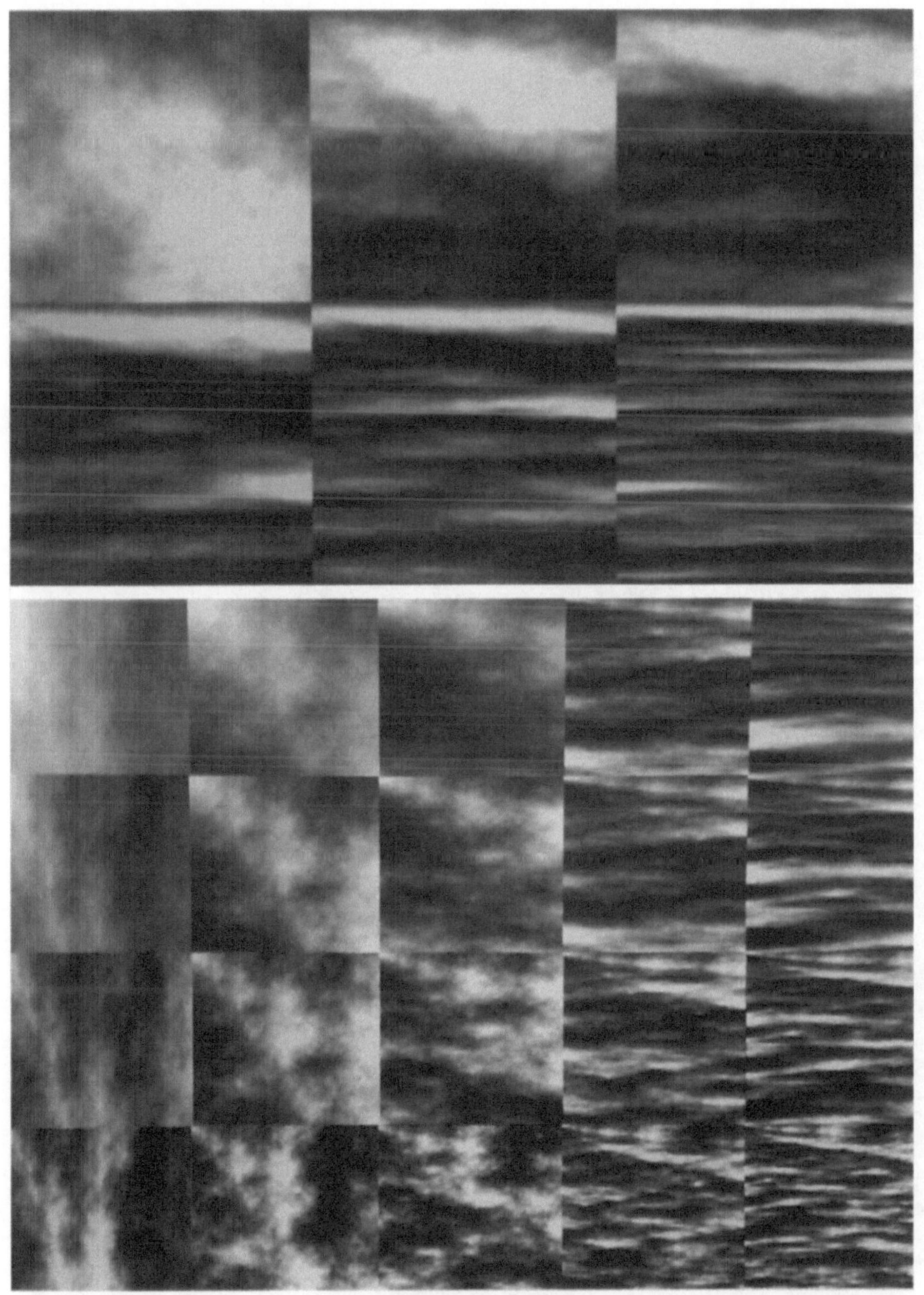

entlang der x-Richtung (oben)
ıipulation der Granularität M und der

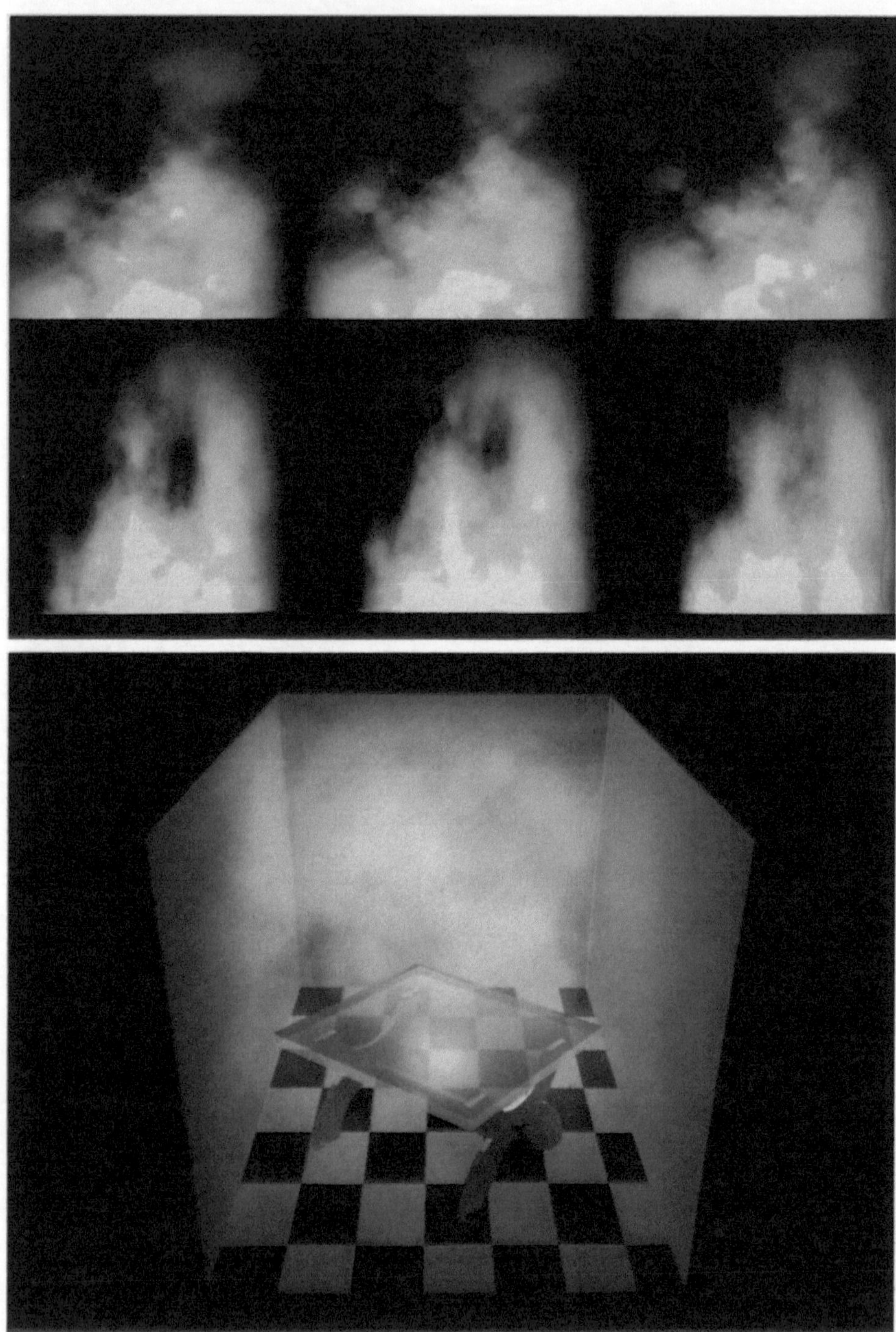

Abb. 9.6. Flammenanimation (oben)
Abb. 9.7. Das Raucherzimmer (unten)

Abb. 9.8. Von der Drahtgitterdarstellung zur zeitvarianten Textur: Demonstration für die Realitätssteigerung rechnergenerierter Szenen (oben)
Abb. 9.9. Das Badezimmer (unten)

Abb. 9.10. Dreidimensionale Turbulenz (oben)
Abb. 9.11. Spitzen von fraktalen Bergen durch ein dünnes dreidimensionales Wolkenband (unten)

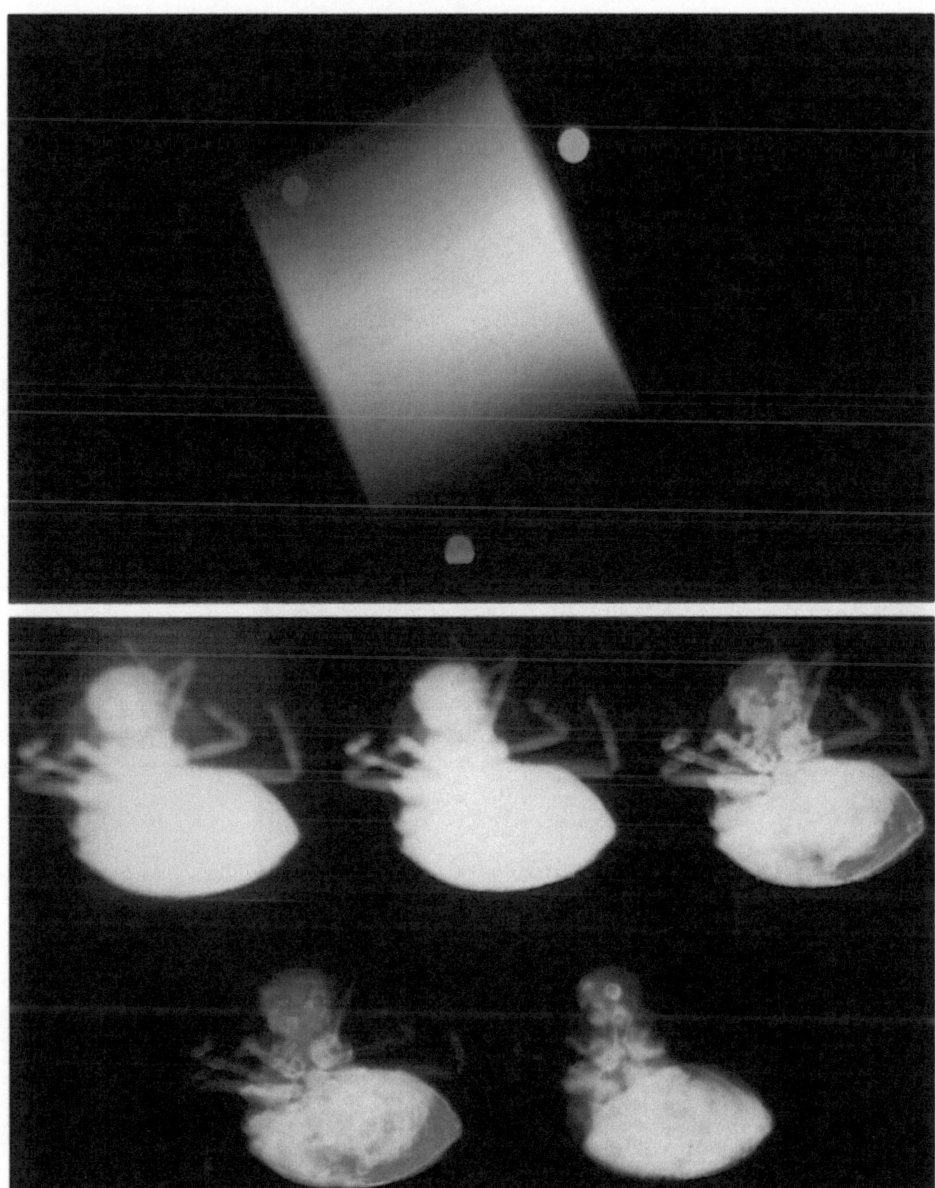

Abb. 9.12. Dämpfung von farbigen Lichtquellen in homogenen Volumina. Die zur jeweiligen Lichtquelle hingewandte Seite erscheint in der Farbe der Lichtquelle (oben)

Abb. 9.13. Schritte bei der Visualisierung eines Flohs (unten)

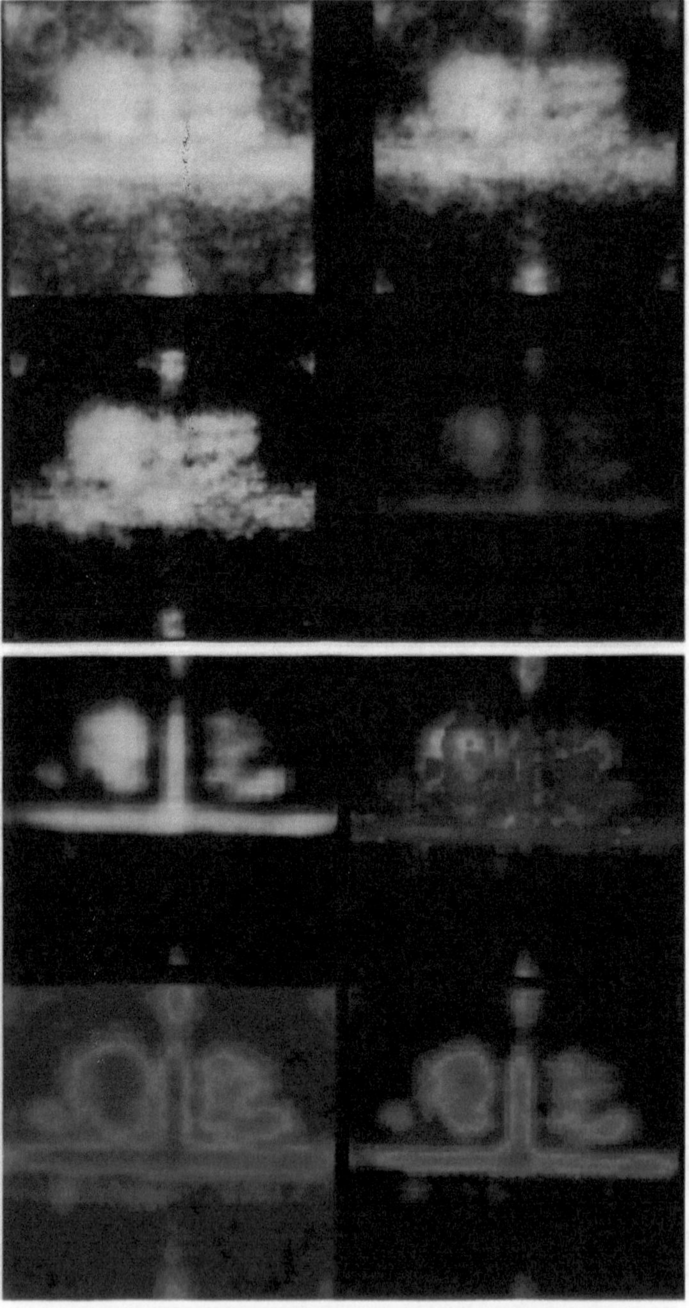

Abb. 9.14. Zerstörungsfreie Materialprüfung (oben)
Abb. 9.15. Falschfarbedarstellung bei der zerstörungsfreien Materialprüfung (unten)

Beiträge zur Graphischen Datenverarbeitung

K. Klement: Präsentation mit STEP. Schnittstellen zwischen Computer-Graphik und CAD/CIM. IX, 168 Seiten, 50 Abbildungen, 1992

M. Göbel, J. C. Teixeira (Eds.): Graphics Modeling and Visualization in Science and Technology. XII, 263 Seiten, 137 Abbildungen, 1993

G. Sakas: Fraktale Wolken, virtuelle Flammen. XII, 242 Seiten, 138 Abbildungen, 1993

G. R. Hofmann (Hrsg.): Imaging: Bildverarbeitung und Bildkommunikation. XII, 356 Seiten, 141 Abbildungen, 1993